圖說360行

◆ 各行各業的歷史縮影，庶民生活的世紀回味 ◆

藍翔·馮懿有 著

耕田
1

耕田主要靠牛拉犁翻地。犁形狀如同「田」字，只是「田」字右上角突出一根向上翹的二尺多長的木扶手，而「田」字的左下端突出一把S形的鐵犁刀，耕田時尖頭鐵犁刀插入泥土中，牛拉著犁刀，把土地一壟壟地翻好。（第32頁）

腳踏水車
3

古代沒有抽水機，只能靠腳踏水車發揮作用。初學者不習慣懸空踏，會多次踏空從水車架上跌下來，練熟了，步伐均勻，便不會失足，因農民多是赤腳踏水車，所以初學者腳底心會磨出血泡。（第34頁）

扳網捕魚

7

漁民捕魚時將網放入水中，僅露四根竹竿的頂部，等一刻鐘用繩子把網拉出河面，如網中捕到魚，便用特製的網兜伸向網中，把活蹦亂跳的魚兒網進網兜，再把魚倒進岸上的魚簍。（第38頁）

鸕鷀捉魚

8

鸕鷀也叫魚鷹，俗名水老鴉，屬游禽類。要鸕鷀幫漁翁捕魚也非易事，還要先經過訓練。第一要訓得牠不逃走；第二還要聽話，叫牠下水即下水，不要牠下水時牠就乖乖地站在船舷邊聽命令。（第39頁）

軋棉花
14

所謂軋棉花，即棉花從農田捉花採摘後，籽棉中含有棉籽，只有除去棉籽才好紡線織布。這清除棉籽工序，上海人叫做「軋花」。（第45頁）

成衣鋪
23

上海開埠後，洋人不斷湧來上海，西服也就傳到上海。漸漸從中式裁縫中出現一批改行的西式裁縫，由於西式裁縫替洋人製衣收入頗豐，中式裁縫認為他們走了紅運，就稱西式裁縫為「紅幫裁縫」。（第55頁）

琢玉坊
40

從唐代起，玉器的品種不斷增多。種種玉器皆由琢玉坊以玉石加工而成。老上海玉器坊加工的第一道工序，即用圓轉鋼刀安放輪子，以繩牽引，以腳踏使之旋轉來開玉石。（第72頁）

雕花板
44

在明清時代，上海工匠所精心雕刻的木板，多鑲在大床、木櫥上，也有的鑲在古宅的門窗上。老上海的木雕工匠主要來自浙江和潮州，帶有東陽木雕和廣東木雕的藝術風格。（第76頁）

篾席坊
50

老上海的竹編坊生產品種多，有竹籃、竹筐、竹簍、竹床、竹書架、竹椅子等，篾席坊即編竹篾席的作坊。農村中多用篾席鋪在地上攤稻、鋪在木架上曬棉花，還可以用來隔房間、釘天花板、搭席棚。（第82頁）

打鐵鋪
57

打鐵鋪也稱「鐵匠爐」。屋子正中放三個大火爐，爐邊是一架風箱，風箱一拉，風進火爐，爐膛內火苗直躥。在老鐵匠手中，堅硬的鐵塊要方就方，要圓即圓，要長即長，要扁即扁，要尖即尖。（第89頁）

做長錠

61

長錠是民間春節、清明、中元，上墳、祭祖、喪葬、做佛事、請和尚念經超度等活動中不可少之物。老上海為陰間製作的元寶有兩種，一種是自己買錫箔折成的小元寶，另一種即做成長錠的大元寶。（第93頁）

塑紙神

62

塑紙神這種店主要接兩種生意，一是敬神出會，另一種為辦喪事。每當城隍出巡時，即請紮紙神的工匠，紮送子娘娘、東嶽大帝、閻羅王、管小孩出痧的痧神、管紅眼病的眼光大仙等等。（第94頁）

羽扇店
78

老上海的羽扇多為家鵝、大雁和鷹的羽毛製成。每道工序匠師都會嚴格把關，使所製羽毛扇達到「毛光平整上下齊，管緊角牢把不移，穿線結絲不漏跡，接管吊順排列齊。」（第111頁）

湯糰攤

賣湯糰
98

清朝末年上海街頭出現一種湯糰擔，以竹枝做成凸字形，中間高，兩頭低，一頭放爐子鐵鍋，一頭放豆沙、芝麻、肉糜等。竹擔子中間像個門，小販腰一彎躬身進了竹擔，用肩膀一扛這湯糰擔即可滿街叫賣。以後也有用扁擔挑的湯糰擔。（第133頁）

餛飩擔
99

餛飩擔，上海俗稱「駱駝擔」。它四隻腳撐開像一架「人」字形的木梯。前面放有煤爐和鍋，後面成一「器」字形，小抽屜中放皮子、鮮肉餡子和包好的餛飩，中間空格中放瓷碗和味精、蔥花、豬油、鹽等調味品。

（第134頁）

油汆臭豆腐乾
111

賣臭豆腐乾小販一頭挑著一個小煤爐，上面放著小鐵鍋，鍋上邊架著半圓鐵絲網，網上放著鐵火鉗，另一頭擔著半人高的圓竹筐，筐上放著一盤生臭豆腐乾，這生意就開張了。（第146頁）

奶馬擠

賣馬奶
114

每天清晨有人牽著高頭大馬上門服務。送馬奶者並不吆喝，也不敲門，馬的頸上掛有一個大銅鈴，只要聽到馬鈴一響就知道馬奶來了。母馬來到家門口，要喝馬奶者拿個杯子或碗等，賣馬奶者即蹲下身來，在馬肚皮下擠奶現擠現賣。（第149頁）

賣黃鱔
126

上海人特別喜歡吃黃鱔。炒鱔絲、炒鱔背、鱔絲麵等越吃越想吃。十多年前，菜場裡三樣水產價錢最高，一是甲魚，二是蟹，三是黃鱔。

（第163頁）

賣雞
129

老上海賣雞有兩種情況：一種是雞販子；還有一種並不以賣雞為職業，偶爾將家中餵養的雞挑三、五隻趕到上海來換錢。農家賣的大多是浦東三黃雞，這種雞因嘴黃、爪黃和皮黃而聞名。（第166頁）

魚販
131

魚販，即小菜場擺魚攤的。老上海魚販們除了賣淡水魚外，也有專門賣海魚的魚攤。海魚攤上供應的魚有黃魚、帶魚、墨魚、鯧魚、對蝦、海鰻、海蜇等。（第168頁）

賣西瓜
142

老上海經常可以看到推著車或挑著擔子走街串巷，高聲叫喊：「老虎黃西瓜要！」並剖開一個做廣告，成交後又主動地幫買主將西瓜搬進住房。還有一種街頭賣西瓜的，切成西瓜片，專門賣給過路人。（第180頁）

13

良鄉魁栗

天津
上市

糖炒栗子
149

炒栗子的攤頭，店門口支起一口大鐵鍋，爐邊翹起鐵皮卷的圓煙囪。大鐵鍋後面都架起一面大鏡子，上面貼著大紅紙寫著「糖炒良鄉栗子」。爐火熊熊，糖沙嘩嘩，栗爆劈啪，微風吹來滿街飄香。（第187頁）

轉糖擔

152

轉糖擔實為騙小孩的生意。小朋友要轉糖，付了錢用手撥動橫竹條，竹條隨之轉動，等它停下來時，針頭停在某個格子上，以格子中的字論輸贏。如停在「空門」上則一無所有，停在「頭獎」上即可吃大糖。（第191頁）

換糖擔

154

所謂換糖擔，就是老上海走街串巷收破銅爛鐵的小販。但是他們收了廢品並不付錢，只給你幾塊糖就算生意成交了。前來換糖者也都是窮孩子，為了解饞於是從家中或其他地方找些廢銅爛鐵來換糖吃。（第193頁）

賣席子
159

老上海夏天小販所賣的席子多從寧波挑來。
多用竹片編成竹擔，再將寧波草席一圈圈放
於擔內，挑到馬路邊、弄堂裡邊喊邊賣。

（第198頁）

賣木炭
162

紹興人多用船把一根根如同粗樹枝般的木炭
運到上海。一捆捆木炭用稻草紮好，然後挑
到街上去賣。最好的稱為鋼炭，兩根鋼炭敲
起來聲音清脆，但木炭不碎，這種炭燒起來
很旺但不冒煙。（第201頁）

賣虎皮
165

朝鮮風俗，虎皮是新娘子出嫁必不可少的陪嫁品。韓國稱虎為「荷多裡」，尊虎為靈獸。當年來上海賣虎皮者多為東北人，他們販賣虎皮到上海主要想賣個好價錢。（第204頁）

賣臭蟲符
175

賣臭蟲符者，先在牆上貼了「專除臭蟲」的廣告就開始賣臭蟲符，僅一包低檔香煙錢就可以買一小包臭蟲符。買者回家打開紙包，只見符上寫著兩個大字「勤捉」。買者大呼上當，哭笑不得只好將符棄之。

（第214頁）

賣送灶轎
195

每年的農曆十二月二十三或二十四皆要祭灶。臘月十五左右，街頭就有賣灶君轎的小販出現。他們用紅紅綠綠的花紙頭糊成一頂頂小轎，大戶人家買了紙轎後即把灶君紙像放在紙轎中焚燒，灶君即可乘轎升天了。（第234頁）

賣《聖經》
197

老上海賣《聖經》，有的為傳教士一人在街頭設攤推銷，也有的三、四個人先唱「聖歌」，然後再推銷《聖經》。大多數的傳教士把《聖經》二十七卷分別印成單行本而推銷，但價格較低半賣半送，其目的不在於賣書而在於傳教。（第236頁）

圖說**360**行

◆ 各行各業的歷史縮影，庶民生活的世紀回味 ◆

序

中國有句名言：「三百六十行，行行出狀元。」這句諺語也不知流傳多少年，反正是家喻戶曉，婦孺皆知。

所謂「三百六十行」，即是指各行各業的行當而言，也就是社會的工種。俗話說得好：「敲鑼賣糖，各幹一行。」關於行業，自唐代開始就有三十六行的記載。宋代周輝《清波雜志》上便記有肉肆行、海味行、醬料行、花果行、鮮魚行、宮粉行、成衣行、藥肆行、紮作行、棺木行、故舊行、陶土行、件作行、鼓樂行、雜耍行、皮革行等等。

由三十六行如何發展為「三百六十行」呢？據徐珂《清稗類鈔・農商類》載：「三十六行者，種種職業也。就其分工約計之，曰三十六行；倍之，則七十二行；十之則三百六十行。」可見「三百六十行」只是一個約數，其實自古之來，行業的工種決不止「三百六十行」，三千六百行也不止。不過「三百六十行」只是概括數，民間所流傳的「三百六十行」是個統稱，多年來習慣成自然，說起來方便，聽起來順耳，所以直到現在，說起行業還是籠統地稱「三百六十行」。

二十世紀初的上海，洋人開辦了不少香煙公司，隨之國人也創辦了好多家香煙工廠。中外香煙公司為爭奪捲煙市場，於是想出新招，隨香煙每盒贈送一張小畫片，這種畫片上海俗稱「香煙牌子」，天津俗稱「毛片」，現在統稱「煙畫」。

這既是贈品，也是煙草公司的廣告。煙畫上的內容豐富多采，除了中國古典小說《紅樓夢》、《水滸》，還有京劇臉譜、動植物、戲曲人物、仕女等等。不少煙草公司還分別出版過「三百六十行」的香煙牌子。他們所出的雖然版本不同，但表現的餛飩擔、剃頭挑、彈棉花、烘山芋、舞女、妓女等行業卻是大同小異。

當年馮懿有先生的父親馮孫眉老先生是著名煙畫收藏家，他收集這種小畫片已到了癡迷境地，幾十年樂此不疲，在老上海首屈一指，多次公開展覽他的藏品，故有「上海灘香煙牌子大王」的美譽。現在這位「大王」已仙逝多年，他在離世前除將不少煙畫捐贈給有關博物館外，還將餘下的

三千多張煙畫傳給了兒子馮懿有。馮氏子承父業，從小受父親影響，馮懿有也愛玩香煙牌子，他不惜重金又收集了數千張煙畫，在他的藏品中就有不同版本的「三百六十行」香煙牌子，雖然不全，但可以從多角度來反映舊中國老「三百六十行」的一些基本情況。

現在這種七、八十年前的煙畫已成為稀有品，當一些收藏愛好者和民俗工作者知道馮懿有收藏有「三百六十行」煙畫，便紛紛前去借閱，有的為了研究，也有的為了一睹為快。但馮懿有年近古稀，無法照顧眾多借閱者的要求，於是萌生出版三百六十行煙畫之意。事有湊巧，我因在百花文藝出版社出版過《中華收藏文化大觀》一書，與責編張競毅先生比較熟悉，真是無巧不成書，張先生也早有出版「三百六十行」的設想，當他問起我誰有「三百六十行」煙畫時，我即介紹馮懿有，他倆於是一拍即合。

《圖說360行》一書，我們採取畫面與文字並重的形式，特別是文字部分難度很大，雖然煙畫上有的也有幾個字的標題，而筆者所寫的文字說明每篇都需在七百字左右。根據畫面所提供的行當，我們將從其起源、發展、演變、傳說、祖師爺、趣聞軼事、民族風情等多方面來介紹以老上海為縮影的江南百年間的各行各業社會沿革特徵，力求做到此書既有歷史性又有知識性，既有民俗性，又有趣味性。行文著眼以小見大，進而真實地反映舊中國的一些歷史面貌。如修路工，我們並沒有簡單描寫他如何修路，而是通過修路工，進一步介紹了中國的第一條以鐵藜木修築的大馬路；又如背枕木也沒有停留在如何背枕木的具體操作中，而是通過背枕木，介紹了中國有史以來建造的第一條淞滬鐵路建與拆，拆而又建的歷史事件……

總之，我們力求此書能達到雅俗共賞，圖文並茂的目的。

藍翔

壬午馬年冬

目次

［**商店行**］

目次

［飲食行］

目次

目次

目次

農業行

圖說

360

行

耕田

［農業行］

中國以農立國。無論是稻麥、棉花、油菜、瓜果蔬菜都由田裡長出來。而田裡的土地硬板板的無法播種，要播種只有把泥土挖鬆了，播下的種子才有可能長出苗來。這挖鬆土地的過程，就稱為耕田。

古代沒有拖拉機，耕田主要靠牛拉犁翻地。牛拉的犁形狀如同「田」字，只是「田」字右上角突出一根向上翹的二尺多長的木扶手，而「田」字的左下端突出一把S形的鐵犁刀，耕田時尖頭鐵犁刀插入泥土中，老牛拉著犁刀，即把土地一壟壟地翻好。

沒有牛只好靠人力來翻田。上海農民大多用四齒釘耙，鐵製四齒耙像個「而」字形，頂端有圓孔，可裝長竹柄，上海農村俗稱「鐵鎝」。耕田時雙手高舉鐵鎝，用力向下插入泥中，然後再把泥翻過來，

壯勞力一天可翻一畝田。如此耕田還不能播種，還要再耕第二次，即把大泥塊敲碎再耙平整，俗稱「深耕細作」，這樣才能播種。

牛耕過的田，在上海農村即放水浸泡，泡到一定程度，農民便踏入水中，用鐵鎝把水中的大泥塊再次耙碎，過幾天等水把泥土泡酥後，農民再進入水田中用雙腳踩遍水田，俗稱「踏秧田」。

踏秧田日子很難熬，春寒料峭，水冷刺骨，而農民要赤裸小腿一腳腳踩在水中，用力把泥土拌成泥漿然後再把水放掉，此即是「秧田」。秧田作好才落穀。穀子只有落在酥軟的秧田中，才會長出秧苗。所以古人云：「誰知盤中飧，粒粒皆辛苦。」

現在種田比以前方便。田裡鋤草只要灑些除草劑，雜草就消滅了。可是古代農民很苦，只能以人工去戰勝自然。

鋤草是農民主要的農活之一，一年要多次鋤草，因為不鋤草，所施的肥料都給草吸收光了，莊稼沒有營養，稻不能結穗，棉不能開花，若秋天農民收不到糧食和棉花，就只能喝西北風了。

農諺云：「稻耘三遍穀滿倉，棉鋤七次白如霜。」所謂「耘稻」也就是鬆土鋤草。泥土很怪，你不動它沒幾天就結塊，不利於稻根發展。稻田中約插六棵秧苗相距一條小水溝，用耘稻專用的釘耙將水溝中的泥土耙鬆，這樣便於稻秧吸收水分和肥料。耘稻時還有一任務，即鋤草，稻田中的草主要是稗草。

說來也怪，稗草和稻長得極為相似，雖然肉眼難以區分稻和稗，但稗比稻粗壯，比稻長得高，懂得這一規律，稗草的障眼法就原形畢露了。

棉花田裡鋤草用的是鋤頭。鋤頭的鋒刃為月牙形，鋤草者用鋤頭在田間一鋤頭一鋤頭將泥鋤鬆時，所有的雜草也會被鏟斷。幹這種農活雖不費大力氣，但鋤草時手握鋤頭思想必須集中，不可馬虎，否則很容易把棉苗也鏟斷了。

以前書生和富商巨賈的子弟都看不起農民，認為他們沒文化、沒學問，其實種田是一門很深的學問，連鋤草也有很多細節要講究，千萬不能大意。

腳踏水車

種水稻離不開水，如果缺水，稻葉必發黃影響收成。若嚴重缺水，稻即枯死，顆粒無收，這就稱為旱災。

遇到旱災怎麼辦？清代首先由縣官親臨城隍廟求雨，焚香祝告神靈行雲布雨，普降甘露，並出佈告：「為祈求早降甘霖，禁止屠宰。」因殺豬宰羊為血災，禁止屠宰可免災，老天就會發慈悲而降雨。但事實上是天不降雨，只能發動農民起來抗旱才能解決問題。

古代沒有抽水機，不可能一掀電鈕清泉即至，也沒有水庫可開閘放水救災，如此情況只能靠腳踏水車發揮作用。

腳踏水車有四人軸、五人軸和六人軸。所謂軸，即人工腳踏關鍵之處。這是一根粗圓木上由木匠分開裝上四根T形木杈，腳踏水車者手扶著木架上方橫杠，而用左腳踏左面的T形杈，再用右腳踏在右面木杈上，木軸轉一周需踏四次，如此雙腳不斷踩踏，從而帶動水槽中一節節木

板，這樣就能把河中的水灌到乾旱的稻田中。所謂四人軸就是四個人同踏一部水車，五人軸即五人同踏。

初學者不習慣懸空踏，會多次踏空從水車架上跌下來，練熟了，步伐均勻，便不會失足，因農民多是赤腳踏水車，所以初學者腳底心會磨出血泡。

農民常一面踏水車，一面唱山歌講笑話，看來似乎一副怡然自得的模樣，但古人唱的《南園戽水謠》卻活生生描繪了古代踏水車的樣貌：

> 日腳杲杲曬平地，東家插映西家蒔。
> 養苗蓄水水易乾，農夫踏車聲如沸。
> 車軸欲折心搖搖，腳跟皸裂皮膚焦。
> 提水如汗汗如雨，稻田依舊成橋土。

這歌謠較長，引用幾句也可見車水者的痛苦。

手推水車並不用於抗旱，而用於灌溉。因為手推水車水槽短，從岸上斜伸水塘中坡度不大，水板帶水上岸阻力較小，在這種情況下，不必用腳踏水車，就用手推水車。

所謂手推水車，不用搭腳踏水車的木架，而是在水槽頭裝一個木齒輪，軸心兩邊伸出一截，再裝上搖手柄即可。車水時水槽一邊立一個人，不斷推動搖手柄，進而帶動軸心齒輪，一節節的水槽板也就跟著轉動，從而提水上岸。

宋代詩人蘇東坡曾寫過〈無錫道中賦水車〉一詩云：

翻翻聯聯銜尾鴉，犖犖确确蜕骨蛇；
分疇翠浪走雲陣，刺水綠鍼抽稻芽。

洞庭五月欲飛沙，鼉鳴窟中如打衙；
天公不念老農泣，喚取阿香推雷車。

詩人生動描述了宋代江南農村水車的形狀和車水的情景，詩的第二句即形容水車長長的一節節水槽板的轉動，確確實實像一條脫骨的長蛇。

手推水車非常吃力。腳踏水車雖然也用力，但習慣了走路，踏水車並不違反走路常規。而手推水車，因人們日常生活中雙臂並不搖動，而車水時雙臂要一刻不停地如同車輪似的揮動，所以半小時就腰酸背痛，汗如雨下。當年農民為了靠天吃飯，生活是非常艱苦的，所以蘇東坡在詩中發出了「天公不念老農泣」的感歎！

牛拉水車可說是古代最大的農具了。這是一種直徑約四公尺的大木齒輪，輪上用四、五根粗木棒搭成尖頂而加固。水車時以牛拉為動力，大木齒輪轉動後齒輪帶動水車槽板，進而提水上岸。

水槽板一般分十八檔、二十四檔和三十四檔。檔越多水槽越長，牛拉水車多用於河塘斜坡大，需要用長水槽的地方。水槽越長提水越費力，這樣就必須請老牛出場了。牛比人的力氣大，幹這種吃力的活，只有辛苦老牛了。

牛車安裝很麻煩，要平穩齒輪才能轉動，而且拆裝極不方便，所以一般都固定安裝在河塘邊。為了水車不被太陽曬裂，也為了老牛在車水時風涼點，農民多在牛拉水車頂上搭有尖角頂的草棚，俗稱「水車棚」。

牛對農民貢獻極大，春季用牛拉犁耕田，而夏季則用牛來車水。車水時牛要蒙上雙眼，因為牛不笨，一旦發現老轉著圈走，走來走去還在牛車棚中，牠就不肯走了；二來牛也和人一樣，老轉圈頭發暈，蒙上眼睛為的是防止以上兩個問題。

牛最苦的還不在於拉車，而是牛虻的侵襲。牛虻是比蚊子更厲害的吸血鬼，它比蒼蠅還大，專吸牛血。所以牛在車水前，放牛郎必先讓老牛在泥塘裡打滾，這樣牛身上沾滿了一層泥，牛虻的尖嘴就難以刺進牛的皮膚，另外牛不斷搖尾巴也是為了驅趕牛虻。

牛車水並不是讓牛自己幹活，看牛郎還必須守在牛車棚中趕牛和照料一切。

中國古代農村，北方以種麥為主，江南水鄉以種稻為主。夏季為農村一年中大忙的季節，播種俗稱落穀，等秧苗長到半尺長即拔秧，然後再插秧。農諺云：「五月初五過端陽，吃完粽子忙插秧。」接著經過灌溉、施肥、除蟲等，到了秋季就要忙於割稻了。

割稻，也稱「開鐮」。割稻，鐮刀最重要，在開鐮前農民紛紛磨鐮刀。老農民經驗豐富，幾下子就把鐮刀磨得鋒快，割起稻來快如風。

老上海農村在割稻前有舉行祭祀的習俗，信奉「敬老有福，敬土有穀」的祖訓，紛紛到土地廟去燒香拜祭。在開鐮時浙江農民要選吉日，以五穀飯和菜肴為供品，並上香敬獻神靈，然後再割稻。江蘇一帶地區在中秋前後舉行土地會，由七、八家農戶共同集資籌辦，每年輪流作東道主，辦酒菜，燃香敬神。上海地區看莊稼長得好，豐收在望，即舉行「稻花會」，人們集隊巡遊田間，並將紙旗插在田裡，此時彩旗招展，鑼鼓喧天，祈求豐收，然後開鐮。

松江有農諺：「寒露割早稻，霜降一齊倒，立冬無豐稻。」割稻後要等三天才收稻，俗稱「三日頭曬稻鋪」。所謂收稻，即用稻草把收下的稻一捆捆紮好，然後再挑到打穀場上。這時只忙搶收還來不及打穀，就將稻暫時堆成垛。二十世紀六○年代農民在堆稻垛時，唱的《堆稻》民歌如下：

稻黃豐收喜開鐮，我堆稻垛上了天。
撕塊白雲擦擦汗，湊近太陽吸袋煙。

這首民歌表現了農民豐收的喜悅心情，形容堆稻高如天，堆稻者可以湊近太陽點火吸煙了。

七、八十年前，蘇州河和上海河塘沒有遭到工業排水污染，河水清澈，魚兒成群。河岸邊常有漁民張網捕魚。這種網四四方方比乒乓球台大一些。網的四角各繫有一根長竹竿，四根竹竿的頂部再紮在一起網就張開來了。這還不能捕魚，這四根竹竿的頂部再紮一根較長的粗毛竹，通到岸上固定好，捕魚時即將網放入水中，僅露四根竹竿的頂部，等一刻鐘漁民會用繩子把網拉出河面，如網中捕到魚，便用特製的網兜伸向網中，把活蹦亂跳的魚兒網進網兜，再把魚倒進岸上的魚簍。

這種捕魚沒有多大的技巧，主要靠運氣，下網後真可謂「姜太公釣魚──願者上鉤。」當年河中魚很多，每起一網少則二、三條，多則五、六條，網到大魚更是福氣，每到黃昏時即收網，提著魚簍到附近小菜場去趕晚市。有時尚未到小菜場，半路上魚兒就被等著燒晚飯的家庭主婦買了去。

老上海當年扳網捕魚有習俗，一年中第一天下網捕魚稱為「開網」，第一網捕上來的魚多被漁民作為祭品，焚香祭水神。第二網開始，捕來的魚才出賣或自己食用。

據《馬可波羅遊記》載，杭州附近海魚甚眾，湖魚亦豐。時時皆見有漁人在湖中取魚。湖魚各種皆有，視季節而異，賴有城中排出之污穢，魚甚豐肥。可見市中積魚之多者，必以為難脫售，其實只需數小時魚市即空，蓋城人每餐皆食魚肉也。

上海與杭州距離很近，所以老上海也愛吃魚。那時的鱸魚味美肉鮮，但現在因水污染，無論捕魚人有多大的本領也難捕到鱸魚了。

鸕鷀也叫魚鷹，俗名水老鴉，屬游禽類。身體比鴨狹長，羽毛為金屬黑色，善潛水捕魚，飛行時直線前進。

魚鷹特別愛吃魚，牠的頸雖細，再大的魚也能吞下肚。人們就利用魚鷹是魚的天敵來捕魚。

要鸕鷀幫漁翁捕魚也非易事，還要先經過訓練。第一要訓得牠不逃走；第二還要聽話，叫牠下水即下水，不要牠下水時牠就乖乖地站在船舷邊聽命令。

某老漁翁也真有本領，他一船八隻魚鷹個個都有名字，喊到「阿三」，一隻魚鷹就知道喚自己，便連蹦帶跳從船頭走到老漁翁面前報到。一聲「毛頭」，另一隻魚鷹又飛來聽吩咐。老漁翁就靠這八隻寶貝為生，一輩子不愁吃穿。

老漁翁的指揮棒是一根不長不短的細竹竿，只見他指揮棒一揚，嘴裡「哎哎哎」一陣吆喝，八隻魚鷹就知道主人下達了戰鬥命令，爭先恐後一個個都鑽入水中尋找目標。

鸕鷀的嘴又尖又長，而且特別有勁，一條一、二斤重的魚被牠捉到後銜在尖嘴裡，任魚如何搖頭擺尾拚命掙扎，魚鷹的尖嘴就像一把老虎鉗，緊緊夾著魚不放鬆。這時牠鑽出水面，像得勝的將軍飛到船上，將戰利品交到老漁翁手中。

為什麼鸕鷀不把魚吞進肚子自己嘗鮮呢？老漁翁早在牠的喉頭上了夾子，夾子是特製的，既不影響魚鷹的呼吸、鳴叫，又能阻止牠吞下魚兒。這時魚鷹肚子雖餓，牠知道只有完成捕魚的任務，回家老漁翁自會餵牠們小魚，讓牠們吃個飽。

老漁翁的捕魚紀錄中，捕到最大的一條魚是三十八斤重。一隻魚鷹銜不動，四隻魚鷹發起集團作戰，英勇頑強地硬是把一條力大無比的肥魚叼上船，所以老漁翁發了一筆小財，因此對他的「八員大將」更加喜愛，並引以為豪。

鋼叉叉魚，乃老上海的一種職業。七、八十年前，上海四郊有很多河塘，那時水清，水質較好，清澈透底。只有能看見水中游魚，才便於下叉。如果像目前河水遭到污染，河中即使有魚，河水混濁不清，看不清魚的蹤跡也就無法下叉，當然叉不到魚了。

叉魚是一種很原始的捕魚方法。早在數千年前的新石器時代，我們的祖先就用叉來叉魚。不過不是用鋼叉，而是用帶倒刺的骨製魚鏢來刺魚，也有用木棍或細竹製成魚叉來叉魚。古代人口少，河裡魚繁殖快，只要發現魚群遊過來，快速地投擲魚叉，總能叉到魚。

古代的魚，有鯉魚。《詩經‧衡門》載：「豈其食用，必河之鯉。豈其食用，必河之魴。」

魴，郭璞《爾雅注》說：「江東呼魴魚為鯿。」「鯿魚頭小，縮項，穹脊闊腹，扁身細鱗。」其實魴就是毛澤東詩詞中提到的「武昌魚」。古代還有青魚等，計有二、三十種魚皆可用叉捕到。

叉魚有一定技術性，在下叉前必須掌握魚逃的方向，因為鋼叉投擲後有一陣風，魚即警覺，馬上望風而逃，所以投叉時不是發現魚的位置，而是魚逃的前方位置，這樣才能叉到並正好刺進魚身，如果沒經驗必然會放空叉，當叉投到時魚早游逃，白費勁了。

再者，在現代化的大都市上海，即使是六、七十年前，叉魚這種補魚方式也太落後了。就算你能叉到魚，等拔出有倒刺的鋼叉，魚身上也留下幾個洞，因鋼叉多為三齒或五齒，即便命中兩齒，魚身也有兩個洞，魚一經破相就難賣了，就算賣掉也是低價。故而叉魚在上海早已被淘汰。

牧牛，也稱放牛。以前的農村勞動力吃緊，有些農活孩子幹不了，但十來歲左右的兒子可以去放牛。如果自家沒有牛，就替地主家放牛，小小年紀自己也能混口飯吃。這種十歲至十六歲的放牛娃，俗稱「牛郎」。

只要摸準牛的脾氣愛護牠，老牛就會溫順地讓牛郎騎在牛背上，牠自顧自地在河邊吃草。有的鄉下孩子坐在牛背上看書，也有的在牛背上吹笛唱歌。

《夢梁錄》記載：「七月七日，謂之『七夕節』。」傳說這一天是牛郎、織女鵲橋相會的日子。相傳牛郎孤苦伶仃只有老牛為伴，一天織女下凡在河邊洗澡，老牛突然開口講話，要牛郎趁機去偷織女的衣裙，之後織女即和牛郎結成美滿姻緣。織女留在人間，生兒育女，男耕女織，生活美滿。不料玉皇大帝大怒，以偷下凡塵之罪將織女押回天庭，禁止織女再與牛郎相會。老牛不忍主人恩愛夫妻被拆散，兒女失去母親，遂觸斷牛角載著牛郎和孤兒孤女，騰雲駕霧追上南天門。眼看夫妻即將相會，不料王母娘娘拔下神簪揮手一劃，立即天裂雲破變成一條白浪滔滔的大河，牛郎和織女只得隔河遙望，相對哭泣。他們的遭遇深深感動了無數喜鵲，鳥兒相約每年七月七日飛集天河，搭成一座鵲橋，讓牛郎和織女在橋上相會。

以前每逢七夕，上海有的京劇團必演《天仙配》。有一年，某舞臺貼出「真牛上臺」的海報。上海市區居民常年看不到牛，為此爭相購票。既看牛郎織女團圓，更看真牛上臺如何演戲？老牛也真乖，經過劇團牛郎訓練，老牛上臺不怕刺眼的燈光和眾多的看客，一場戲數次出場，迎來台下觀眾熱烈的掌聲。

中國畫牛最有名的為李可染。他的畫室稱「師牛堂」，他特別崇拜牛的苦幹精神，以牛為師，常下鄉看牛畫牛。大師所畫的牛郎騎在牛背上的國畫《春牛圖》，牛與牛郎皆憨態可掬，栩栩如生，每幅可售十萬元。如果每頭牛一萬元的話，李可染畫一條水墨牛可換回十頭大水牛。

養鴨

養鴨可算是農村比較輕鬆的工作。清晨把鴨群趕到小河濱裡，任牠們划水覓食，直到傍晚再趕進鴨棚，一天的工作也就結束了。

中國養鴨歷史悠久。古代野鴨稱「鳧」，家鴨為「鶩」。《左傳》載：「公膳日雙雞，饔人竊更之以鶩。」說的是廚師以鴨換雞之事，由此可知中國早在兩千五百多年前已養鴨了。

鴨兒喜愛嬉水，江南水鄉乃養鴨的發源地。今天的蘇州，春秋時的吳國都城，古代即有「鴨城」之譽。唐代陸廣微所著《吳地記》云：「鴨城者，吳王築城以養鴨，周數百里。」蘇州以河、汊、池塘多而著名，而太湖更是養鴨的理想之所，所出產的綿鴨、麻鴨等大量供應上海的酒樓和飯店。

三國時期，東吳盛行鬥鴨的遊戲。魏文帝曹丕還特地派使者向吳主孫權索求鬥鴨自娛。其實鴨子不僅是搏鬥的主角，也是士兵的軍糧菜肴。一千四百多年前北齊渡江攻打南陳，禦敵的陳軍僅以麥飯果腹，營養不良，戰鬥無力。此時，朝廷送來了三千石米和鴨子千隻，將士煮飯烹鴨，吃罷戰鬥力備增，進而一舉擊潰齊軍，鴨在這場勝立中立下了汗馬功勞。

當今的北京烤鴨譽滿全球，原料北京填鴨，即是江南的白色湖鴨。明代時由京杭大運河從江南引入京城，再加以培養改良而成。

上海四郊養鴨數量極大，所以1960年前後，河塘裡的魚成了珍稀品，再也捨不得餵鴨了。有人想出以蚯蚓餵鴨，可是挖來挖去蚯蚓減少供不應求。上海人為加緊生產蚯蚓，於是把捉來的蚯蚓斬成數段，在田頭挖一小塊地鋪一層鴨糞，放一層斷蚯蚓，再填一層鬆泥，如此連鋪數層。一個月後，將此泥土挖開，斬斷的短蚯蚓已長成整條的大蚯蚓，以此餵鴨雛，四十天即可上市。

清末民國初年，一些農民根本不懂得什麼保護野生動物，也不知青蛙吃害蟲對農作物有益處，只知道捉青蛙可以賣錢，於是想盡辦法捉青蛙。

捉青蛙有兩種辦法，一種是用網捕，另一種用鐵叉叉。鐵叉有三齒、五齒等，小叉頭後面裝有一根細竹竿。捕捉者夏天悄悄走到池塘邊，看見青蛙在水邊鳴叫，即對準青蛙擲出鐵叉。那時水質好，沒有受到污染，青蛙也多，飛叉擲出總能叉到青蛙。

捕蛙者大多赤腳，身背竹魚簍，叉到青蛙從叉頭上取下後就放進竹簍中，等簍滿了就背到小菜場或酒樓去賣。當年，炒青蛙是上海酒樓的一道名菜，肉嫩鮮美，食客很多。

現將清光緒年間《吳諺》中的一首〈青蛙自歎〉民歌抄錄如下。青蛙俗稱「田雞」，此民歌要用滬語來唱：

一隻田雞草裡蹲，綻出兩隻眼睛白澄澄。
不涉凡人事，天公派我生。
田裡害蟲我吃乾淨，保護稻苗功非輕。
無端來個兇惡人，一叉捉我簍裡蹲。
雪白鋼刀斬我頭，放入油鍋火裡烹。
丟我骨來泥裡沉，螞蟻銜去當點心。
終生終世難出地獄十八層。
我等微蟲自活命，拿我糟塌不該應。
千萬怨氣無處伸，閻羅王面前奏一本。
願來世儂做田雞我做人。

上海棉紡業至今仍聞名，棉織品大量出口歐美和日本等國。可是在十三世紀中葉前，上海和江南地區還找不到一株棉花。直到宋代末年，上海才首先由福建、廣東引進棉花種植技術。

說到種棉花，得從上海烏泥涇說起。烏泥涇原是黃浦江兩岸東西向的支流，舊河道在今上海植物園附近。據元代陶宗儀的《南村輟耕錄》記載，烏泥涇兩岸土質貧瘠，泥土多沙，鹼性足，不宜種禾麥。

當地農民為了謀生計，於是決定試種從閩粵等地覓來的棉種，不料竟然意外地成功。從現在華涇鎮之北向上海中學走去，所見公路兩旁的田野，便是當年棉田的遺址。

棉花秋季結果，滿田一片銀白。上海農家稱採棉花為「捉花」。「捉花」二字充滿形象，因為滿畦的棉株有的棉桃（棉花的果實）已綻開潔白花絮，而有的棉株棉桃尚未開放，採棉者只捉住成熟的棉桃採棉花。捉花在收穫季節多是老農婦和小

姑娘充當捉花手。她們人人腰間圍著一圍裙，圍裙為雙層，捉下來的棉花就放在圍裙的夾層中，所以這種圍裙稱「花袋」，只有收棉花時才用，平時是不用的。等花袋放滿棉花，即去倒在大布袋中。農家忙了一年，此時看見堆積如山的棉花，就同看見銀山一般高興。

因棉花「麗密輕暖」，所以棉花成了詩人讚美的對象。唐代白居易曾留下：「吳綿細軟桂布密，柔如狐腋白似雲」的詩句。詩中的桂布即棉花織成的布。杜甫、蘇東坡等也有吟詠棉花的詩作。

棉花約在西元前二世紀後逐漸傳入中國，傳入有三條途徑：一是由中亞西亞進入新疆吐魯番；另一條由緬甸進入雲南、貴州等地；還有一條由越南經海路傳入廣東、廣西、福建、海南島等地。中國元代以後，種植棉花已很普遍，明末徐光啓在《農政全書》中已把中國所種的棉花分為若干類，如湖南的「江花」，河北、山東的「北花」，浙江的「浙花」等。

所謂軋棉花，即棉花從農田捉花採摘後，籽棉中含有棉籽，只有除去棉籽才好紡線織布。這清除棉籽工序，上海人叫做「軋花」。

清雍正年間，有位名叫方觀承的總督，撰寫了一部《棉花圖》。書中繪圖十六幅介紹從採棉到織布的過程為布種、灌溉、耘畦、摘尖、採棉、揀曬、收販、軋核、彈花、拘節、紡線、挽經、布漿、上機、織布、練染等措施。這圖中的「軋核」即軋花，因棉花只有經軋，棉籽才會脫落。

古代沒有機械設備幫忙軋花，棉籽隱藏在棉花中，其籽只好慢慢地用手剝。元代有位名叫黃道婆的上海烏泥涇婦女，對上海古代棉紡業的發展有非常大的貢獻。

相傳她幼年時給人家做童養媳，因不堪虐待被迫出逃，逃到了遙遠的崖州（即今日的海南島）。她向當地黎族婦女學會了軋花織布的技術，到了老年她思念家鄉上海心切，於是帶著軋花車等漂洋過海，回到松江烏泥涇。隨之，她將積累多年所掌握的操縱軋花車、張棉推弓和紡織機等技術，一一傳授給久別的家鄉姐妹，從而提高了松江的紡織生產效率，增進棉花紡織品的花色，促進了松江一帶紡織業的發展和繁榮。

以前，烏泥涇農婦只能紡一根紗，黃道婆不但改進了軋花機，還改進了腳踏紡車，使之能雙手操作，由僅能紡一根紗的腳踏車而變為「一手紡三紗」。後來黃道婆因操勞過度，不久即病逝，烏泥涇同鄉「莫不感恩灑泣而共葬之，又為立祠。」在今天的華涇鎮北港口鎮的黃道婆廟村內，還可看到清雍正八年重建的黃母祠。在上海豫園城隍廟的得月樓內，也有清代棉布業公所供奉黃道婆的神龕。

浙江嘉興、海寧一帶是江南的養蠶重點區，那裡有許多養蠶的傳統習俗。舊時，蠶農除了要祭馬頭娘娘，還要祭祀蠶神，有的地方還要舉辦踏白船的活動。每逢清明節後，桑樹枝上剛綻出嫩芽之際，蠶農要在龍蠶廟前的河面，搭個神台在船上，燒香祈求神靈保佑桑樹和蠶繭雙豐收，隨後舉行踏白船比賽。

相傳很久以前，湖南一帶桑樹不長葉，春蠶無法飼養。一蠶娘為求桑葉而跑到湖州（位於浙江北部），見湖州桑葉肥嫩，即買了一批飛快送回湖南。蠶娘從水路運送桑葉，她日夜不停地划了三天三夜的船，桑葉總算以最快的速度運到目的地，蠶寶寶得救了，蠶絲也豐收了。可是日夜兼程飛舟的蠶娘，不久因勞累過度吐血而亡。湖州等地為紀念這位奮不顧身的蠶娘，每年三月十六她去世之日，總要進行划船比賽，稱之為「踏白船」。

在蘇州一帶，清末年間三、四月為蠶月，為了蠶繭豐收，蠶農有些嚴格的習俗。家家忌串門，門懸桃樹枝避邪，採桑葉的蠶娘不能與丈夫同房等等。還有最要緊的一點，蠶到老熟，葉要吃足，情願蠶老葉有餘，不要葉盡蠶不老。此時採桑者要備足桑葉，沒有桑葉或桑葉不足，借債欠款也要去買。還有當年的習俗，民船遇到官船必須讓路，可是買桑葉的船遇到官船，官船卻要讓路，蠶桑比官大三分。

農諺說得好：「栽上百年桑，勿怕成年荒。」四月穀雨前後是蠶時，也有農諺：「做天難做四月天，蠶要溫潤麥要寒，秧要日頭麻要雨，採桑娘子要晴天。」所以說採桑葉這一行也很難，天時、地利、人和這三關都要掌握。

剝蠶繭說起來輕鬆，實際上幹這一行很艱苦。

辛亥革命後，上海和杭、嘉、湖地區開辦了不少繅絲廠。所謂「繅絲」就是把蠶繭浸在熱水裡抽出絲來，就是剝蠶繭。

繭是從桑蠶腹中吐出來的。蠶，又稱桑蠶或家蠶，俗稱蠶寶寶，牠的確是中國一寶。蠶有十三個環節，胸腹部有八對足，體色青白或微紅，有斑，也有無斑白蠶。蠶只食桑葉，一般經過四次蛻皮，即進入成熟期而停止進食，然後吐絲作繭。

蠶繭形狀如同花生，但比花生大，色如白雪。剝開花生的硬殼，殼內為花生米；而蠶繭剝開後，繭內為蠶蛹。等蠶蛹在繭內變成蛾，自己咬破蠶繭爬出來，雌雄交配後，雌蛾會生幾百粒如同小米大小的蠶子，到了隔年春天就可孵出數不清的小蠶了。

所謂剝蠶繭，就是在蛹未變成蛾前，把繭放入沸水中，用竹筷在水鍋中攪拌，以便找出蠶繭的絲頭，然後把已成繭的蠶絲全部抽光，讓鍋中只留下蛹，而抽出之絲再另行加工織成綢緞。而蠶蛹可油炸食之，其味極為鮮美。

在七、八十年前的繅絲廠，大多是手工剝繭，也就是手工抽絲。而剝繭者有不少是童工，也就是十四、五歲的小女孩，站在滾燙的鐵鍋邊，手在沸水中繞繭抽絲。這些女童工經常一站一天，小手也和蠶繭一樣浸泡在沸水中，有時手指燙了很多泡，疼痛難忍，但她們必須咬緊牙關繼續剝繭，要是有誰停一停，「拿摩溫」（上海人都稱工頭為拿摩溫）的鞭子或板子就抽上身來。當年有人寫下「有福穿綢多瀟灑，歹運剝繭遭鞭打，老闆開廠大發財，童工血淚如雨下」的竹枝詞，這是剝繭女工的真實寫照。

養蠶剝繭織成綾羅綢緞，在中國已有數千年歷史。漢武帝時疏通西域，中國絹帛也隨之輸出到中亞、西亞、伊朗等國。中國的「絲綢之路」世界聞名，西元前希臘著作中稱中國為「塞勒斯」，意思即為「蠶絲之國」。

古代工業相當落後，生活必需品大多自己動手生產。現在縫衣服的線是從商店買來的，可在清代，農婦都是自己紡線。她們可都是紡線高手，只見左手握著一團棉花，右手搖著紡車，就這麼紡輪不停地轉，棉線也就源源不斷地紡出來。

紡紗，也叫紡線，俗稱「紗棉花」。所紡出來的紗一般較細，然後再將兩股單紗撚成線，其用途爲織布的原料。老上海農家中大多備有如煙畫上所畫的紡車。農忙時即下田耕地插秧，到了農閒時或晚間才紡紗。

農家紡紗很方便，自己種棉花，棉花收上來軋去棉籽，再將棉花曬曬乾，即可紡紗。

農家紡紗爲的是織布。富裕的農民家庭不但有紡車，還有織布機。這種織布機多爲木製、腳踏式的，雖然很土織出來的布一般較厚，色澤也不鮮豔，但做衣服很耐穿。

老上海農家所織的土布，花色並不單調。以藍線黑線爲經、緯織成的格子布，和以白線灰線織成的斜紋布等，也曾在清代上市供應顧客。

殺豬的人，俗稱屠夫。幹這一行常被人瞧不起，屠夫是野蠻血腥的象徵。昔日孟母三遷，是孟母為了使兒子孟子免受「近朱者赤，近墨者黑」的影響，認為鄰居為殺豬者，整天豬嚎叫聲不絕於耳，對孟子的前程不利，於是孟母急忙遷居，後來孟子成了僅次於孔子的第二位聖人。

還有個和明代開國皇帝朱元璋有關的故事。一年春節他微服出訪，巡視京城千家萬戶，看他們是否遵照聖旨都貼春聯？他走了三條街，看見家家門上都貼有大紅春聯，便很高興。可是他在第四條街上發現一戶人家沒貼春聯，不由得龍顏大怒，責問主人為何不貼春聯？只聽胖老闆說：「小人不敢違抗聖旨，只因在下是個屠夫，全家無一人識字，拿不動筆啊！」他為何不說自己是殺豬的呢？因為「豬」與朱元璋的「朱」姓諧音，說殺豬（朱）會遭來滿門抄斬，為避諱，百姓都不敢說「朱」字。

幸好朱元璋那天看春聯看得高興，體諒屠夫不識字的苦衷，也為了顯示自己的才能，他大筆一揮寫下了：「雙手劈開生死路，一刀斬斷是非根」十四個大字。皇帝的御筆當然不同凡響，氣勢非凡，這是對屠夫的最高評價。

老上海殺豬，個體戶較多，在鄉下收購農戶養的豬，殺了刮淨豬毛，再挑到小菜場的肉攤出售。殺豬習俗要「一刀清」，即一刀殺死，否則認為不吉利。當年屠夫進刀時，要講一句「來世人生」，這意思是說：「我今天把你殺死，你下次可以轉投人生。」以前人認為這輩子命不好，閻王讓他投豬胎任人宰割，下輩子會轉投人胎，不會再遭殺身之禍。這是屠夫對豬的祝福，也是抱歉之意。因為屠夫天天殺豬，罪孽深重，說這樣一句話來安慰自己，以為可以避災消禍。

殺豬後，刮毛時，屠夫要在豬頭上留下巴掌大的一塊豬毛，尾巴尖上要留下三寸左右的豬毛，意為「有頭有尾」。等屠夫燒香謝過天地，燒過紙銀錠後，再刮去頭尾留下的豬毛，將豬剖成兩爿上市。

狩獵最早發端於舊石器時代，人們為了生存，即以捕獲的獸肉煮而食之，獸皮製成防寒衣物。進入新石器時代，隨著經驗不斷豐富，狩獵的效率也不斷提高。

狩獵，工具極為重要。考古學家在商代遺址中發現了鏃、彈丸、網墜、木矛等。從甲骨文中還能看到車攻、犬逐、焚山、矢射、布網、設阱等捕獲禽獸的多種方法。

在商代，人們已能捕獲獐、鹿、狐、兕（野牛）、野豬、熊等野獸，而在殷墟的遺址中，發現了虎、豹、四不像、獾、羚羊等骨骸。

清末，老上海狩獵只能在郊區或松江的小山中打到野兔、野雞、野鴨、麻雀等，所用的工具除夾、網等，也有用土獵槍射擊。打來的小禽獸大多挑到小菜場上市，也有賣到熟食店烹調後以「野味」供應顧客。

古代狩獵和皇家狩獵目的不同。古代狩獵是求食，而皇家打獵是為了取樂。所以清代乾隆皇帝在木蘭圍場狩獵只是一種興趣。

宋太祖趙匡胤也很喜歡狩獵，他不僅愛騎馬射野兔，還喜歡用彈弓打麻雀。一次他在居苑射鳥，忽報大臣有急事求見，趙匡胤看了奏摺發現事情並不急，當即訓斥了大臣，但大臣不服地說：「這些國事雖不急，但總比射鳥急吧！」趙匡胤本來打獵正在興頭上，大臣不但掃了他的興還頂撞皇上，於是惱羞成怒，一彈子打落了大臣的兩顆牙齒。可見皇帝對狩獵的遊戲興趣之高，幾乎忘乎所以。

詩人陸遊也愛騎馬打獵，他四十八歲時親自刺殺過一隻虎。後來陸遊活到八十四歲，大概與他愛好狩獵活動大有關係。

　　以前沒有機器可以幫忙的時代，農村春米有許多種方法。

　　一是用水碓。水碓也稱「翻車碓」、「連機碓」和「機碓」。這是一種借水力春米的工具。《三國志・魏志・張既傳》載：「使治屋宅、作水碓，民心遂安。」晉代杜預發明的連機碓，是古代用水輪驅動的多碓式春米機械。連機碓的原動輪是一個大型臥式水輪，輪軸裝上一排相互錯開的撥板，用來撥動碓杆，十幾個碓頭相繼春米，不僅可用於糧食加工，還用於春碎香料、陶土等物。

　　這種古代較爲先進的春米方法，大詩人岑參曾寫〈夜過磐石寺〉描繪道：「岸花藏水碓，溪竹映風爐。」清代也有〈竹枝詞〉贊之：「巧借山頭懸瀑力，爲儂磨得穀零星。」

　　民間農村山寨多在沿著山澗溪水急流處或河邊流水旁，築一碓亭，內裝木製轉輪和碓梢（內有凹槽可受水力），下置石磨，利用水力轉動輪盤進行春米或磨米。

　　另一種春米法爲杵臼。《易經・繫辭》載：黃帝堯舜氏作，斷木爲杵，挖地爲臼。杵臼之利，萬民以濟。

　　臼爲石做成凹形盆狀，最初以杵棒豎起，一下下春搗臼中穀米，後發展爲用石錘裝木柄春米。正像煙畫中那樣，地下放的爲石臼，一人手中舉的爲石錘。這種吃力的春米方法在中國農村維待了千百年。

　　還有一種用腳踏石碓，石臼埋於地下，木架上裝石錘，比手工石錘大一些，這是由杵臼演化而來。桓潭《新論》載：杵臼之利，後世加巧，因借身重以踐碓，而利十倍。

　　春米離不開篩子。竹製、圓形，直徑約一公尺左右。有的篩上裝有橫木可掛，春米後，篩子的小孔漏下米粒，雜物留在篩內，即倒棄之。

農業是非常辛苦的行業，從踏秧田、落穀、拔秧、插秧、車水、施肥，到割稻，忙了大半年，新米飯還是吃不到嘴。接著還要攛稻脫粒，脫了粒還不行，因為這「粒」只是穀粒還不是米。在老上海，百年前還沒有軋稻機，要吃新米還要經過磨礱。

所謂磨礱，就是通過磨，將米之稻穀剝落下來。磨由石匠鑿成，多為上下兩部分組成。上面的石盤較薄，下面的部分較厚。磨為圓形，下面的磨盤比上面大數圈，鑿有一寸寬的圓槽，這樣磨出的米或粉不會落在地上，全進入槽中。磨的上下兩片相合處皆鑿有齒槽，通過上部磨盤的轉動，所磨之物也在齒槽中滾動，如此麥會被磨成粉，稻之穀殼也可脫落。

磨礱的確很麻煩，經過磨，米與稻殼混在一起，全都落在磨槽中。接下來的工序，就是將磨下來的稻殼和米全部倒在圓篩中，篩上有許多小孔，俗稱篩眼，由於米粒重而小，經過圓篩的搖動，米粒即落在地下的篾席上，而穀殼留在篩中，這樣米和稻殼就徹底分離了。

說全部徹底分離還不準確。有些小碎殼也同米粒一起漏過篩孔落在篾席上，所以還要再經過一道工序。農村的木匠還特別設計了一種扇風機，扇風部分全部用薄木板封閉，內裝五六片頁輪，搖時可鼓風，這最後一次篩選時，將夾有少量穀殼的米粒由扇風機頂部小口倒入，經過扇風，極輕的碎殼即被風吹向一大口外而落入地下，而較重的米粒即落入鼓風機的下部麻袋中。至此，磨礱操作工序完成。

磨礱所多餘的稻殼，俗稱礱糠。農民是捨不得丟掉的，它的用處是冬天烤火。農村冬天很冷，又沒有空調。烤火的土辦法是用一陶土燒製成的有提梁的烘火缸，放入礱糠點燃後，上面蓋一層薄灰，礱糠不會滅，可供一天烤火用。同樣礱糠也可放在銅腳爐中烤火取暖。

作坊行

圖
說
360
行

118

刺繡就是用針引彩色絲線，在紡織物上繡出各種圖案，這是中國歷代婦女女紅的特色。

相傳中國刺繡工藝至少有三千年左右的歷史。周代天子所穿的冕服上，用畫或刺繡的辦法製成日、月、星辰、山、龍、華蟲（雉鳥）、宗彝（虎與蜼的圖像）、藻（水草）、火、粉米（白色米形繡紋）、黼（黑白相間的斧形花紋）、黻（黑青相間的亞形花紋）等十二種花紋。至元朝刺繡衰落，直到明、清又興起。那時，逐漸出現民用品的刺繡，例枕套、煙袋、鞋帽、臺布、衣裙和屏風等，後又發展為廟宇中的神佛繡像、菩薩龍帳、蓮座、寶蓋和戲服等刺繡花紋。同時，歷代的各種官服均須刺繡。繡品色彩絢麗明快，紋裡層次分明，針腳嚴謹勻齊。

中國除有四大名繡，湖南的「湘繡」、蘇州的「蘇繡」、四川的「蜀繡」、廣東的「粵繡」外，尚有北京的「京繡」、上海的「顧繡」、溫州的「甌繡」等等。少數民族中的苗族「苗繡」也具有一定的特色。總之，各地的刺繡都有各自的特點。

上海灘相傳明嘉靖時，上海有個著名的「露香園」，主人是大官僚顧名世，他的長子顧匯海的小妾繆氏擅長刺繡人物、佛像，繡品不僅色彩鮮豔，而且形象逼真。顧名世之孫子顧壽潛的妻子叫韓希孟，擅畫工，精刺繡，並能融畫理於刺繡之中，有「畫繡」之稱。在技法上能以獨到的方法將絲線劈成細過髮絲，在自己創作的畫上刺繡，同時落針用線無痕跡，配色濃淡深淺，精妙得宜，自然渾成，使繡品具有更細微的表現力。刺繡像繪畫，是韓氏刺繡的特點。上海博物館、北京故宮博物館至今藏有韓希孟所繡的《藻蝦圖》、《洗馬圖》等佳作。

以後韓希孟還吸收了顧家女子刺繡藝術，於是這種繡品被叫做「顧繡」。顧繡在中國繡品中獨樹一幟，並對以後的各地繡品發展產生一定影響。

由於顧繡獨特的刺繡技藝引起上海婦女的興趣，商人也趁此開設顧繡商店買賣繡品。至清末，日漸衰落。

衣成

成衣鋪即製作衣服的鋪子。製作衣服者為衣工，又名裁縫。衣服穿著要合身，全得靠裁縫手藝。

上海灘早期成衣鋪都製作中式服裝，叫做本幫裁縫。上海開埠後，洋人不斷擁來上海，西服也就傳到上海。於是漸漸從中式裁縫中出現一批改行的西式裁縫，由於西式裁縫替洋人製衣收入頗豐，中式裁縫認為他們走了紅運，就稱西式裁縫為「紅幫裁縫」。後來，女洋人也逐漸增多，又出現了專門製作西式女裝的裁縫，人們稱為「時裝裁縫」。時裝裁縫以上海浦東人為主，西式裁縫多為寧波人，而中式裁縫大都是蘇北人。

辛亥革命前後，上海灘有個西服業領袖王才運。他自幼隨父學習西服剪裁，由於其父留學日本學藝，加上他聰明勤學，長大後成為上海灘著名的西裝裁縫。他在南京路開了一座三層樓的西服店，取名「榮昌祥呢絨西服店」。由於他手藝巧，不偷工減料，來料加工按顧客要求設計製衣，製出西服洗八次、十次絲毫不走樣。同時他又採用各種規格和面料製成西裝，他精打細算，生產成本低，售價也低，加上顧客買衣時可以當場試衣，立即取貨，所以生意越做越興旺，成了當時上海西裝

行業的領先者。

由於店名享譽上海灘，孫中山先生曾慕名在此定做過西服。有一次，孫中山先生帶來一套日本陸軍士官服，要求王才運按照這套服裝設計出帶有中華民族風格且具有新意的服裝。王才運精心設計，做成一件直翻領四貼袋蓋服裝，袋蓋成倒山形筆架樣子，象徵革命需要筆桿子；而門襟開始設計成七粒鈕釦，象徵日、月、金、木、水、火、土。後經孫中山先生親自試穿後，提議改成五粒鈕釦，代表「漢、蒙、滿、回、藏」五大民族。由於這件服裝是孫中山先生參與設計並由他首先穿著，所以被稱為「中山裝」。

成衣鋪

23

[作坊行]

圖說

360

行

　　浙江湖州為中國江南養蠶最集中的城鎮，也是養蠶、繅絲的基地。據《湖州府志》載：「湖州向奉先蠶黃之妃西陵氏嫘祖」。該志詩云：「村南少婦理新妝，女伴相攜過上方。要卜今年蠶事好，來朝先祭馬頭娘。」

　　煙畫上所畫「湖絲阿姐」，即是從浙江到老上海繅絲廠做工的姑娘。老上海最早的一家機器繅絲廠為「湖絲棧」，地處今萬航渡路華陽路口。占地一百二十六畝，為當年上海灘最大的蠶繭加工場和堆棧。該棧於清同治十三年（1874年）由蘇州巨商王嘉祿集資創辦，因所有的蠶繭皆來自湖州，所以稱「湖絲棧」。

　　棧場大鐵門面向吳淞江（今蘇州河），江邊設有專用碼頭，可裝卸來自湖州的蠶繭，出廠成品也由此上船運往各地。該廠設有揀、剝、抄、拉、紡五個車間，計有工人一千兩百多名，而女工約三分之二，這些姑娘大多來自湖州，故稱「湖絲阿姐」。

　　「湖絲阿姐」這個名字聽起來好聽，也蠻溫柔親切的，但進了工廠看見她們做工，就感到這個稱呼一點也不浪漫，相反卻很痛苦。

　　繅絲是一項繁重的勞動。繅絲阿姐坐在絲車前，腳踏板絲軸飛轉，操作阿姐要用竹絲掌從沸水鍋中撈起光繭絲頭，若干繭合為一絡，以手指挽入銅扣，絲頭引纏上軸頭，邊踏邊挽手眼並用。為此，湖絲阿姐大多雙手被鍋中沸水燙出許多泡，可是又不能停工，手起泡也要上班，這樣繅絲阿姐手指多潰爛。

　　〈上海縣竹枝詞〉寫道：「吾鄉農婦向端莊，少女專求紡織良，自設繅絲軋花廠，附膻集糞蟻蠅忙。」繅絲廠中蠶蛹發出腥膻氣，而湖絲阿姐雙手潰爛也引來了蒼蠅，由於生產任務重，生產環境污染，衛生極差，所以湖絲阿姐死亡率很高。

　　為此，旅滬湖州巨商沈鏞等人，發善心集資籌建了湖州會館。別的省市會館皆人丁興旺，住著來自家鄉的賓客歡聲笑語。惟有湖州會館，卻設有殯儀廳和存柩廳，而死者多為湖州阿姐。

扇子的起源最早見於晉代崔豹《古今注》，書中提到「舜作五明扇」、「殷高宗有雉尾扇」。但這種長柄扇子不是用來扇涼的，而是由侍者手執爲帝王障風蔽日所用。

真正在夏日用之逐暑的扇子，何時問世難以斷定。從「扇」字來看，推斷最早之扇爲羽毛所製。蘇東坡的〈赤壁懷古〉詞中，有「雄姿英發，羽扇綸巾」之句，京劇《借東風》中孔明輕搖羽扇，可知三國時羽扇已出現。

在四川成都出土的戰國銅壺上，刻有僕人手執長柄扇替主人扇風的圖案，這是目前發現較早的扇子形象。漢末到魏晉南北朝出現用動物尾毛做成的拂塵，稱爲「毛扇」。還有以禽類羽毛製成的羽毛扇，質地潔白柔軟。江南以白鵝羽毛製成的羽扇著名，多作爲貢品。到了漢代絲織業開始發展，出現了「紈扇」，因用潔白細絹製成，又稱「絹扇」，因其「團團如明月」，也稱爲「團扇」，此形式的扇子深受古代婦女青睞而成主流。

老上海的糊宮扇，最初糊的是絹扇。因爲在漢代多爲皇宮后妃所使用，故稱爲宮扇。宮扇的框架用料一般除了竹，往往還以紅木、象牙、湘妃竹、玉石等高貴的材料琢磨、雕刻而成，其中以高雅古樸的湘妃竹爲上品。宮扇造型除圓形外，還有鳳尾、古鐘、海棠型等十多種。面料以真絲絹爲主，其上繪以人物、山水、花卉等國畫。

其實老上海糊宮扇，乃徒有虛名而已，一個「糊」字已露了底，真正的宮扇豈可「糊」成。當年所糊之扇，以鐵絲爲圓骨架，細竹筒爲扇柄，再糊以絹面，扇面由無名藝人畫上仕女、花草，所謂的「宮扇」即製成上市。

另一種糊宮扇更簡單，拿一根尺把長的細竹片，上半尺由竹匠一絲絲剖開，再修剪成圓形，下半身不剖，作爲扇柄，再由女工兩面糊以印著畫面的紙張即可。畫面上印有「二十四孝」、「紅樓夢十二釵」、「水滸一百單八將」之類。上海灘後來很流行這種便宜的紙宮扇，用過幾次失落也無妨。此後，商家多以此扇印廣告贈送顧客。

燈籠坊

[作坊行]

老上海燈籠坊春節最忙，工匠們要各顯其能，糊出各種燈籠供應元宵燈市。

燈節早在唐代就很熱鬧了。唐代以前有臘月賞燈的習俗，相傳燈籠是漢明帝從西域引進的。據《僧史》記載：西域臘月晦日稱爲大神變，該日燒燈表佛。唐代把賞燈時間正式定爲正月十五日。據史書說，睿宗先天二年（711年）正月十五，做了一個二十丈高的燈輪，用錦緞加以裝飾，並掛上五萬盞花燈，皇上還下令讓千餘名宮女和長安少婦圍著這巨大輝煌的燈輪高歌狂舞，眞乃盛況空前。

民國初年規定元宵前後三天爲燈節，正月十四日爲試燈，十五日爲正燈，十六日爲殘燈。元宵節上燈，早先並不僅僅是觀燈娛樂，它還象徵著吉祥之光，能驅妖避邪除百病。

老上海燈籠坊所紮的燈籠，各派紛呈，以蘇燈爲主。蘇燈就是蘇州風格的燈籠。據古籍載：「蘇燈爲最，燈品至多，蘇（州）福（州）爲冠，新安晚出，精妙絕倫」。

上海灘燈籠坊所產之蘇燈有「荷花」、「梔子」、「葡萄」、「鹿犬」、「走馬」燈等。還有以麥稈、鉛絲做成的繚絲燈、夾紗燈等。

老上海燈籠坊的燈彩集剪紙、繪畫、裝紮、糊裱等多種手工藝於一體，所生產之各式燈籠，造型優美，燈飾華麗，花樣出奇。傳統的走馬燈構思極爲巧妙，外型猶如碧瓦飛甍的亭台，燈壁內側畫有各種圖案，點燃燈中心的蠟燭，始現出精美的花紋，又因燃燒後空氣對流，花燈內壁自動旋轉，迴圈呈現「五穀豐登」、「鯉魚跳龍門」等吉祥圖案。也有的繪畫以戲文爲主，「水漫金山」、「木蘭從軍」、「八仙過海」、「龍鳳呈祥」等皆有生動表現。

兒童最愛看走馬燈，他們不知燈內的畫面怎麼會自動旋轉起來，所以孩子們看得妙趣橫生，而生意人看走馬燈卻暗中祈求「時來運轉」。

燈籠坊所生產的「兔子燈」、「鯉魚燈」、「西瓜燈」等，元宵節一上市即搶購一空。

圖說 360 行

上海人每到夏天，人人都愛睡草席。就連討飯的什麼衣服都沒有，但走到哪裡一床破席子總是捨不得丟。因為夏天睡草席特別舒適，又滑爽又風涼。

上海人睡的大多是寧波草席。寧波古代稱明州，因甬江穿市而過又簡稱「甬」，故這種草席又稱明席、甬席。

草席坊，即草席編織之所。上海製席可分麻筋席和紗筋席兩種。麻筋是用白麻、黃麻或綠麻搓成細繩做經線編織而成，特點是厚實、牢固、光滑、耐用，做床席睡覺最為理想。

寧波黃古林白麻筋席尤為著名。它選用上等草席織成後用人工排緊，收邊平直，經久耐用，多年來盛譽不衰。

紗筋席以棉紗為經線，具有光滑輕巧舒適的特點。紗筋席一大特色是鑲有布邊，還印有花鳥走獸圖案，因經高溫消毒處理，故花色鮮豔色澤不退，深受旅遊者歡迎。

說到寧波草席，相傳它在抗擊金兵中立下戰功。傳說宋建炎三年（1129年），高宗趙構君臣被金兵追到鄞西黃古林一帶，眼看金兵就要追上皇帝的千鈞一髮之際，當地織席坊工匠想出搭救高宗的妙計。他們在道路上鋪滿草席。當鐵馬掌踏上千條草席之路，所有馬匹盡皆滑倒，宋高宗死裡逃生，而金兀朮氣得罵爹罵娘。故寧波草席也稱「滑子」。時至今日，「滑子」美譽依然流行。

寧波草席在上海大受家庭主婦的青睞，有錢人家買白麻筋草席，窮苦人家就睡破草席，破洞用布縫補一下照樣睡，死了人買不起棺木，就用破草席一捲就完事。舊上海不僅有大量專賣寧波草席的店鋪，尚有不少小販挑著一擔草席走街串巷，進出弄堂叫賣草席。

我們現在掛竹簾的地方不多，清代末年因爲很少有玻璃門窗，爲了透氣也爲了採光，竹簾成了居室必備之物。

竹簾坊，即竹簾製造工廠。工匠先精選節距長、生長期爲兩年的上等慈竹爲原料，經過刨青去節、鋸段破竹、劃片成篾，再經分絲、勻絲等十幾道工序，抽成粗細均勻、色澤柔和、質地柔潤的纖細竹絲作緯，用優質蠶絲搓線作經，然後再精工編織而成，故此簾稱竹編簾。這種竹簾很精巧，每尺竹簾胚用竹絲八百至一千根。最後再裝上竹製或木製的天頭地軸，讓其極盡天然風味，故而這種竹簾大受歡迎。上海竹枝詞云：

劈細竹絲做簾子，做得簾成眞雅致。
既照明月又透風，花影能映尤韻事。

卻笑古人好大言，詩中每詠珍珠簾。
果把珍珠做簾子，可有玉柱金梁翡翠簷。

中國有句名言：「寧可食無肉，不可居無竹。」文雅之士除了喜愛在自己的花園中栽種翠竹，還非常喜愛以竹製成桌、椅，而門窗更喜掛竹簾，特別是夏天，門窗掛竹簾不但涼風可吹進室內，而且還可遮擋陽光，避免日曬之苦。

「細如毫髮密如絲，薄如蟬翼輕如綿。」竹簾不但具有實用價值，也是典雅古樸，賞心悅目的精美工藝品。中國有些竹簾工廠造成編簾後，並以竹簾作畫。雙虎簾、百鳥簾、三峽風光簾、峨眉山水簾等，栩栩如生，千姿百態。現在這種古代手工竹編簾已發展成爲出口工藝品了。

中國竹資源極為豐富，栽培利用竹子的歷史也十分悠久。在浙江餘姚河姆渡遺址，曾發現原始社會的竹節遺物，距今約七千餘年。早在三千多年前的商代，已用竹子製作箭矢等武器和書簡、竹籃等簡單的用具。

老上海竹編坊裡有不少能工巧匠，他們編出的竹籃、竹簍、篩、筐、籠、盒、席等，編工精美，堅固耐用，很受城鄉市民的歡迎。

當年曾有報社記者到老上海竹編坊採訪，問他們巧妙的劈、削、編、漆的手藝從何處學來？工匠們皆說是祖師爺泰山傳下來的。工匠還向記者講述祖師爺當初學藝的故事。

相傳泰山是浙東人，他自幼跛腳，從小對家門口的竹子極有興趣，利用竹子編了許多玩具。他的父母見小泰山心靈手巧，就送他拜魯班為師。在魯班傳授下，泰山學會了鋸、刨、鑿、斧等木工手藝，但他對木工活興趣不大，一心想當竹篾匠。魯班見泰山不安心當木匠，就勸徒弟早早回鄉，另行拜師。

數年後，魯班有事來到浙東一小集鎮上，見一家竹編坊門前掛著許多精巧玲瓏的竹編品，魯班擠進圍觀的人群一瞧，情不自禁為這些竹製品的精湛技藝讚歎不已，決定拜會這位巧奪天工的巧匠。誰知魯班進了這竹編坊的竹編門卻驚呆了，原來這位工匠即是自己三年前辭退的徒弟。這時泰山忙跪地行禮說：「儘管我沒有當木匠而做了竹匠，但是你傳授的木工技藝，為我的編製竹藝打下良好基礎，您永遠是我的恩師。」魯班只說了一句話：「我真是有眼不識泰山。」從此，「有眼不識泰山」這句俗語一直流傳至今。

這雖是民間傳說，但上海竹編坊的老竹匠，對泰山是竹編技藝的祖師爺這點深信不疑。每年除焚香拜祭泰山外，對自己的竹藝也精益求精。

清光緒年間，上海竹編坊的篾匠有粗、中、細之分，細篾匠能做出最細的竹籃，每寸竟可排到一百二十根細篾，而這種籃柄、夾口上刻出山水花鳥等圖案的竹籃，現已成為收藏家求購的精美工藝品。

在七、八十年前，上海街頭拉洋車的、進城賣菜的、討飯的、馬車夫等，大多穿草鞋。因為賣苦力的皆穿草鞋，故銷售量大，所以老上海才有專門做草鞋的「草鞋坊」出現。

這麼多人穿草鞋，不是因為穿草鞋特別漂亮舒服，草鞋很硬，細皮嫩肉的腳穿草鞋磨得連路都不能走，硬走上幾步腳就磨出血泡。賣苦力者之所以穿草鞋，是因為買不起布鞋，無可奈何。他們忍著痛經常穿草鞋，穿到後來腳上磨出老繭，再穿草鞋也就不感到痛了，拉起黃包車也快步如飛。

中國自古就有草鞋，古代之「屝」即草鞋，屝也作「蹻」。《孟子·盡心上》載：「舜視棄天下，猶棄敝蹻也。」「敝蹻」就是破草鞋。

以前中國少數民族多住邊疆深山中，生活艱苦，多穿草鞋。廣西侗族聚居區依山傍水，多木橋，有的木橋還蓋有頂，稱風雨橋。為讓過路人能在風雨橋中歇歇腳，侗族人除燒一缸茶水供解渴外，往往還在橋亭中掛上一兩雙新草鞋，以防遠方行人跋山涉水穿破了草鞋，可在這裡換上新鞋繼續上路。這些新草鞋除由侗族老人編織外，有些也出於熱心的婦女之手。橋上贈草鞋不收分文，仍是侗族數百年來的風俗。

老上海一些來自閩南僑鄉的市民，一旦遇有僑居海外多年的「洋客」或「番客」回國探親時，有「脫草鞋」洗塵接風的習俗。晉江石獅曾流傳過這樣一首〈草鞋歌〉：

我在番邦跳腳筒，不是坐店開米行。
為著家中日子紅，草鞋穿破幾十雙。

這裡所說的「跳腳筒」就是在海外當挑夫、車夫、賣苦力，穿破幾十雙草鞋不足為奇。當然這些番客回國到上海是不會穿草鞋的，但為了不忘先輩在海外艱苦創業的苦生活，依然要實行象徵性的「脫草鞋」習俗。

棕棚爲傢俱中的一種。人的日常生活必須吃飯和睡覺。睡覺當然離不開床，床除了床架，還要配備棕棚。

老上海的床，有雕花木架大床，也有銅床和鐵床，無論買什麼床，同時也要購進棕棚。棕棚先由木工以四根木料刨成8公分寬、5公分厚，然後將其中兩根鋸成二公尺長，將另兩根鋸成1.35公分長，再開榫頭製成大木框。然後再在木框裡邊緣打小手指粗的斜眼，每隔5公分左右打一洞孔，洞眼打好後再由棕棚工匠以細棕繩穿棕棚。

穿棚爲斜紋，棕繩穿進木邊框孔眼後即切斷，再用圓木細棒釘進孔眼，以將棕繩繃緊。

老上海傢俱店中供應的棕棚有兩種。一種是前面介紹的棕棚；另一種爲藤皮穿製的藤棚。藤皮也很牢有拉力，照棕棚那樣穿好後不但不會斷，同時有彈性，夏天睡藤棚很涼爽。清代多以紅木精工製成榻，而紅木榻最常見的爲藤皮穿棚。

棕棚最大的缺點是不能持久，睡了幾年棕繩就鬆了。有時小孩愛在床上跳，因用力過度棕繩很容易斷，這樣人睡在床上很不舒服，像睡在魚網中一般。

爲了改善睡眠條件，只好喊來穿棕棚的工匠，把棕棚抬到弄堂裡去修。工匠先取出較厚的砍刀，橫過來可當榔頭用，再用粗鐵釘伸進木框孔眼，把原來的細圓木棒用砍刀敲掉，如果棕繩斷掉則抽去換新棕繩，如若棕繩不斷，則重新釘細圓木棒，把已鬆的棕繩進一步繃緊。這樣整舊如新，又可重新睡人了。

現在修棕棚者，多用白尼龍繩代替棕繩修棕棚，因爲尼龍繩比棕繩更牢，經久耐用。

墊子坊所做的墊子式樣多種多樣，大的有床墊、小的有椅子墊等。

老上海在七、八十年前，床上很少用墊子，這倒不是不喜歡墊子，而是買墊子多一筆開銷。當時，大家生活艱難收入不高，能省即省。床上不鋪墊子，春秋兩季還過得去，到了冬天不鋪墊子就感到涼，怎麼辦？

當年上海灘窮人家有過多的窮辦法。到了深秋，農家割完稻就把稻草曬乾挑到上海來賣。稻草很便宜，不用幾個錢就可以秤上四、五十斤，鋪在床上十分暖和。也有些農民把稻草編成草墊上街叫賣。在床上鋪上稻草墊很舒服，但稻草鋪床也有不理想的地方，斷的稻草容易散落在房間裡，編好的稻草墊鋪床比較乾淨。

說起墊子坊，順便介紹現在普遍受歡迎的「席夢思」床墊。這種高級床墊最初產生於美國。十九世紀美國有一位名叫紮爾蒙理·席夢思的商人，他很有商業頭腦，一天他睡在床上感到板太硬不舒服，即苦思冥想，想出以鐵絲彈簧做床墊的念頭。經過一番試製，1900年世界上第一只用布袋包裝的彈簧床墊終於誕生。紮爾蒙理·席夢思即以自己的姓名為彈簧床墊命名。如今席夢思床墊已風行全世界。

老上海墊子坊所生產的墊子，大多以棕絲為內胎，也有以棉花為內胎的，外面再蒙上帆布即可上市。現在上海生產墊子還有以泡沫塑料為內胎的椅墊和床墊供應客戶。

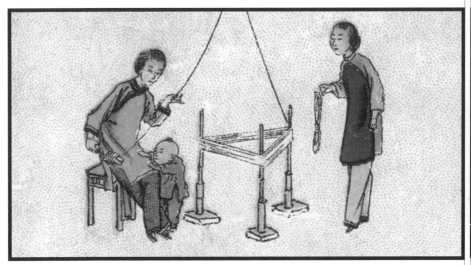

線是非常細小之物，也是人們日常生活中不能缺少之物。特別是褲子上的鈕釦掉了，必須馬上找針線把鈕釦釘好，否則上街就十分狼狽。所以大賓館往往有針線包供應，免得離家外出的旅客掉了鈕釦，找不到針線陷於尷尬境地。

老上海的繞線坊實為紡線之所。百年前上海沒有機械化線廠，紡線皆靠手工。所用的紡線車是木製品，絡線、撚線、並線、染色等工序，皆靠一雙手來操作，所以產量不高，而品質也不佳。

繞線坊所生產的線為兩大類：一是棉線，也稱棉紗線。還有一種為絲線，蘇州稱花線，為繡花所用。

蘇繡為全國著名的工藝品，與湖南湘繡、四川蜀繡、廣東粵繡合稱中國四大名繡。由於蘇繡名揚中外，所以製線業也很發達，在宋代已形成專門製作和出售花線的繡線巷。十七世紀蘇州創建「武林杭線會館」。1929年成立花線業同業公會，產品送到上海參加中華國貨展覽會，後又參加西湖博覽會，及參加法國巴黎國際博覽會展出並獲獎。

線雖細，但要求保證品質。用線縫製的衣服，經過洗、揉、搓、刷、捶等，線不能斷。

上海是中國工業最發達的城市，特別是輕紡工業，更領先於其他省市。老上海因有顧繡，所以上海製線業也極為出名。所生產的絲線，色彩豐富，約有一百六十六種之多。而每種又具有二十五檔色，總計共有一千六百二十八種。

　　早在原始社會，我們的祖先就學會製繩，當時還沒有文字，相傳以結繩記事。

　　古代陶器上有一種紋飾，稱爲「繩紋」。這是因爲製陶的工具上纏有細繩，以此種工具拍打陶坯，故陶罐的腹部留下很多繩印。考古工作者發現出土的新石器時代和商代陶器有繩印，故稱這種圖案爲「繩紋」。

　　在古代，繩不但用於拉犁、牽牛，還以繩結成床。繩床來自安息國（今伊朗），故稱胡床。

　　繩，爲多股紗或線撚合而成，有多種名稱，兩股以上的繩複撚稱爲「索」，而直徑更粗者稱爲「纜」。船出海而歸，船工會從船上向碼頭拋下一根粗繩，碼頭工人接繩後把它扣在碼頭邊的鐵柱上，這種粗繩稱爲「纜繩」。

　　千萬不要小看一根繩，往往性命都繫在繩上。抗日戰爭勝利後，在重慶的不少上海人想儘快回鄉。那時接收大員乘飛機、中級人員乘輪船、小職員只好乘船出三峽至上海。可長江漩渦多，七、八個船工背縴（挽船用的繩索），不料縴斷，木船撞到懸崖，全船人皆葬身長江。

　　凡用繩者都不希望繩斷，惟有上絞刑架的死刑犯期望繩斷。如果絞索套到死刑犯的頭上，一拉繩子剛巧斷了，這個傢伙就不會死了。絞刑只判一次，不可能判他第二次上絞架。不過絞架上的繩子很粗，別說拉人，就是拉幾頭牛也不會斷，故絞刑犯的夢想絕不會成眞。

　　老上海製繩坊主要生產麻繩和棕繩。正如煙畫上所畫，兩端的木架相距五丈左右，要長繩相距可放遠。木架橫木上有七隻鐵鈎，七隻鐵鈎由一塊竹板牽行可同時轉動。一隻鐵鈎可鈎三股或五股細線。絞繩是件很吃力的工作，搖鈎者轉不了幾下就手酸臂痛，汗流如雨，但爲了製繩也爲了養家餬口，只好堅持下去。

毛筆是中國古代特有的書寫工具，和墨、紙、硯並稱「文房四寶」。據考古發現，六千年前仰韶文化陶器上的彩色花紋可能用最初的毛筆所畫。古代有戰國末年秦將蒙恬造筆的傳說，現存最早的毛筆也為戰國時代製造，秦漢毛筆出土頗多。甘肅武威出土了兩支毛筆，筆桿上所刻的「白馬作」及「史虎作」字樣，記載了現知最早的製筆工匠的姓名，十分珍貴。

唐代天寶二年，唐玄宗巡視南方數十郡特產，宣城一郡奉獻的就是紙、筆。《中國通史》記載，唐太宗李世民在選納各地貢品時，第一個選中的就是宣筆等文房四寶。晉代大書法家王羲之、唐代柳公權，曾親手寫了「求筆帖」，希望能得到宣城名工匠葛氏和陳氏製作的筆。白居易任宣城太守時寫了一首〈詠紫毫筆〉詩：

江南石上有老兔，吃竹飲泉生紫毛。
宣城之人採為筆，千萬毛中揀一毫。

湖州是新崛起的製筆中心，所製之筆稱湖筆。其製筆於實用中重工藝的風氣，自唐代一直延續到明清。湖筆主要產自位於湖州東南的善璉鎮，已有數千年的製筆史。當年筆莊所售之湖筆各具特色，如買羊毫筆得去「李鼎和莊」，買馬毫筆則去「楊元鼎莊」，買雞毫筆要去「馮巽堂」。

數十年前上海的大書畫家沈尹默、白蕉、謝稚柳、唐雲、胡問遂等無不喜愛用宣筆和湖筆。

上海灘有家製筆老店「周虎臣筆墨莊」，距今已有三百多年歷史。據說康熙皇帝壽辰，地方官員要獻筆，規定五天完成，而周虎臣筆墨莊只用了三天時間就完成了一套六十支「花草壽筆」晉呈。結果康熙揮毫得心應手龍顏大悅，讚之為「筆走龍蛇」，隨之周虎臣製筆譽滿江南。

裝裱，古稱「裱背」、「裝背」又俗稱「裱畫」，爲中國特有的傳統手工藝。它包括對紙、絹質地的書法、繪畫作品的托裱、裝潢，舊書畫的去污、揭補等。

歷代傳世的書畫及出土書畫，或者由於原裱不佳發生空殼脫落，或者由於收藏不善受潮發霉、糟朽斷裂、蟲蛀鼠咬，或者由於在流傳過程中被撕斷、裁割，或由於長期埋於地下朽爛疊黏等，這就需要重新裝裱。明人周嘉冑說：「古跡重裱，如病延醫，前代書畫曆傳至今，未有不殘脫者，苟欲改裝，如病篤延醫，醫善則隨手而起，醫不善則隨手而斃。」

老上海字畫裝裱工匠多來自蘇州。「蘇裱」起於北宋，盛於明代宣德年後。當時達官豪賈競收名跡，聘請高手進行裝潢，爲此促進了蘇裱藝術的發展。胡應麟在《少室山房筆叢》中說：「吳裝最善，他處無及。」由此可知，「裝潢能事，普天之下，獨遜吳中。」所以蘇州工匠在老上海開裝裱坊，十分受歡迎。

裱畫師的確爲古畫收藏做了很大貢獻。如國畫大師徐悲鴻，重金從一位洋太太馬丁夫人手中收購了《八十七神仙卷》如獲至寶，特刻了一方「悲鴻生命」印章蓋在畫上。不久名畫被人偷去，他在數年後又千方百計以二十萬元和十多幅自己的畫換回了《八十七神仙卷》。但偷者做賊心虛，挖去了「悲鴻生命」印章和名家題跋，此畫被弄得千瘡百孔，徐悲鴻無奈只得又花大價錢請裱畫師重新裝裱，爲此徐悲鴻十分感激裱畫師妙手回春，搶救了古畫的生命。

但裱畫師有的也是造假畫的幫凶。如「揭二層」就是由裱畫匠將夾宣紙的後面一層揭下來，其中帶有前面一層滲透過來的墨蹟，再請畫師加以潤飾，這樣一張古畫就變成兩張古畫，然後再裝裱作舊，就此能騙大錢。

中國的裱畫歷史悠久，經驗豐富，裝裱品式分掛軸、手卷、冊頁三大類；其裝裱工藝可分托畫心、鑲覆、矸裝三個步驟。現在裱畫生意在上海又熱鬧起來，這是書畫收藏方興未艾之故。

中國過年除了貼春聯，還有掛年畫的習俗。年畫是中國一種古老的民間藝術，反映大眾的風俗和信仰，還寄託對未來的希望。

年畫起源於「門神」。漢代蔡邕的《獨斷》載：「十二月歲竟乃畫荼壘，並懸葦索於門戶，以禦凶也。」其後唐代吳道子畫「鍾馗捉鬼」，由此「門神」漸向年畫發展。

隨著唐代雕版印刷術的興起，年畫的內容也不只限於門神，而是逐漸把諸神請到家中。而諸神中最受歡迎的是財神，表現了百姓從消極的消災避邪，進而祈求發財發福。

中國年畫有三個重要產地，天津楊柳青、山東濰坊楊家埠和蘇州桃花塢。老上海的年畫其風格與桃花塢年畫大同小異，內容多取材於民間傳說和戲曲故事，如《岳飛槍挑小梁王》、《武松打虎》、《牛郎織女》、《福祿壽三星》、《四大美人》等深受農民喜愛。

老上海年畫的特點，表現在木版的雕刻技法和色彩拓印的工藝上，線條剛勁簡練，色彩明快，富有裝飾美。

在老上海年畫中有一幅《老鼠成親》特別富有情趣。此畫中心為一頂花轎，由四隻老鼠抬著，轎中坐著鼠新娘，花轎前後畫了四組小老鼠，有的鳴鑼開道、有的司鼓吹號、有的運送嫁妝、有的點燃鞭炮，其畫面生動、熱鬧非凡。

這幅年畫給魯迅留下了不可磨滅的印象。他在回憶童年生活一文中寫道：「但那時的想看老鼠成親的儀仗，卻極其神往。即使像海昌蔣氏似的連拜三夜，怕也未必看得心煩。正月十四夜，是我不肯輕易便睡，等候它們的儀仗從床底下出來的夜。」看來這幅《老鼠成親》年畫，不但喚起成年人的興趣，對兒童的藝術感染更為強烈。

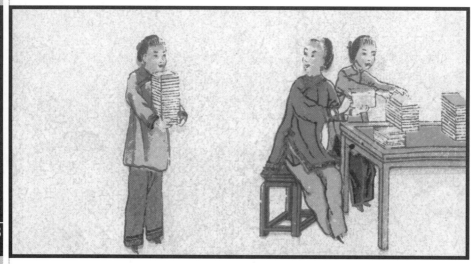

古代的書和現在不同，現代的書皆暗線裝訂，表面上看不到訂書的痕跡。而古代的書不同，古書俗稱線裝書，這種書突出一個「線」字，書捧在手，訂書的根根線都很快進入你的眼簾，捧在手中很柔軟、很輕，讀起來輕鬆方便。

線裝書是以白絲線裝訂的，大多雙線將封面封底訂在一起，訂線排列整齊，使人看了感到很清秀、美觀。這就是訂書者熟練技藝的表現。

老上海訂書坊所訂之書多爲線裝書，這種書多爲木版印刷，紙很薄，故而只能單面印，無法雙面印。書印好後送到訂書坊，工匠先疊書，疊好切好放在工作臺上壓好即打眼。打眼一不能打斜，二要書上每個眼一樣大小，三是打眼要光滑，不能毛躁，接下來的一道工序才是訂書。

訂書穿針引線者多爲姑娘和年輕婦女，女性飛針走線乃拿手好戲，她們心靈手巧，釘起書來又快又好。

說起訂書，這是一項又乾淨又輕鬆的工作，但是女工匠常常愁眉苦臉，她們有何難處呢？請看知情人寫的歌謠：

小本開爿訂書坊，訂書生意還算旺。
男工執鑽打孔眼，女工拈線訂書忙。
古書訂了千百冊，姑娘自歎怨書坊。
至今不識一個字，巧手訂書眞冤枉。

自古以來象牙製品在中國被看成地位和身份的象徵。《禮記・王藻》載：「史進象笏，書思對命。」「象笏」是象牙所製的手板，大臣上朝時將所奏之事記於笏上，用畢將字刮去。周制，諸侯始執象笏。明代以前一至五品，笏俱象牙，五品以下用木。

據《韓非子・喻老》載：「紂為象箸而箕子怖。」紂為殷商末期的君主，由此推算早在西元前1144年左右，紂王已開始使用象牙筷（箸乃筷的古稱）。紂王用象牙筷，大臣箕子為何會感到恐慌呢？因為三千多年前，人們的武器和工具都相當原始，那時要打死一頭大象，再把碗口粗的象牙鋸下來運回皇宮，再鋸成一條條細棒，然後再把象牙鋸短磨細製成筷子，沒有幾千個人工是辦不到的。所以大臣們感到紂王太奢侈了，故而感到驚慌。

中國古代的皇帝大多貪圖享樂。據《戰國策・齊策三》載：「孟嘗君出行國，至楚，獻象床。」象床，即象牙床。這象牙床要打死多少頭大象才能做成象牙床呢？因為人們沒見過象牙床，所以也很難統計所用象牙數字。三千年前中原野象成群，而現在中國只有到雲南西雙版納才能見到野象，這是因為人類的濫捕與濫採象牙，從而把中原野象全部殺光，這確是殘忍的事實。

老上海的飯店酒樓，當年全部用象牙筷。再者象牙圖章、象牙製的煙嘴、象棋、麻將、佛像、裁紙刀、扇骨、雕飾品等等，象牙製品很流行。所以老上海的象牙坊生意十分興隆，鋸象牙的工匠不少，工作也十分繁忙。

琢玉坊

40

[作坊行]

中國古玉器收藏和發掘出土之多，工藝之精，均堪世界之最。中國玉器可分禮器、儀仗器、用具、裝飾、藝術器、雜器等。每種大類又分眾多的小項，如禮器類分為琮、圭、璧、環、瑗、璜、玦、璫、盤等。

中國自古即有佩玉的習俗。良渚文化遺址中已有玉珠、玉管、玉墜等十八種頸項玉佩飾出土。古人佩在身上的玉器除了玦，還有笄（玉簪）、珥璫（耳環）、玉帶鉤、玉璽、玉劍飾等。

從唐代起，玉器的品種不斷增多。明代高濂《燕閒清賞箋·論玉器》說：「自唐宋以下所製不一，如管、笛、鳳釵、乳絡、龜、魚、帳墜、哇哇、樹石、頂爐、帽頂、提攜、袋掛、燈板、人物、神像、爐瓶、鉤鈕、文具、器皿、杖頭、杯、盂、扇墜、梳背、玉冠簪、珥、條環、猿、馬、牛、羊、犬、貓、花朵、玩物、碾法如刻、細入法絲、無隙敗矩、工致極矣、盡矣。」

以上種種玉器皆由琢玉坊以玉石加工而成。老上海玉器坊加工的第一道工序，即用圓轉鋼刀安放輪子，以繩牽引，以腳踏使之旋轉來開玉石。

琢玉第一道工序有五種轉鉈：以沖鉈專磨治不成形的原玉，用以開出物形來。以磨鉈將器物粗形棱角磨成平光，再以鏟鉈鏟去物形的大棱角，再以軋鉈刻上花紋圖案，起去花紋底子才能凸凹美觀。鉤鉈是刻出玉器輪廓之用。

第二道工序即磨細開光，因第一道工序做出玉坯，但缺少光澤。所用的鉈子為膠鉈、木鉈、葫蘆鉈、皮鉈四種。

另外琢玉坊的工序，還有打眼、打鑽、掏膛、攢玉活、攢螺鈿活、攢玉螺合製活等。老上海有人以〈竹枝詞〉描寫琢玉坊道：

玉不琢來不成器，琢磨全仗昆刀利。
腳踏車床手握沙，切磋藝高功夫細。

圖說
360
行

　　所謂「打珠眼」就是在珍珠上穿孔。

　　中國是最早發現珍珠的國家。四千多年前，中國便開始採珍珠並以珍珠為飾物和藥物，這在《尚書・禹貢》中已有記載。西元前一千多年，中國的淡水採珠業已很發達。

　　蘇州現存的三國時代的瑞光塔，由三萬二千顆珍珠編串而成。而蘇州評彈中最著名的曲目為《珍珠塔》，此《珍珠塔》不知是否受瑞光塔啟發而編寫，還是偶然的巧合。

　　若要將珍珠製成項鍊，首先要打珠眼，所用的工具為鑽子。這種工作適合心細手輕的女工匠。大珠用大鑽頭，小珠用小鑽頭，所打的珠孔很小，只要能穿過銀線即可。打珠眼不能過大，過大就算次品或廢品。

　　清代皇宮打珠眼不再用女工，而用手藝高明的宮廷男匠師，他們所用的珍珠也是特等品。

　　珍珠品種較多，精圓的稱為盤珠，本莊圓稱飽樣珠，橢圓稱棗樣珠，其次還有梨形珠、蛋形珠、淚形珠等。珍珠越圓越珍貴，珍珠越大越值錢。俗語說：「七分珠子八分寶」，二十克拉的珍珠就可稱「寶珠」了。

　　慈禧太后有頂珠冠，冠上有顆重一百二十五克的珍珠，為世界罕見的奇珍。據陳重遠《古玩談舊聞》載，光緒二十八年，八國聯軍入侵北京後二年，有個太監從皇宮內偷出一件皇妃穿的珍珠衫，找到北京玉器街廊坊二條胡同的聚源樓，開價一萬兩銀子要出賣珍珠衫，其實此衫五萬兩也值，只是無人敢收。

　　慈禧太后駕崩，殉葬時所穿的串珠袍褂兩件共用大珍珠四百二十粒、中珍珠一千粒、一分小珠四千五百粒，寶石大小計一千一百三十五塊，價值二百二十萬兩白銀，僅做工就用了八千兩銀子。這真是：

　　打珠女工淚珠流，珠眼難打手發抖。
　　有福女子珠滿身，命苦女子愁白頭。

刻瓷器有兩大類，一種是陶瓷未進窯前，在泥胎上刻畫，另一種是陶瓷出窯後，再雕刻。

瓷器的裝飾方法多，「刻花」是傳統的裝飾技法之一。這種雕刻是在未進窯前的陶瓷坯體上用竹刀或鐵刀刻畫圖案。通過刀在坯體上的運轉，產生不同斜面和深淺度，形成長短、寬窄、虛實、方圓的刀法變化。刻花的代表作，在宋代的定窯、陝西銅川的耀州窯和江西景德鎮的影青瓷器上都有充分的表現。如耀州窯的荷花即為刻花，以梳紋細線的水紋為襯，簡潔明快。現在定窯、耀州窯均有恢復傳統刻花的作品。

所謂「影青」，為中國宋、元時期南方地區生產的一種重要瓷器品種。其釉色白中閃青，青中泛白，因其釉色介於青白之間，而其刻花紋飾若隱若現，故又名為「映青」、「隱青」。影青瓷器壁勻薄、釉色素潤、刻花紋部位顯現水青色，光亮如玉，所以素有假玉器美譽，歷來被收藏家視為珍寶。

另有一種刻瓷，是在燒好出窯的瓷器上鏨刻出裝飾花紋，再在紋痕內填以墨和顏色而成。它是繪畫藝術和陶瓷製品的結合。老上海刻瓷器，早先所使用的為一般高碳鋼鑿刀，由於受工業技術的限制，刻出來的紋飾較為粗糙。二十世紀初期，刻瓷工匠改用鑽石工具後，出現雙鉤、刮磨等新的表現技法，使作品具有篆刻的「金石味」，引起當時文人所重視，深受收藏家的歡迎。

刻瓷工藝主要表現在山水、人物、花鳥、走獸等體裁方面，色彩一般以黑白為主，也有採用多色者。製品種類甚多，有瓷板、掛盤、茶具、文具、花瓶等製品。

雕刻爲中國的傳統工藝，有竹雕、木雕、玉石雕刻、象牙雕刻等。這裡所介紹的雕刻鋪爲印書木版雕刻鋪。

印刷術爲中國四大發明之一。西元三世紀的晉代，隨著紙和墨的誕生，印章也流行起來。在四世紀的東晉，道教徒首先把印章放大，刻上較長的符咒。除了道教用蓋印的方法複製教品文，石碑拓印亦在發展。後來有人把印章和拓印結合起來，再把印章擴大成一個版面，蘸好墨仿照拓印的辦法，把紙鋪到刻版上印刷，紙上即出現白底黑字，於是雕版印刷術即在中國誕生。

世界上現存的最早有標明日期的印刷品，爲中國敦煌發現的唐懿宗咸通九年（868年）的雕刻版印刷《金剛經》。該經文的字體、刻工渾樸厚重，古拙錯綜。此唐咸通刻本與宋刻本相比較，宋刻本字體帶歐虞顏柳韻味，而唐本充滿著純樸率眞，古老蒼勁之氣。

雕刻鋪所刻之版本，各地方有各地方的特點。浙江本刻字多用歐體，挺拔秀麗。版框大多左右雙欄，版心多白口，上魚尾，版心下常有刻工名。福建本刻字多用柳體或瘦金體，結構方正，版框左右雙欄，或四周雙欄都有。四川本刻字多用顏體，肥勁樸實，版心大都是白口，左右雙欄，版心下也有刻工名。

明代印刻本中有「內府刻本」，即宮廷所刻之書。皇家刻書不計工本，用上等紙墨，聘良工雕刻，框大字大，以趙體字爲多，形式很美。清代印本，刻書眾多，精刻本也多，以私家刻本爲最。私家刻本自康熙起多以手寫上版，這種寫體爲一種非顏、非柳、非趙的清雅秀媚的館閣體。

民國以來，鉛字印刷雖普及全國，但舊上海還有人繼續用木版印書，故老上海的雕刻鋪仍是堅持雕刻木版印刷的行當，生意興旺。

近年來上海出現雕花板收藏的熱潮，這些雕花板多來自浙江寧波等地。現在全中國各地都在大拆老房子，建造新大樓。造大樓的房地產商喜新厭舊，把古色古香的明清建築也拆個一乾二淨。這樣就引來了一些文物商人，他們把兩千元一卡車買來的明清雕花板運到上海，一轉手就可賣幾萬、十幾萬元，大發拆古宅之財。

在明清時代，上海工匠所精心雕刻的木板，多鑲在大床、木櫥上，也有的鑲在古宅的門窗上。老上海的木雕工匠主要來自浙江和潮州，帶有東陽木雕和廣東木雕的藝術風格。

浙江東陽木雕歷史悠久。早在宋代已具有高度的工藝水準。明代以後東陽木雕從佛像雕刻轉向宮殿、寺廟、園林、住宅等建築裝飾發展。至清代乾隆年間，東陽木雕已聞名全國，約有四百多名工匠進京修繕宮殿。

東陽工匠來到上海灘後，充分發揮他們的傳統技藝，以鏤空雕、浮雕、淺浮雕、圓雕、陰鏤透空雕等多種手法，為老上海寺廟、園林、會館、古宅雕刻出古色古香、畫面生動的雕花板，為老上海的古建築增光添彩。

老上海也有很多來自潮州的木刻工匠，他們所刻的雕花板具有題材廣泛，構圖飽滿，佈局均勻，刀法繁而不亂等特色。他們所表現的題材如《空城計》、《長阪坡》、《哪吒鬧海》、《十八相送》等戲曲故事，皆為上海人喜聞樂道的作品。其手法為沉雕、浮雕、通雕、圓雕等四種。

總之，老上海的雕花板畫面出神入化，人物栩栩如生，其集民間工藝之樸實，宮廷藝術之華美，宗教藝術之奇幻，文人藝術之清雅而聞名於江南。

上海人說話喜歡用「打」字，打相打、打老K、打中覺、打烊、打金戒指、打金項鏈等等。而「打金箔」確實是打出來的。

現在金箔可以用機械軋成，清代沒有機械化設備，只好土法上馬用鐵錘來加工。在歐洲早年一般將軋製成的金葉夾到羊皮紙內，再將其放入一種特製的羊皮套，用錘子不斷敲擊，這樣可以把原來0.025公分厚的金葉打到約0.0025公分左右。然後再夾入牛大腸腸衣內繼續錘打，直到打成0.0001公分厚。

老上海打金箔工藝和歐洲略有不同。金箔坊中的工匠先把薄金板直接錘打，直打成金片僅有0.025公分的金葉，然後將金葉夾在以竹子特製的「烏金紙」內，繼而把烏金紙夾在牛皮紙內錘打，一直將其打成極薄極薄的金箔為止。

打金箔是件細活，兩人面對面坐著打。木凳很低，而鐵錘柄很短，約一尺左右。鐵錘長方形，上下皆平頭，兩人雙手握錘，不緊不慢，你一下我一下地輪流錘金箔包。

幹這種活不像打鐵，打鐵怕燒紅的鐵料冷掉，所以揮錘快如風，這叫做「趁熱打鐵」。可打金箔不能快，錘也不能重，重了金箔會被打穿。故兩人錘箔用力要均勻，慢功出細活。

老上海打出的金箔主要有三種用途。一是貼佛像，中國有句俗語「人靠衣裝，佛要金裝」。現在我們到深山古剎去旅遊，看到大雄寶殿的如來佛從頭到腳金光閃閃，這種泥塑木胎的菩薩即用金箔「金裝」。二是有些商店的金字招牌，也是用金箔貼成。三是很多古典園林的亭臺樓閣，雕樑畫棟，也靠貼金箔來營造金碧輝煌的氣派。

切金箔

46

[作坊行]

　　有關金箔上文已介紹，是一錘錘敲出來的。小小的金塊要靠人工捶打到0.0001公分的薄度，十分艱巨。

　　0.0001公分的金箔，薄到光線可以直接透過金箔呈半透明狀。由於金箔太薄太輕，吹口氣金箔就會飛出窗外，如若對著金箔咳嗽，氣流就能把金箔擊穿。這樣薄的金箔切起來非常麻煩。

　　中國現代的工藝，每克黃金可打成約1.4平方公尺的金箔，而金箔上市皆為5公分見方。這就需要切割，然後裝成一百張為一本的金箔。

　　切金箔不能直接切割，而是一張張分別夾在油紙內切割。因為一錘錘打出來的金箔皆為毛邊，毛邊屬半成品無法上市，故必須把金箔切成五公分方形大小、無毛邊，並裝成一百張一本方可供應客戶。

　　據《上海近代佛教簡史》載：「龍華寺台宗（即天台宗）祖庭（佈教傳法之處）的住持問題一度引起紛爭，結果經當時所謂護法居士段祺瑞、于右任、王一亭等公推性空老和尚為龍華寺住持。性空原為四川峨嵋山僧人，他住持龍華寺後，即募集鉅款修建殿宇房舍，為全寺佛像裝金……」，根據一克純金可打成1.4平方公尺的金箔，而一尊大型如來佛須貼金十平方公尺計算，當年龍華寺為全寺佛像裝金，最少也要三、五斤黃金。

　　「南朝四百八十寺，多少樓臺煙雨中。」其實中國的名剎古寺、尼庵道觀何止千萬，算起來座座佛像皆要裝金這要多少黃金？故北宋政權為了保證貨幣流通，平抑物價，不得不下令，禁以金箔裝飾佛像。但中國信男善女又何止幾十萬幾百萬，所以皇帝下令也陽奉陰違，為佛像貼金箔現已成為傳統工藝，所以打金箔和切金箔者特別忙，生意越來越興隆。

　　黃金是一種稀有金屬，在自然界中十分稀少。開採黃金又十分艱難。唐代詩人白居易在〈賜友五首並序之二〉中寫道：「銀生楚山曲，金生鄱溪濱。南人棄農業，求之多苦辛。披砂復鑿石，屹屹無冬春。」

　　採金很辛苦，因金礦多在深山老林中，挖出礦石還要提煉，古代私人採金還有安全問題，遇到強盜弄不好性命難保。還有些金來於沙金，俗語說：「沙裡淘金」。這種金沙多發現於河床淤沙附近。

　　黃金有許多種，熟金分清色金、混色金。這兩種金中再分大混金、小混金、K金。除熟金外，還有特製金、葉金、金幣、工藝金等。再有一種為假金，分扯皮金、混雜金、加餡金、鍍金、包金等。

　　包金之所以稱假金，主要是因為它不是純金，而是以銀或銅為胎，表皮上包一層或二層、三層黃金的各類黃金製品。而包金多見於韭菜葉戒指、手鐲、髮簪、髮釵等製品。

　　包金有打坯包、廣葉包、關葉包等多種工藝，各類工藝各有特色。包金製品一般打有「包金」字樣，並注明包金中金的重量和胎的重量。包金的重量單位一般是用「漕平」表示。但各地重量標準不一，通常冠以地名，如「蘇漕」即蘇州產；「申漕」即上海產。漕平一兩大約合36.65克。

　　銀胎包金是用高成色的白銀作為內胎，表面包以黃金即成。由於此類包金的內胎係高成色的白銀，故胎質柔軟，因此表面所包的黃金很難啓開脫落，所以一般人都認為這類包金為真黃金。

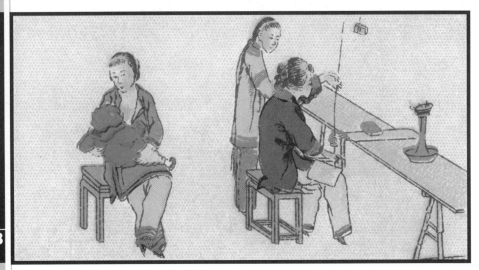

　　捻金線是一門很精細的手藝，男子漢手指太粗又缺少耐心，幹不了這門細活，只有請小娘子上陣。

　　捻金線先要把黃金薄片一錘錘敲成金葉，再將金葉夾在特製的紙中繼續錘打，直打得金葉比紙還薄的金箔，如此經過熔煉、打葉、下料、打箔、切箔等五道工序後，原料算製成了，接著即可捻金線。

　　捻金線前先要把金箔夾於紙中切成長條，然後由女工匠纖纖細指，以棉紗線為心，再將金箔捻於棉線外。捻金線要心細不著急，只有一點點的搓捻才不會出次品。金線要捻得一般粗細，這樣才可以順利穿過針孔。製作金線要經過打紙、擺金、矸金、熏金、揩金、切金、捻金線、繞線等八道工序，金線才算製成。這裡說的「矸金」就是把金箔磨亮，這樣捻出來的金線才有光澤，金光閃閃。

　　清代時，蘇州所生產的金線，通過江寧織造大多運往北京皇宮，故江寧織造後人曹雪芹在《紅樓夢》三十五回〈黃金鶯巧結梅花絡〉中寫道：「若用雜色的，斷然使不得，大紅又犯了色，黃的又不起

眼，黑的又過暗。等我想個法兒，把那金線拿來，配著黑珠兒線，一根一根的拈上，打成絡子，這才好看。」作者以上寫的是寶玉、寶釵和鶯兒談女紅刺繡絲線配顏色的學問，同時也反映了大觀園中一些小姐、丫環的閨房都藏有金線。

　　金線主要用於皇親國戚的官服刺繡。例如皇帝的龍袍上的九條龍大多用金線刺成，還有皇后的鳳冠霞帔，也刺有一根根金線。

　　1968年在河北滿城西漢墓出土的金縷玉衣，為中山靖王劉勝的殮服。玉衣全長1.88公尺，由長方形、正方形、三角形、多邊形等二千四百九十八塊玉片再以金線編製而成，玉衣所用金縷重約1100克。由此可知，中國早在西漢時已有製造金線的歷史了。

　　我們再從煙畫上看，畫中三位娘子兩人在捻金線，一位在餵嬰兒。這反映了當年婦女捻金線的工作十分繁重，嬰兒只好帶到捻金線的作坊中輪流操作，給孩子餵奶只能忙中偷閒片刻而已。

染坊，就是老上海染布、染衣服的商店。一般都是前面開店接生意，店後面即染坊。也有的店面只接生意，老闆另租地方作染坊。因有時一次要染十多丈布，曬布要很高的架子，放染缸也要很大的工廠，所以上海染坊發展到抗戰前，多為洗染店了。染布多另設工廠。

開染坊是一門很複雜的手藝，不是短時間學得會的。一位年已八十多歲的染坊師傅曾說過一個故事：

從前，有個小夥子到染坊學生意。事先講好條件，學徒三年，幫工兩年，學徒無工錢。誰知這位學徒三年滿師後，即要求離店。因為他看染坊生意好賺錢容易，急於離店自己開染坊賺大錢。

老闆看留不住他，就給他紅、黃、藍三種顏色說：「你回去開染坊吧！」小學徒回家，在父母支持下開起一家染坊，可顧客對染出的布匹、衣服總是不滿意，不是說深就是講淡，還有顧客說出的顏色，他根本不知該如何配料。萬般無奈小學徒只好回老染坊求師傅。師傅說：「你不要認為站三年櫃檯就能把染坊手藝學到手，沒這麼簡單，這幫工兩年就是為你進一步加深學技術，別的不說，你知道這『鵝黃鴨綠雞冠紫，鷺白鴉青鶴頂紅』六種顏色怎麼配嗎？」小學徒這時張口結舌尷尬地搖搖頭。師傅又說：「你如果真想開染坊，就再在老店中幫工兩年，你願意不願意？」小學徒這時連說三聲願意。等幫工兩年後，小學徒回到自己的染坊，這才能應付多種顧客的要求。但這時他雖然已經當了老闆還感到力不從心，因為顏色千變萬化，染料也千變萬化。所以上海流行一句歇後語：「三種顏色開染坊──功夫不到家。」說的就像小學徒這種人，沒有真本事千萬不要開染坊。

篾席坊

篾匠

中國利用和栽培翠竹的歷史十分悠久。在浙江餘姚縣河姆渡原始社會遺址內，就發現了竹節等遺物。由此可知早在七千多年前我們祖先已在探索竹的利用。

百年來，四川江安的竹器、浙江東陽和嵊縣的竹編、湖北的竹編、湖南的竹編等都各具特色。上海不產竹，但浙江有大批竹林，他們將毛竹源源不斷運到上海。

老上海的竹編坊生產品種多，有竹籃、竹筐、竹簍、竹床、竹書架、竹椅子等，篾席坊即是編竹篾席的作坊。

篾席的用途很廣。農村中多用篾席鋪在地上攤稻、鋪在木架上曬棉花，而且還可以用來隔房間、釘天花板、搭席棚。遠在春秋戰國時，桌椅還沒有發明，那時無論貴族或君王，皆和百姓一樣席地而坐，地下鋪的就是篾席。

篾席坊的第一道工序是鋸竹，接著剖竹，即把毛竹用竹刀剖成一寸寬的長竹片。僅一把簡單的竹刀，手巧的竹篾匠就能把毛竹剖成整齊平滑的薄竹片。

等竹匠剖好一條條的竹片後即開始編席。編席是從一隻角開始，席的紋路為斜編。編席的工具僅是一把大剪刀和一根長竹尺，作為提梭和緊竹篾所用。

篾席坊所編的篾席基本上有兩種規格，一種為長方形，約2公尺長，1.35公尺寬；還有一種1公尺寬，10公尺長，這種篾席斜盤在一個大圓竹匾中，中間可堆稻穀也可放米。七、八十年前，上海灘的米行中皆用這種長竹篾席圈得約有兩公尺高，中間放米出售。

在老上海有許多倉庫，以前叫堆棧，如鹽棧、糧棧、棉花棧等。這種倉庫中多放有篾席，主要用來防潮和保持貨物清潔之用。

　　木匠，是人民生活中最無法缺少的工匠。木匠有粗細之分，修造房屋者爲粗木匠，也有的地方稱大木匠。造房屋工程很大，但不是粗活，所以稱「大木匠」較爲貼切。做傢俱的木匠稱細木匠或小木匠。做傢俱比造房子小得多，稱「小木匠」絲毫沒有貶低之意。

　　做傢俱的木匠活種類極爲廣泛。蒲松齡在《日用俗字》中，羅列了繁多種類：「方桌琴床根堅固，抽屜櫥櫃木焦幹。書櫃衣盆高架擱，椅床榻杌細藤穿……木銼鯊皮磨鏡架，鋪筋黏鰾作茶盤。沉檀香木雕神像，桐梓良材作佛龕……」

　　相傳魯班是木匠的祖師爺，木匠的很多工具都是魯班所發明的，例如鋸子就是魯班首創。據說在很久以前，魯班奉命替帝王造一座大宮殿。這大批木材都要從山上砍下來，可幾十人砍了多天只砍下一百多棵樹。眼看就要開工，料不夠用，誤了工期木匠皆要問斬，急得魯班親自上山尋求良策。當他爬山時因山坡險峻，他只得抓住樹根野草向上爬，不料抓住一把絲茅草時，草上的細齒將他的手指拉開一條深口。魯班觀察草葉兩邊有許多鋒利尖齒，又看著鮮血淋淋的手指連連叫好。於是他受到絲茅草細齒的啓發，而發明了鋸子，加快伐木速度，順利在限期內造好宮殿。

　　老上海的本幫木匠和外地來的木匠，都供奉魯班祖師爺。寧波水木業公會在魯班路建造魯班廟，廣東紅木作木匠在今虹口西安路建造魯班殿，波寧輪船木業公所也在虹口今梧州路造了魯班廟。

　　老上海有條紫來街聚集了很多紅木作木匠。紅木中最著名的爲紫檀木，由此引出「紫氣東來」吉祥語，這也是紫來街的由來，現此街稱紫金路。

　　木匠中還有一種特殊的手藝——製作棺材。當年時興土葬，棺材生意特別地好。棺材分三等，上等的楠木棺材很大很重，至少要八個人才抬得動；中等棺材價格適中；低等棺材用杉木薄板製成，稱「薄皮棺材」。買不起棺材的窮人就不麻煩木匠了，用蘆席一卷就下葬。

　　老上海鋸木坊所鋸之木不是一般的小木料，而是整棵的大樹。直徑約一公尺的原始林木，經林業工人砍伐後切成幾段，用火車或木排運到上海，再運到鋸木坊，工匠把樹皮一塊塊剝去後，用墨斗在粗樹段上彈墨線等待開鋸。

　　這種大樹剖開來，首先是鋸成木板，要用一寸厚或是兩寸厚，在彈墨線時量好尺寸，這樣還無法開鋸。先要搭一X木架，將粗木一頭朝地，另一頭朝天斜架在X形木架上，並捆好使它不會搖動，這時才開鋸。鋸時，一人站在地上，另一人站在木架上，然後上下拉鋸。

　　鋸木坊所用之鋸與現在木匠所用之鋸不同，鋸長約三公尺，鋸條中間寬兩頭窄，最寬處約十五公分左右。在鋸條兩端裝有橫圓木拉手，便於工匠雙手拉鋸。

　　這是一份沒多大技術可言，只賣力氣的工種。鋸一段粗圓木少說要上下拉幾千次，甚至上萬次，拉到半途站著的工匠無法再站著拉鋸，只得單腳跪在地下拉鋸，好在地下木屑有一寸多厚，這樣跪著稍為柔軟一點，但半天跪下來膝蓋大多紅腫。

　　前面講過鋸子為魯班發明。魯班為戰國人氏，其實早在戰國前中國就已經出現鋸子的雛形了。1931年考古工作者在山東章丘縣龍山鎮城子崖遺址發掘出土了古人製的蚌殼鋸，到了商朝出現了青銅鋸。中國歷史博物館收藏了一件商朝鋸為矩形，兩邊都帶有鋸齒。據文獻記載，春秋初年齊國已能夠「斷山木，鑄山鐵」，使用了鐵鋸。

　　老上海鋸木坊供奉魯班為祖師爺，而有關魯班發明鋸子只是民間傳說。根據歷史記載和考古證明，鋸子的出現早於魯班兩百多年，但魯班完善和改進了鋸子是有可能的。

　　圓木作，簡單地說就是做木桶、木盆等圓形的木製日常用具的作坊。

　　在塑膠技術沒有傳入中國之前，中國大多數的日用品都是木製，大件的容器比如水桶、洗澡盆，小件的如洗臉盆、洗碗盆之類，皆是用木條箍成。圓木作的工匠先做好盆底，然後將三至五公分寬的木板鋸成長短一律、厚薄一致，一塊塊圍著盆底放好，然後再用竹篾編成盆箍，把木塊箍緊。

　　怎樣才能將盆箍緊呢？竅門在於盆的口徑略大，底部略小，而竹篾的箍從盆底部剛好套進，再將箍慢慢向盆口敲。倒過來的盆此時下部略大，箍也就越敲越緊，敲到適當的部位再把盆翻過來，木盆也就做成了。盆中放水後，木板浸水會自然膨脹，這樣可以使篾箍更緊，而盆也就不會漏水了。

　　世界上有名的箍桶匠，要算巴爾扎克筆下的葛朗台，他是一位手藝精巧的箍桶匠，不過他以守財奴而聞名於世。但有位文學評論家卻很同情葛朗台老頭。他說箍桶匠是一份很辛苦的行當，雙手都磨出血泡，桶才一個個做出來，這樣錢才一分分積攢起來。因爲他的錢得來不易，所以他才將錢看得很重。如果像今天生產塑膠桶，一天可生產數百隻，那麼葛朗台也許就不會成爲守財奴了。

　　圓木作不但做盆，還做馬桶。馬桶兩頭小而中間大，故做起來難度更高。馬桶千萬不能溢漏，漏了要鬧笑話；而桶蓋也要特別緊，不然要散發臭氣。爲此馬桶不用篾箍，而用鐵箍。過去女兒出嫁，陪嫁的嫁妝中少不了馬桶，新馬桶內放有棗子、花生、桂圓、紅蛋之類，取早（棗）生（花生）貴（桂圓）子（蛋）的口彩，故而大戶人家特請圓木作特製金箍雕花馬桶陪嫁。在鬧新房中馬桶不稱馬桶，叫其爲「子孫桶」。

石匠坊

[作坊行]

　　現代人很難想像古代石匠是如何工作的。我們現在所看到的四川岷江樂山大佛，通高71公尺，頭高14.7公尺，頭寬10公尺，肩寬24公尺，眼長3.3公尺，耳長7公尺，頭上髮髻共有一千零二十一個。耳朵眼中間可並立兩人，赤足腳背上可立百餘人。這尊「山是一尊佛，佛是一尊山」的世界第一大佛，就是石匠們靠一把鐵錘、一根鐵鑿，從唐開元元年（713年）開鑿，直鑿到貞元十九年（803年），幾代石匠們在荒山野嶺中共鑿了九十年才完工。

　　此外，著名的龍門石窟、麥積山石窟、大足石刻等幾十萬尊佛像皆是石匠的傑作。

　　老上海石匠坊，主要鑿生活用品、石磨、石臼和墓碑、石凳等。不論火葬或是土葬，在死者的墳前或放骨灰箱的石穴頂，總要刻上祖先的姓名、籍貫和兒孫的名字。千百年來中國不知刻了多少墓碑，每一塊墓碑上都留有石匠的血汗。石匠的工作很艱苦，從一塊大石頭鑿成光滑的碑石再刻上字，石匠手上常磨出血泡。

　　老上海的石匠不僅刻墓碑，清代為大官員建墳還要刻石人、石馬、石供桌，為死了丈夫守寡一輩子的婦女建貞潔石牌坊等，這也要一鑿子一鑿子敲出來。

　　石匠對上海最大貢獻是造了成百上千座石橋。上海市區和郊縣在開埠前皆是水鄉，河濱上架有一座座石橋。因發展市區建造高樓大廈，石橋皆因填濱而拆去，現在還能在青浦朱家角等古鎮見到這種非常優美的石拱橋。朱家角建於明代的五孔放生橋，是上海現存最古老的石橋，凡到此橋觀光旅遊者，導遊都會講起石匠手藝如何高明。

　　相傳石匠的祖師爺為魯班，魯班不是木匠的祖師爺嗎？怎麼石匠也供魯班呢？相傳魯班發明鑿子和鑽子，使石匠鑿石磨、石臼方便多了。另傳說魯班一夜能造三座石橋，他造橋的方法很特別，先造橋面再鑲橋腳，這橋翻過來架在河面上橋就造成了，這不過是傳說而已。現在有些地方的石獅子，嘴裡含的石球還能滾動，這並不是魯班的仙氣，乃老石匠一錘錘的真功夫。

中國是發明漆的國家。揚州漆器早在戰國時代就有生產，貴州大方漆器創始於明代，平遙漆器歷史更早，戰國時已出現專門從事漆器的漆工。廣東漆器在宋代已相當精美。上海也是中國漆器的主要產區之一。

漆匠坊的主要品種有鑲嵌、刻漆、描金、勾刀、磨漆五大類。產品有屏風、掛屏、插屏等工藝品，也有傢俱、果盤、食盒等日用器皿。

說起漆器，人們不會忘記湖南馬王堆西漢墓中的鼎、壺、卣、奩、盒等漆器，雖埋葬於地下兩千多年，出土後光澤依然明亮如新，充分顯示了中國漆器耐酸鹼、防腐蝕的優越性。

說起漆的發明，一個在上海漆匠坊幹了三、四十年的湘西恩施的老漆匠說了一個故事：相傳佛教禪宗達摩從印度傳教路過恩施漆盤山，見一女子走來，達摩正要問路，只見女子鑽進一棵碗口粗、兩丈多高的樹中，達摩疑女子是妖魔，即舉起禪杖將樹打斷，誰知一股白漿從斷樹中流出。達摩將白漿塗在鏽跡斑斑的禪杖上，不一會兒白漿變紅，紅漿變黑，形成硬膜，使原來生鏽的禪杖立即閃亮發光，煥然一新。達摩悟出這是一種神樹，因為它生長在漆盤山上，就稱它為漆樹。於是達摩欣喜萬分，一面托缽傳經順便傳授漆樹採漆法和製漆法。如此一來，恩施的漆匠都奉達摩為祖師爺，每年農曆十月五日要供奉達摩，以謝傳技之恩。

上海漆匠也奉達摩為祖師爺。上海以鑲嵌漆器工藝最精，此藝分骨石鑲嵌、玉石鑲嵌和手工螺鈿鑲嵌三種。如漆匠坊製做一隻大屏風，即把象牙、蚌殼、牙板骨、珊瑚、玉石等不同的天然材料加工細刻，然後拼裝成鳥獸、山水、八仙等人物，鑲嵌在漆器上，再施以描金法等。

漆匠坊各種能工巧匠各顯其能，所造之圖案既有立體感，又有古色古香傳統漆工精美的大屏風，數十萬金難求。

所以上海漆器名揚中外，新工藝漆器已成為著名的出口工藝品。

古代衙門、皇宮等皆懸掛匾額。如衙門審案處就掛有「明鏡高懸」匾，皇宮掛有「正大光明」匾，古寺廟掛有「大雄寶殿」匾等。而這些匾皆爲匾額坊漆製而成。匾在商店中尤爲重要。

在古代商店中所豎之匾稱「青龍匾」。「青龍」指家蛇，民間以爲「青龍」能保佑店主財運亨通，故店中掛有「青龍匾」即可生意興隆。

老上海的南貨店、藥店、米行、酒店、茶葉店、醬園等，其店堂皆設有一曲尺形櫃檯，臨街一面靠牆設木架陳列主要商品，臨堂一面爲營業場所。通常在櫃檯裡端豎有一直立長方形的大匾，上面均有題字。其內容雖然根據行業不同而有區別，但都以四字爲準。如酒店爲「太白遺風」、「劉伶停車」、「杜康佳釀」；米行寫有「糧爲民天」；水果行寫有「南北果品」；醬園寫有「調和鼎鼐」。相傳唐代詩人李太白爲酒仙，他的鬥酒詩百篇名傳千古。故酒店掛「太白遺風」漆匾，說明此店之酒爲酒仙遺傳之名酒。「劉伶」、「杜康」乃古代酒的發明始祖，這也是「王婆賣瓜，自賣自誇」。不過誇得較爲文雅，這種廣告做得很有學問。

老上海店中的招牌大多爲三公尺高，一公尺寬，黑漆爲底，四個大字邊上刻有凹槽，中間的字漆以金粉，故稱「金字招牌」。這種「老字號」按現在的說法爲無形資產。如「紅頂商人」胡雪巖，先在杭州開了著名的「胡慶餘堂中藥店」，後又來上海開分店。清代末年胡雪巖因大批收購蠶繭而虧本，爲抵債只得以二十萬兩銀子將胡慶餘堂中藥店轉於他人接管經營。但這二十萬兩銀子只算收買店中藥品、房屋、傢俱等，胡慶餘堂的金字招牌是不賣的，只算租用，每月租金三千兩。直到胡雪巖死後，胡的三兒子胡大均每年繼續去杭州收招牌租金。

一塊招牌是漆出來的，漆工價錢並不貴，但此店做出信譽生意興隆後，這塊金字招牌就成了無價之寶。如老上海的寶大祥綢布店、雷允上藥店、張小泉剪刀店等老字號的匾額皆價值連城。

在百年前的老上海，很多生活用品皆為鐵製、燒火用鐵火鉗、切菜用鐵的菜刀、做衣服用烙鐵、睡的是鐵床，有的連面盆架也是鐵製。所以鐵匠在當時很吃香，也很辛苦。

打鐵鋪也稱「鐵匠爐」。所謂「鋪」只是一間破草房，屋子正中放三個大火爐，爐邊是一架風箱，風箱一拉，風進火爐，爐膛內火苗直躥。要鍛打的鐵器先要在火爐中燒紅，然後放在大鐵墩上，由師傅掌主錘，下手握大錘進行鍛打。上手經驗豐富，右手握小錘，左手握鐵鉗，在鍛打過程中，上手要憑目測不斷翻動鍛打的鐵料，使之能將方鐵打成圓鐵棒，或將粗鐵棍打成細長鐵棍。可以說在老鐵匠手中，堅硬的鐵塊要方就方，要圓即圓，要長即長，要扁即扁，要尖即尖。

老上海有名的鐵匠鋪為清初世居南門的「濮元良鐵鋪」。濮元良精於鍛冶，以打菜刀聞名。清代時上海的菜刀上下兩面開刃口，這種刀用來殺豬很好，但不利於切斬，兩面刃用起來也不安全，於是濮元良首先進行改進。他將雙刃改為單刃，刀

背加厚。他所鍛打的刀，既能切也能斬，剁起來也方便，而切起來極為鋒利，稱為「濮刀」。

老上海的「張小泉剪刀店」也很出名。清康熙二年（1663年），張思家因避兵災由安徽逃到杭州，在城隍山腳下搭棚開爐打造剪刀，掛牌「張大隆」。張鐵匠因借鑒了龍泉寶劍製造技術，而首創剪刀「鑲鋼鍛打」工藝，故打出來的剪刀十分鋒利。後來張小泉子承父業，也學會了鐵匠手藝，他打出的剪刀更是精益求精。張氏後來到上海開分店，將「張大隆」改為「張小泉」。

相傳張小泉的母親懷孕足月還在杭州泉溪邊洗衣服，忽然一陣腹痛，他母親剛站起來想回家，張小泉就降生並滑落在泉溪中，他母親忙把他撈起，故起名「小泉」。因張小泉剪刀鑲鋼均勻、鋼鐵分明、刀口鋒利等優點而名揚上海。

鐵匠的祖師爺為李耳老祖，農曆二月十五日為老祖生辰，鐵匠鋪眾師徒皆要拜祭，以圖爐紅火旺，生意興隆。

　　銼刀和鋸子的作用各不相同，但原理是一致的。鋸子以本身的鋸齒慢慢地將木料鋸開，而銼刀以自身的銼紋將鐵器或銅器的不平處慢慢地銼平。

　　銼刀有鐵銼和木銼兩種。銼金器之銼，大多為斜紋刃口，而銼木料的木銼多為尖刺狀。金屬銼刀式樣有三種，一是平扁銼刀，長約一尺左右，約一寸寬，五分厚。這種扁銼刀多平頭，有長有短，根據不同需要選擇不同品種。另外一種為三角銼刀，約半尺長。還有一種為圓銼刀，如同小手指般粗細。

　　銼刀銼物件時皆裝有圓木柄，這樣便於以手掌握牢，銼物件時，左手壓著扁銼刀的前端，右手握著木柄一下下用力向前推，就這樣鍥而不捨地埋頭推銼，直到把金屬品銼平為止。

　　在老上海最常見用木銼刀來補套鞋和補車胎。補膠鞋工具非常簡單，一把細齒木銼刀，一瓶膠水，一把剪刀，幾塊破套鞋皮，生意即可開張。木銼刀作用是把套鞋洞口處銼毛，這樣塗上膠水就黏得牢。補自行車內胎也是如此，必須用木銼刀將破胎銼毛，補好才不會漏氣。

　　老上海打銼刀，皆由打鐵鋪鍛打，那時不具備機械化生產條件，只得土法上馬。打鐵匠打好扁平銼刀毛坯後不淬火，然後由兩人面對面坐在一隻矮台前，一人握著鏨刀，鏨刀頂端有一圓柱體，對面一人握著鐵錘，不斷敲擊鏨刀圓柱體。握鏨刀者技術非常熟練，每敲擊一次，手中的鏨刀即移動一點點，而每次移動的距離則是同樣的，這樣敲出來的銼刀牙紋排列整齊絲毫不差。等敲好牙紋後再淬火。這樣牙紋堅固經久耐用，功效良好。

　　打銼刀是中國傳統的鐵匠手藝，早在戰國時已有銼刀生產，實物已被考古工作者發現。

隨著元代上海棉紡業興起，以載運棉布和糧食爲主的船舶運輸業也隨之發展。上海最早的造船基地爲崇明，他們所造之船爲沙船。據《天工開物》稱，該船爲平底，宜北洋近海多沙地段航行。沙船在清代多航行於上海至天津、牛莊（今營口）、芝罘（今煙臺）等海域。

沙船爲木造之平底船，其船身大，結構強，吃水淺，在沙灘上擱淺時不易損壞，也不易傾覆。初造時沙船承載量不超過一千石（約六百噸），此船多爲五帆至七帆。造船者多爲寶山、崇明、南匯人。船底、船身以木板相拼爲主，然後再用凵形大鐵釘釘牢。製造這種大鐵釘的鐵匠鋪早先多設在現在的自忠路、順昌路的一條長濱岸邊，後因所造的鐵釘和造撐船鐵篙頭及錨鏈的打鐵鋪多了，故這條濱即命名爲「打鐵濱」。清光二十六年（1900年）打鐵濱爲法租界塡平鋪路。

據《皇朝經世文編》載：「沙船聚於上海，約三千五百餘號。」資本大的「一主有船四五十號」，而「每造一船，須銀七八千兩。」有位大名鼎鼎的張元隆巨商，他曾要造船坊造一百條沙船，以《百家姓》爲每條船命名。由此可見，當年造船這一行很熱門，東家請西家請根本忙不過來。

當年造船都要在船上造「媽祖閣」供奉媽祖。相傳媽祖是福建莆田一位姓林的女兒，自幼學道後在湄州島羽化成仙，眾信徒供奉她爲航海女神。明代鄭和七次下南洋，在他的每個船上都供有媽祖神像。一次半夜電閃雷鳴，風雨交加，眼看船將傾覆。鄭和忙下跪求媽祖保佑，此時在黑茫茫的暴風雨中，海上突然出現一盞紅燈。鄭和即指揮船隊迎紅燈駛去，天亮時鄭和果然脫險。鄭和回國稟報皇上，皇帝即封搭救鄭和船隊的媽祖爲天妃天后。所以當時無論是上海造沙船、寧波造蜑船、山東造衛船及福建造船，都要在船中央造天后閣，以供媽祖娘娘。

造船坊除造沙船，也造艬船和小舢板等。清末因漕運劃歸招商局輪船運輸，紅極一時的造船坊業務也漸漸衰落了。

相傳人死後乃可活在人看不見的另一個鬼的世界，俗稱「陰間」。既然有人相信有陰間存在，那麼祖先死後乃活在陰間，既然祖先「活著」，當然要用錢，陰間所流通的貨幣即爲錫箔。

錫箔每張如同明信片大小。在老上海可在香燭店中買到錫箔，出售以「刀」爲單位，一刀約計一百張，人們買回錫箔後，信男善女就在家以錫箔疊「元寶」，每張可疊成一隻元寶，一刀可疊成一百隻元寶。

敬祖時，除供奉美食佳肴，還要燒元寶。大戶人家元寶不是隨便一燒了之，而是從香燭店中買來印有吉祥紋飾的紅紙袋，在一定格式中寫上先父母的名諱，分別把錫箔元寶裝進各自紅袋中，然後才敬香磕頭焚燒。

老上海敬祖和上墳所燒的錫箔，是在錫箔坊中一錘錘敲出來的。其工序先熔錫再打箔，等把小錫塊錘成薄薄的錫片，然後分別夾在特製的紙中錘打。慢工出細活，等工匠把錫塊錘到比紙還薄時，因周邊不規整，故而要用刀切邊。錫箔經四面切邊後，大小如同明信片，一紮一百張整整齊齊即可上市。這眞是：

錫箔本是迷信品，子孫買來表孝心。
工匠切箔長四方，錫光閃閃如白銀。
張張可疊小元寶，燒箔四月是清明。
兒孫敬祖燒錫箔，亡魂即可領獎金。

　　長錠是民間春節、清明、中元節、上墳、祭祖、喪葬、做佛事、請和尚念經超度亡魂等活動中不可少之物。

　　老上海爲陰間製作的元寶有兩種樣式，一種是自己買錫箔折成的小元寶，另一種即做成長錠的大元寶。

　　長錠元寶是漿糊黏成的，其下部爲黃裱紙，上面一層爲錫箔。做這種元寶，首先要把紙照設計圖樣切好，然後再放入木模中折疊成元寶狀，最後一道工序是把剪好的錫箔貼在黃裱紙上，長錠即做好。這種長錠中間是空心的，既不能壓也不能碰，不然要變形。

　　這種長錠糊好後，一個個用白線穿起來，十個一串掛在牆壁或竹竿上，然後上市出售。

　　舊上海做長錠者，一爲崇明農村婦女，另外爲紹興人。相傳長錠上的錫箔並不是錫塊錘打而成，所稱錫箔者並無錫的成分。因爲錫箔經錘打費工費時成本高，所以採用簡單的辦法。即收購錫箔灰，再把帶魚刮下來棄之不用的銀色魚鱗與錫箔灰調和在一起，抹在薄紙上曬乾後也如同錫箔一樣泛銀光。這種傳聞中的製法聽來頗爲有趣。

塑紙神，在老上海也稱作紮「巧玲瓏」。這種店主要接兩種生意，一是敬神出會，另一種爲辦喪事。

老上海城隍廟，每年都要出三節城隍會。三節即上元節、中元節和下元節。每當城隍出巡時，即要請出城隍、春申侯、高昌司、海崇侯和財帛司五尊神像，齊集城隍廟。另外參加出會的信徒，即請紮紙神的工匠，紮送子娘娘、東嶽大帝、閻羅王、管小孩出痧的痧神、管紅眼病的眼光大仙等等，跟著五尊神像出城隍廟大門，沿南市主要大街到外灘登上渡船，到浦東後東行到三里橋祭墓。所祭之墓相傳爲明太祖朱元璋之父。祭墓後大隊人馬返回城隍廟，然後焚燒紙神。

上海暴發戶多，家中死了老爺、太太就忙著籌款出殯，上海人稱「大出喪」。

上海灘名人哈同原是猶太小癟三，後靠販賣鴉片和房地產投機發了大財，在靜安寺仿《紅樓夢》大觀園造了哈同花園，占地十一萬四千平方公尺，養有奴婢三十餘人，帳房十多人，和尚五十餘人，雜工

七十餘人，教師學生三百三十多人。他的中國夫人羅迦陵篤信佛教，哈同在1931年病故大出喪，除了數百個和尚吹吹打打外，羅迦陵還請了軍樂隊湊熱鬧。在數百輛汽車、馬車和上千人的大出喪隊伍中，還有一支紙神大隊。這一百多人的手中都舉著紙紮的樓房、保險箱、小轎車、收音機、隊伍中還有人抬著如眞木箱大小的紅紙箱，數十隻箱中都裝滿了錫箔折成的元寶。這些紙紮送葬品到墓地後一燒了之。不知哈同到了陰間是否收到了？

上海灘青幫大亨杜月笙發跡後，在浦東高橋興建了杜家祠堂。1931年舉行杜祠落成典禮，除旗幟隊、英法巡捕馬隊、中西樂隊、萬民傘隊及抬著蔣介石贈送的「孝恩不匱」金匾隊伍外，也有一支紙神隊，隊伍中有紙紮的四大金剛、白無常、黑無常等等，紙紮的傭人、丫鬟和眞人一般大小，另外還有各種神靈。這支萬人的隊伍浩浩蕩蕩在十里洋場的各條大馬路上轟動一時，給老上海留下了深刻印象。

　　燭坊，即製作蠟燭之所。製造蠟燭先要製燭芯，最好的燭芯為草卷成的管狀芯，還有以麥桿製成之芯。製燭，俗稱「蘸蠟」。燭芯做好，剪成需要的長短備用，然後將蠟油加熱熔化，待稍冷，熔化油漸漸由液體變濃，黏度增加，這時由工匠將剪好的燭芯入油鍋蘸蠟油，蘸一次取出插在木板上稍等片刻，再將燭芯插入鍋中，這樣插一次燭就多厚一層，如此多次蘸蠟後，達到了所要求的粗細為止，等蠟油冷卻凝固後蠟燭即完工了。

　　老式製燭所用的蠟，俗稱牛油蠟。其實它不僅是牛油，也有羊油，還有其他不能食用的油料下腳混合在一起皆可製蠟。另外還有烏臼樹籽也可榨油製蠟。中國製蠟的材料很多，東西南北多就地取材。

　　老上海燭坊製蠟燭有兩種銷路，一是各家夜間點燈照明，二是佛徒買去敬神，還有大戶人家辦喜事喪事也少不了蠟燭。

　　敬神的蠟燭較小。老上海燭坊上市之蠟燭，均以十六兩老稱計算，小蠟燭一包十六支，即一兩一支；每包八支者即二兩一支；一包四支者即四兩一支；再大的為一包兩支，即半斤一支。

　　一斤一支者多為壽燭、喜燭。壽燭為紅色，對燭上分別寫著「福如東海、壽比南山」的金字。辦喜事要點龍鳳花燭，俗稱「洞房花燭夜」。新婚之夜燃花燭，燭不可熄滅。龍燭滅了新郎不吉利，鳳燭滅了新娘要遭禍。為了這個習俗，放燭臺的桌上要備一雙銅筷和一碗清水，新郎新娘看見燭花長了，即用銅筷剪下多餘的燭花放在清水碗中，這樣可保持龍鳳紅燭不易熄滅。

　　二十世紀初，上海照明多用白色蠟燭或洋油燈，但老式蠟燭卻在寺廟中燃燒伴佛，香火特別旺盛。

製線香的工藝並不複雜。首先從山中採來製香植物，曬乾切碎，然後磨成粉。第二道工序把香料調成糊狀，放入一隻密封的木桶中，蓋上木蓋加以擠壓，木桶下部有一小孔。由於上面有壓力，香料即從小孔中不斷地鑽出來。工匠們把曲曲彎彎的、棉線一般的香料，捋直放進特製木格中，然後曬乾切成所需要的長短，將十八根左右的香用紅紙把下半段包好，即可上市出售。

敬菩薩為什麼要燒香？有些佛徒從小就燒香，燒了五、六十年，燒香的錢積累起來可以買幢小樓，可你問他為何燒香？他卻談不出所以然。據佛經載：「香為佛使」，「香為信心之使」。佛教認為：香能夠通情，能增強人們對佛祖的虔誠，故信徒進寺廟之門必燒香。

老上海有不少老媽媽，她們特別信仰觀音菩薩，於是經過二、三十年積蓄，即約上十多位信徒，背上寫有「朝山進香」的黃布口袋，為了顯示對觀音的虔誠，即從上海出發，步行到普陀山觀音道場去燒香。她們先到杭州靈隱寺燒香，再到沈家門燒香，然後乘船過海登上普陀山。山上有寺廟、尼庵一百多處，特別是海邊的觀音洞，相傳燒香心誠者能看到觀音顯靈。

《紅樓夢》三十九回曹雪芹寫到「香頭」。所謂香頭即寺廟中管香火的頭目。舊時大戶人家多委託寺廟代為按年節向各佛殿敬香，每月交納寺廟一定的香火錢，俗稱香例錢。此錢香頭是可以扣下一點自用。所以劉姥姥對寶玉讓她當香頭時說：「若這樣，我托那小姐的福，也有幾個錢使了。」

製線香直到現在生意也極好，不但古寺有人燒香，上海城隍廟、北京白雲觀香火也很旺。

老上海籐椅坊，即以籐類植物莖稈的表皮和蕊為原料的編織作坊。

中國早在唐代已有籐編工藝，最早起源於廣東儋州（今海南島儋縣）、瓊州，當地人多以野籐編織簾幕，有些能工巧匠還在簾幕上編織花鳥蟲魚圖案十分美觀。唐玄宗開元至北宋神宗元豐年間（713-1085年），嶺南等地常以皮籐、五色籐盤向朝廷進貢。清代初年民間籐器作坊有很大的發展，上海也有籐編作坊出現。

籐編工藝看來簡單，其實還是很費工夫的。籐原料採來，先要打籐，也就是削去籐上的節疤，接下來要揀籐、洗籐、曬籐、拗籐、拉籐，也就是刨籐，還要經過漂白、染色、編織、上漆等十幾道工序。

老上海籐椅坊所編的籐椅有兩種顏色，一種為原籐的淺黃色，還有一種籐皮經漂白後做出的籐椅為象牙色。大多數的顧客喜用原籐色椅。這種籐椅以細竹為骨架，以籐皮編成靠背和椅面，再用籐芯釘花邊，看上去色調秀雅，坐上去十分柔軟舒適。

文壇巨匠魯迅先生常年揮筆寫作，他有許多照片就是坐在籐椅上拍攝的。我們至今參觀上海魯迅紀念館，還能看到魯迅書桌邊擺著這種半圓靠背連扶手的四腳老式籐椅。

在以籐編製的傢俱中，籐椅的生產量最大。其實籐椅作坊中所生產的籐椅，除了魯迅先生所愛坐的那種傳統式樣外，還有龍鳳椅、孔雀椅、梅花椅、蘭花椅和餐廳椅等。

籐椅纖維堅韌，富有彈性，色澤明快，柔軟舒適，防腐性和防水性較強。在炎熱的夏天，坐在籐椅上頓感涼爽，久坐不熱，透氣性好。冬天坐也沒有冰涼之感，放塊棉墊子依然舒服。籐椅實乃價廉物美之傢俱。

彈棉花

彈棉花這一行，至今還有很強的生命力。即使上海人進入二十一世紀，但彈棉花在上海這極為繁榮的大都市還是很吃香。彈一彈一元錢一斤，有時一元五角一斤。這些崇明人或蘇北人到上海來彈棉花，一天總有二、三十元收入。

從外地來老上海彈棉花者，他們用的主要工具為兩公尺長的一個大木弓，木弓的下端綁著一根長竹竿，竹竿一頭插在背後腰間的皮帶中，竹竿的上端通過頭頂吊著大木弓。木弓上有一根竹筷一般的牛筋長弦，彈起棉花來以右手拿木棰敲擊弓上牛筋弦嗡嗡而響，由於弦的不斷震動，這樣即把原來壓扁的棉花纖維拉鬆。

由鄉間來老上海彈棉花者，大多忙完秋收趕到上海，這時正好家家戶戶準備棉被過冬。俗話說來得早不如來得巧，來早了天氣熱，這時人們對棉花不感興趣，秋涼來正是時候。

這些彈棉花者來到上海，大約住一個月左右，如果生意好也可能住到年底。所謂「住」並不住旅社，那兒開銷太大了。所以他們通常住在里弄的過街樓下或找一間廢棄的破屋，實在找不到理想的地方就用自己帶來的油布釘在牆上，再用竹竿一撐即可擋風遮雨。人雖然吃點苦，但可以不用付房錢。

現在來上海彈棉花者已經廢棄了那笨重的大木弓，而採用腳踏彈棉機，這種土木機很輕巧，不但可彈棉花，還可彈絨線。破舊的絨線衫拆開，放在彈花機裡一彈即變成五顏六色的絨棉，再經過整理加網線即成為絨被胎。所以這類彈棉花者很受愛精打細算的上海主婦的歡迎。

中國千百年來的習俗，過年家家戶戶都要吃年糕，這年糕吃起來容易，做起來麻煩。古代沒有磨粉機，多用石臼把糯米舂製而成。石臼舂法有三種：一是以手舉石錘一下下舂之；二是以腳踏石錘舂之；第三種是利用水輪帶動石碓。

中國人不管有錢沒錢過年總是要吃年糕的。窮人吃年糕盼望能「年年高」，希望家中生活一年比一年高。為什麼過年要吃年糕呢？正史無從查考，而民間傳說卻十分生動。

相傳春秋時代，吳王夫差攝政，他一心想吞併齊國，不聽伍子胥「聯齊抗越」的主張。當夫差打敗齊國後，滿朝文武都歡天喜地慶勝利，惟有伍子胥憂心忡忡，他不但預料到自己有殺身之禍，而且國家也將遭難，於是他抓緊時間加速修築姑蘇闔閭大城。誰知城剛造好，伍子胥就遭到奸臣以「私通齊國」、「阻撓攻齊」等罪名，被吳王夫差賜劍自刎。伍子胥在臨死前悄悄對幾個親信說：「我死後，國必遭難，民受饑時，可挖相門（城門名）得食，以救百姓。」

果然不出所料，越王勾踐知道伍子胥已死，即發兵攻吳，蘇州被圍困，百姓斷糧時，偏偏又近年關。這時守城將領想起伍子胥臨終遺言，即挖相門城牆，不料塊塊城磚皆為糯米粉蒸熟壓製而成，於是百姓切糯米城磚煮熟充饑並度年關。原來伍子胥早料到越國會來進攻，他利用監造闔閭城牆的機會，特製糯米粉城磚作為囤糧救民之計。後來，百姓們為紀念伍子胥，年年春節蘇州家家戶戶都仿造糯米城磚的模樣，製成小糯米糕吃，就這樣漸漸成了全國過年吃年糕的習俗。

現在年糕不單純是白色條形糕了，上海過年還有紅色的桂花糖年糕和玫瑰豬油年糕上市，特別是「鮮得來」排骨年糕，已發展成為上海灘著名的風味小吃。

圖說
360
行

農村中開油坊的不少，但他們大多以務農爲主，辦榨油作坊爲副。油坊一般多在秋後開工，農閒時雇工方便，到第二年春耕大忙時就暫時停工。

油坊榨油的原料有黃豆、花生、菜籽、棉籽等。所榨的油即豆油、花生油、菜油、棉籽油，而以芝麻榨的油稱爲「麻油」，也稱「香油」，俗稱「小磨麻油」。

老上海的小磨麻油坊多設在鄉間，製作方法與別的油製法不同。製麻油的第一步是把芝麻炒熟，再用石磨推出麻汁。煙畫上畫的是以小毛驢來推磨，這是北方的油坊方式，南方農村根本不養毛驢，只好用人工來推磨。油磨不比水磨，磨豆腐因經常添水，推起來比較輕。油磨黏性重，推起來特別費勁，要五、六個人下狠勁推，石磨才會慢慢轉動。

等推出麻汁後，收在大盆中再沖進開水隨之用木棒攪動，使油一層層浮上來，然後慢慢搖動大盆使渣與油分開，這稱之「晃油」。晃油後先舀出第一批油，其色清而無絲毫雜質，這是小磨麻油的精品。

這之後，用一個鑲柄的大葫蘆在麻汁中輕輕頓杵，名爲「頓油」，邊頓邊舀油出來，這第二批油色澤不如前批，同時不免有雜質。頓油完畢小磨麻油製作基本完成，剩下的油渣爲上等肥料。

瓜農愛買這麻油下腳渣，上在西瓜田中作追肥，所種出來的西瓜異常香甜。現在上化學肥料的西瓜吃起來像冬瓜，十分倒胃口。

鄉間土法上馬手工製作香油，爲貨眞價實的小磨麻油，其色澤也許沒有機器榨的油清純，但油味要好些，香味也純正，特別受老上海人的歡迎。故小磨麻油的牌子數百年不衰。

商店行

圖說
360
行

老上海的南貨店有「邵萬生」、「三陽」等，好幾家皆名揚申滬。

邵萬生南貨店創於清代咸豐二年（1852年），以精製四時糟醉品馳名，在東南亞華僑中也享有聲譽。

邵萬生南貨店創始人綽號「邵六百頭」。1850年領著兒子到上海灘闖天下，先是在虹口白渡橋擺魚攤。因為他原是漁民，糟魚醉蚶是他的拿手好戲。邵氏見上海的寧波人漸漸多起來，於是就經營蝦子醬油、黃泥螺、鰵魚（乾魚）、糟雞等生意。因適合寧波人的家鄉口味，故而生意興隆。邵六百頭賺了錢後，即在吳淞路開起南貨店。1930年邵氏將店遷至上海最繁華的商業街南京東路，並掛出「邵萬生」的金字招牌。

邵萬生的生意經是「春意盎然上醉蚶，夏日炎炎吃糟魚，金秋風起出醉蟹，多年寒露產糟雞」。這種隨季節而變的經營方針，始終給顧客一種新鮮的感覺。譬如他們對醉蟹供應的時間控制有方，過早不賣，過晚也不賣，等到顧客日盼夜盼時，恰到好處地上櫃供應，故而顧客紛紛上門選購嘗鮮。

三陽南貨店開設於清代咸豐年間，以自製寧式糕點為重點，並供應寸金糖、牛皮糖、木耳、桂圓等。一次上海青幫頭黃金榮五十壽誕，徒弟阿四送不起大禮，只送了兩包桂圓，但這桂圓粒粒金黃，個個飽滿，大如乒乓球，賀客皆稱奇。黃金榮忙問何家所購？阿四受寵若驚，回答是三陽南貨店買來。黃金榮想探聽這家店的商業秘密，又怕老闆不說，就叫阿四用激將法。阿四來到三陽，把自己的小桂圓混入大桂圓的紙包放在櫃檯上，說三陽南貨店賣假貨。老闆知道秀才遇到兵，有理說不清，就帶他到工廠看。阿四看見他們特製的篩子分三層洞眼，桂圓倒入篩中，最大的留在上層為特圓，次之留在二層，小桂圓落到三層。老闆說：「本店信譽為重，嚴守一分錢一分貨，絕不會欺瞞客人。」阿四將所見回報黃金榮，從此黃家凡是買南貨必到三陽南貨店。此事傳開，黃金榮等於為三陽做了廣告，故而三陽南貨店名揚滬濱，不久即成為名店。

　　從煙畫的畫面上來看，這三家店攤皆為上海人所說的飯攤頭，稱不上飯店。而上海有不少大酒樓就是由飯攤頭發展起來的。最有名的本幫菜館「老正興」原來就是飯攤頭。

　　早在同治元年（1862年）寧波人祝正本、蔡仁興在九江路擺三個小飯攤。他們燒的爛糊肉絲、鹹肉豆腐、肉絲百頁等很對上海小市民的口味，不久賺了一筆錢，就在原弄堂租了一幢兩層樓的房子正式開飯店。店名便從祝正本名字中抽一個「正」，從蔡仁興中取一個「興」，於是正興館就此開張。

　　正興館後來根據楊慶和銀樓小開楊寶寶建議，創出青魚禿肺，接著又創出紅燒圈子、紅燒頭尾等本幫名菜。上海銀行家陳光甫、海派京戲名伶麒麟童、金嗓子金少山、梅蘭芳、電影演員韓來根等皆紛紛光臨品嘗名肴，正興館一時紅遍上海灘。上海人愛一窩蜂，不少人隨之紛紛開出七、八十家正興館。第一家正興館無奈，只得改名「老正興」。但這也無用，隨後

又有「眞正老正興」、「正宗老正興」、「上海老正興」等一連開了幾十家，連南京、鎮江、無錫也不斷開出正興飯館。

　　抗戰勝利後，「老正興」生意大不如前。而後來開設在九江路的源記老正興，因創出「油爆蝦」、「蛤蜊鯽魚」等名肴，當時的行政院長宋子文每逢從南京到上海，必定要到這家源記老正興品嘗，蔣經國也是這裡的常客。

　　大華飯店因蔣介石和宋美齡在此結婚而聞名滬寧。當年除了本幫飯店，還有粵菜酒樓，大三元、新雅、杏花樓、東亞等皆是廣幫著名飯店。店內佈置得富麗堂皇，而菜肴也別有風味。上海還有一家回教館，店名「洪長興」。相傳名京戲演員馬連良是回教徒，他在上海走紅後一天想吃涮羊肉，那時上海沒有火鍋店，再加上從北京來的叔叔正好閒著無事幹，於是馬連良就給他一筆錢開了洪長興羊肉館。總之，老上海淮揚、徽、川、閩、湘、京、粵、甬各幫菜館、飯店皆有，只要有錢就能吃到全中國的各種美食。

舊上海的飯店一般分上中下三等，大飯店如本幫老正興、廣幫大三元、徽幫大富貴等都做大生意，天天日夜客滿。小飯店街頭巷尾皆有，多是拉車的、抬轎子幹苦力的就餐之所。惟有中等飯店大多有不少包飯的基本顧客。

所謂包飯作，也分兩類：一類是把飯菜送到預訂的某某店、某某公司；還有一類去飯店吃包飯。

在舊上海，所謂的十里洋場寸土寸金，老闆開個商店，公司雇傭七、八個夥計，前面是店堂門，後面是帳房間或貨棧，其他再無寸地了。中午吃飯怎麼辦？就和中等飯店聯繫，由他們每天送八菜一湯到後門，店員就在貨棧的八仙桌上八人一桌開飯，其實吃時只有六人，兩個小學徒這時看店門，等先生們（那時學徒都稱店員為先生）吃好了，兩個學徒再到後間吃剩菜剩飯。等兩個小學徒也吃好，包飯作就把碗盤筷子全部收進兩隻大得如同蒸籠的圓竹擔中再挑回飯店，到了吃晚飯時又有包飯作派人送來。

如果店裡只有四人吃飯，包飯作會用大提籃送四菜一湯來。

上海灘當時不少靠乞討為生的小癟三，他們實在沒飯吃，就專等包飯作的擔子。不過小癟三也懂規矩，送飯的擔子不能搶，搶了是犯法的，要進巡捕房，但人家已經吃過的送飯擔子大家可以搶。包飯作的師傅也發善心，讓小癟三搶，剩菜剩飯搶光了挑起來也可減輕分量。

當時進飯店吃包飯者多為教師、小職員、潦倒的文人或單身漢。有包一頓的，也有包中晚兩餐的，一般一葷一素一湯，條件差的是一葷一素免費清湯。那年月，暴發戶是朱門酒肉臭，而平民百姓為了一日三餐，往往要身兼兩職才能混飽肚子。有的大學教授常常領不到薪水，只好晚上拉洋車，賺點錢還包飯作的欠款。當時內戰不止，通貨膨脹米煤一日數漲，不失業能在包飯作混頓飯吃者算幸運的囉！

上海人所說的肉店，只賣豬肉。牛肉羊肉另外設攤，絕不可混在一起賣。因回教徒只吃牛羊肉忌諱豬肉，如果牛羊肉和豬肉混在一起賣，這就犯了回教的忌諱，這一點很重要。賣肉也要注意犯忌。

幹賣肉這一行要有三種能耐，一不怕油膩，二不怕腥氣，三要有力氣。所謂有力氣，因為一塊塊豬肉大的幾十斤、中塊十幾斤，無論是掛在架子上，還是放在櫃檯上，賣肉時都要搬來搬去，沒力氣幹不了這一行。還有賣肉的離不開刀斧，一把斧頭五、六斤，斬肉的刀也有好幾斤。生意好賣肉的一早上要揮舞刀斧幾十次上百次，累得腰酸背痛，所以說肉店的老闆不好當。

宋代大才子蘇東坡非常愛吃豬肉，他燒的肉稱之為「東坡肉」。他還寫過讚美肉的詩：「滬州（今四川瀘縣）好豬肉，價錢如糞土，富者不肯吃，貧者不解煮。慢著火，少著水，火候足時他自美。」

清代揚州鹽商特別多，皆是大財主，家家皆有名廚，揚州獅子頭出名，就是這些名廚不斷加工而成。揚州的獅子頭，做成網球似的特大肉團子，一個砂鍋只煮一只。特色是軟而嫩，筷子一夾就散碎了，所以落口即化，齒頰生香。

賣肉攤上還賣豬心、豬肺、豬肚、豬腸等，以前這些豬下水城裡大戶人家都不吃，只有鄉下人吃。過年殺豬就將豬雜碎醃起來。上海老飯店在二十世紀二〇年代以在浦東鄉間的烹調方法，再加高湯配以香糟鹵，再加青蒜葉燴製，進而創出海派名菜「糟鉢頭」。

所以說，豬肉店中皆是寶，大排骨麵、小排骨湯、豬蹄膀、豬腳爪，還有醬肉、烤肉、丁蹄、火腿、肉鬆、豬頭肉，都可烹調出美食。

老上海的棉花店，並不專賣棉花，因為一年四季只有秋冬兩季棉花才有生意，如果專賣棉花，春夏兩季天天開店，卻無顧客上門，豈不要虧本了？

老上海商人個個門檻精，棉花店老闆也不例外。他們冬天賣棉花，夏天賣草帽、草席和枕席，有的棉花店還賣蚊帳。

現在上海人冬天可以說很難找到一個穿棉衣者，無論老少男女冷天時都穿羽絨服、皮夾克、呢大衣。可是在老上海，冬天人們多數穿棉袍子、棉襖、棉褲，腳穿棉鞋，頭戴棉帽，身蓋棉被。所以說，在七、八十年前，無論男女老少冬天都離不開棉花，故而冬季棉花店生意特別好。

特別是春節來臨前，人們有穿新衣過年的習俗，有錢的大戶人家這時多到綢布店買衣料，到棉花店買棉花，雇裁縫到家中來給子女做新棉衣。那時棉花店中還賣絲棉，小孩子是沒有資格穿絲棉袍的。絲棉價格高，多為老爺太太作絲棉袍、絲棉襖。翻絲棉也是棉花店的專門手藝，在店中買了絲棉只有經過翻鬆才可做衣服。所以一到冬天，棉花店即進入旺季。

說起上海綢布店，最出名的為「三大祥」，所謂「三大祥」即寶大祥、協大祥和信大祥三家大布店。

在上海灘開布店這一行，競爭很激烈。清代時家家戶戶都用手工織的土布。自從鴉片戰爭後、上海開埠以來，洋行機器織的洋布吃香起來。洋布比起土布有三大優點：一是布面細密，經久耐用；二是顏色鮮豔，花樣繁多；三是價格便宜，價廉物美。

上海人接受新事物快，所以洋布很快熱銷起來。賣洋布能賺錢，所以綢布店也就越開越多。1858年上海全市洋布店僅有五十多家，可到了1918年已增到兩百多家。1925年又增加到三百八十家。1932年上海資本家開了好多織布廠，隨之棉布店也如同雨後春筍，到1943年猛增到一千九百多家。

協大祥所以能在數十年中立於不敗之地，就是善於經營。在「三大祥」中協大祥開張最早。創始人為浦東孫琢璋，他最早開土布店，後見洋布生意好，就約了兩個股東，1912年開設協大祥織布店。這「協」字代表三個股東，同心協力把布店開好。孫琢璋首先在店中掛出「眞不二價」的金字招牌。

當時上海各個商店，價格都有虛頭，會還價的吃小虧，不會還價的吃大虧。協大祥首先實行「明碼實價」，一進這家店門，所有的布匹標價都比其他的店便宜的多，雖然不還價，顧客還是感到在協大祥買布放心，沒有虛頭不會吃虧。就這樣協大祥贏得了廣大的信譽。

第二招叫做「足尺加一」。原來老上海量布的尺都短三、五分。協大祥卻獨樹一幟，除店中量布的尺是足尺外，並實行「足尺加一」的金字招牌，即任何顧客來買布，買一尺免費送一寸布。這一招更靈光，顧客紛紛爭著去協大祥買布。俗語說，不怕不識貨，就怕貨比貨。在別家買一丈布要短五寸，而在協大祥買一丈布實得一丈一尺，這一比協大祥信譽日升，天天顧客擁擠，三年就賺了五萬兩銀子。孫老闆隨後在西藏路、金陵東路連開了兩家分店。

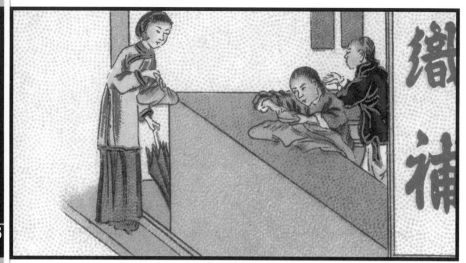

幹織補這一行是小手藝。說它小，小就小在只用一根針幾根線就可以令顧客愁眉苦臉而來，高高興興而去。

一天一位中年婦女唉聲歎氣來到織補店，原來她是一家銀行經理府上的傭人，上海人稱為「娘姨」。她在上午為太太曬綢緞旗袍時，不慎在箱子角上鉤了一下，這件昂貴的旗袍下擺被鉤破一個黃豆大的裂口。這娘姨嚇得臉色發青，一來她賠償不起，二來如果弄不好還要被辭退。

這娘姨急中生智，趁主人睡午覺時偷偷來到附近的織補店。織補店師傅的手藝極好，一個小時後太太午覺還沒睡醒，娘姨第二次來到織補店中旗袍已經補好，怎麼看也看不出原有鉤破的痕跡。娘姨把旗袍拿回去放在原處，太太穿了多次一點也沒發現毛病。

老上海最早的織補店為「老日升織布店」。該店初創於1893年，店址在虹口區東長治路段，是上海灘名氣最響的織補店。抗戰後，老日升遷到南京路雲南路口。1959年這家有六十多年歷史的老字號又搬到南京東路河南路口擴大營業。

在舊上海一些先生多愛穿西裝，常以「西裝革履」來形容紳士派頭。一天一位西裝革履的先生在逛先施公司屋頂花園時，女招待多次請他泡茶，他就是不泡。女招待於是說了聲「洋裝瘟三」，上海話「瘟三」就是窮光蛋。這先生於是和女招待吵起來，女招待說：「看你這身西裝滿漂亮，背心上給老鼠咬了一個洞還穿出來，不是洋裝瘟三是個啥？」先生忙脫下西裝一看，果然背上有個洞，十分尷尬。

女招待看他一副狼狽相，又好氣又好笑，為了不得罪這位先生，於是忙說：「先生，不要動氣，你只要到南京路老日升去織補一下，保證天衣無縫。」於是這位先生趕到離先施公司很近的老日升，脫下西裝織補。原來這位先生是落魄的書法家，在「立等可取」織補後，穿上織補好的西裝趕回家，大筆揮揮寫下「天衣無縫」四個大字，又忙送到老日升。老日升成了天衣無縫織補大王。

　　上海灘皮鞋店特別多，還有童鞋店，有名的有「盛錫福鞋帽店」等。可是專賣女鞋的是「鴻泰」。說起鴻泰女鞋店，六、七十年前老上海知道的人不多，如果說「小花園女鞋店」，不但老上海熟門熟路，就是遠在歐美的老華僑也有口皆碑。

　　辛亥革命前後，上海沒有專門的女鞋店，只有一個吃素信佛、從太倉來的老太，在八仙橋、東新橋一帶走街串巷專門給人做繡花鞋，這種上門做鞋的生意很好。這消息給高胖子皮匠探聽到，他急忙來找王姓皮匠和姓陸的老蘇州，合夥創辦一家專門女鞋店。

　　他們三個皮匠把店開在浙江路漢口路口，因北面靠近先施、永安等四大百貨公司，南面靠近四馬路（現福州路）會樂里，那裡妓院成排，妓女成群，她們都愛穿繡花鞋。所以三個皮匠所開的「鴻泰女鞋店」開張大吉，爆竹一陣響過，即有一群婦女進門買鞋。說來又很怪，這家上海灘惟一的女鞋店生意好就是不出名。原來當年婦女識字不多，這「鴻泰」招牌筆劃又多，當人家問起這麼好的鞋子在哪家買的？這些人大多說不出店名。

　　當時有位被黃色小報選為花國總理的王蓮英，被嫖客殺害在郊外，並搶走了她身上所有的金銀首飾。這王蓮英正巧也住在浙江中路，離鴻泰女鞋店不遠處。當消息傳出後，每天有成百上千人跑到王蓮英家中看熱鬧。王蓮英是上海灘紅妓，居住條件好，還有個小花園種了不少名花。這些看熱鬧的太太、小姐、大家閨秀和小家碧玉等，在看了被害人王家後，大多經過鴻泰女鞋店，見店中繡花女鞋式樣新穎，其他女鞋也花樣繁多，故留下深刻印象。這等於給鴻泰女鞋店做廣告，她們一傳十、十傳百，因說不出「鴻泰」兩字，就講王家小花園隔壁的鞋店鞋好花樣多。

　　這樣一來，鴻泰生意更好，有些人看了眼紅，紛紛在浙江路租屋開鞋店。到了1948年鴻泰女鞋店周圍開了多家女鞋店，為聽得順口，上海人就把這裡叫做小花園女鞋一條街。

　　二十世紀三〇年代，上海灘家家戶戶燒飯做菜多用煤爐，而煤爐的燃料即為煤球。當年舊上海的幾百萬市民，早上睜開眼睛第一件事即是倒馬桶和生煤球爐子。那時生煤球爐的模樣很滑稽，剛起床披頭散髮，又劈柴又夾煤球，臉上都抹有煤灰，手中那把破芭蕉扇不斷對著煤爐扇，其形象真如同濟公活佛。

　　在四十年前，上海人怕上煤球店去買煤球，你無論何時去店中往往沒有貨。你想問何時有貨？也很難找到營業員。因為煤球店最不怕小偷上門，店中除了一把鏟煤球的鐵鏟，一隻磅秤四壁空空，店中所賣的煤球正等著從煤球工廠送來。

　　那時買煤球憑卡定量供應。如果你家每月定量兩百斤，計卡已滿就不得再買。當年雖有卡但往往無貨，大家只好拎著盛器排隊等煤球到貨，排隊等上一兩小時是常有的事。

　　後來上海改為憑票供應煤餅，北京稱為「蜂窩煤」。那時用破木板釘成木托盤放煤餅，一盤大約放十五、六個煤餅。煤餅工廠那時用手工敲煤餅，每天生產數量很少，無法滿足用戶燒飯的需要，於是就發生煤餅搶購風。只要居民發現煤球店煤餅一到，就一擁而上搶煤餅木格子，力氣大的先下手為強，家中只有娘子軍和兒童團者，搶不到煤餅無法燒飯，只能站在煤球店外乾著急。

　　上海人聰明，有的技術工人在廠裡幹私活，做好煤餅鐵模子偷偷帶回家，買來煤屑自己敲煤餅。廠休日一天可敲五十只煤餅，這樣有好幾天不愁無煤可燒。後來煤球工廠發明電動煤餅機器，這才解決了買煤餅排隊的難題。

　　現在上海市民絕大多數用煤氣，可是想想四十多年前用煤球煤餅燒飯的日子，依然談虎色變。

　　老上海的羽扇店所供應的羽扇，大多來自湖州。湖州瀕臨太湖，湖中有各種野禽棲息在湖畔蘆葦中。俗話說，靠山吃山，靠水吃水，捕獵野禽成了湖州製作羽扇取之不盡、用之不竭的上好原料。

　　相傳扇子起源於軒轅氏黃帝。扇子最初並不是納涼用的，只是作爲王公貴族車上的飾物，其作用是「障翳風塵」，或作爲帝王的「示威儀」的儀仗扇。後來由大變小，由長變短。到了漢代才成爲拂涼的工具，並漸漸傳入千家萬戶。

　　中國早期的扇子，大多是羽毛製成。《王子年拾遺記》載：「周昭王時，塗脩國獻青鳳、丹鵲，夏至，取翅製成『遊飄』、『倏翮』、『虧光』、『仄影』四把名扇，輕風四散，冷然自涼。」

　　魏晉時，儒將特別喜愛羽扇，手中搖把羽扇，更顯得他們瀟灑從容的風度。我們看京戲〈借東風〉、〈空城計〉時，諸葛亮那身穿道袍手搖羽扇，充滿自信的形象，使人留下很深的印象。

　　「垂浩曜之奕奕，含鮮風之微微」，這是晉代陸機所寫〈羽扇賦〉之句，歷代文人都愛寫詩文讚美羽扇。

　　羽扇還起過指揮軍隊的作用。《晉書‧顧榮傳》記載，顧榮攻打陳敏時，也有「麾以羽扇，其眾潰散」之句。

　　老上海的羽扇多爲家鵝、大雁和鷹的羽毛製成。在生產過程中，工匠要經過選毛、洗毛、染毛、穿毛、接管、鑽柄、排扇等十多道工序，每道工序匠師都會嚴格把關，使所製羽毛扇達到「毛光平整上下齊，管緊角牢把不移，穿線結絲不漏跡，接管吊順排列齊」的標準。

　　夏天產婦和嬰兒最宜用羽毛扇風納涼，因羽扇微風輕拂，不致過涼。羽扇實爲精美的工藝品，既有實用價值，又有工藝價值。

　　清代，上海商業興盛，萬商雲集，說不清何年何月上海出現了出售水煙筒的店鋪。水煙筒也稱水煙袋、水煙鍋。

　　中國最早的水煙筒多以錫製，清代陸耀《煙譜·器具第三》載：「又或以錫盂盛水，另爲管插盂中，旁出一管如鶴頭，使煙氣從水中過，猶閩人光含涼水意，然嗜煙家不貴也。」陸耀不但很具象地介紹了水煙袋，還點明「以錫盂盛水」。至乾隆年間，水煙筒已發展爲銅製。《金壺七墨》〈煙草〉條說：「乾隆中，蘭州特產煙種，範銅爲管，貯水而吸之，謂之水煙。」

　　上海水煙筒店所賣的水煙袋大多爲銅製，銅煙袋比錫煙袋受人歡迎。錫色暗淡且粗糙，銅製越擦越亮，富豪人家老太太捧在手上金光閃閃，令人愛不釋手，而白銅水煙袋因銅中有白銀成分更顯得氣派。

　　清代時，吸水煙袋者多爲女性，男者無論官吏、政客或是商業巨賈常因公外出，水煙筒較重，而筒內水又易溢出，攜帶十分不便。而老太太、少奶奶忙於家務很少出門，閒下來可順手操起水煙袋過煙癮。水煙袋煙斗吸完一斗煙絲後要另裝煙，這就要有火源。火源爲草紙裁成長條，搓成紙捻，俗稱「煤子」。點燃後無明火，吸煙時用嘴一吸，明火即燃，即可放在煙斗上吸煙。

　　吸水煙筒多用蘭州特產的五泉河細煙絲，清代舒鐵雲的〈蘭州水煙〉一詩載：

> 蘭州水煙天下無，五泉所產龍絕殊。
> 居民業此利三倍，耕煙絕勝耕田夫。
> 南人食煙別其味，風味乃出淡巴菰。
> 邇來兼得供賓客，千錢爭買青銅壺。

　　十九世紀末，袁世凱辦起了北洋煙草公司，生產中國自己製造的紙煙，然後當做貢品送到北京。慈禧太后聽說中國人也造出洋紙煙，連忙點上一支吸起來，還吐了幾個圈圈，感到確實比水煙味道好又方便，於是紙煙就逐漸代替了水煙。

　　茶館，史稱「茶寮」、「茶鋪」、「茶坊」、「茶肆」等。清代至民國初年，多以「茶樓」、「茶館」、「茶室」為招牌。現在上海又復古，街頭遍設「茶坊」。

　　南北朝清談之風盛行，便有專供飲茶和閒談的茶寮。唐代也有許多的茶鋪，其夥計稱茶博士。唐代《封氏聞見記》載，長安「城市多開茶鋪，煎茶賣之，不問道俗，投錢取飲。」吳自牧《夢粱錄》〈茶肆〉記載，南宋臨安茶館「插四時花，掛名人畫」、「列花架，安頓奇松異檜等物」、「四時賣奇茶異湯，冬日添賣七寶擂茶、饊子、蔥茶」。南宋茶鋪中已有說書藝人出現。

　　據徐珂《清稗類鈔》記載，上海於清同治三年，三茅閣橋頭首先開設了「麗水台茶館」，後有「一洞天茶館」等。

　　清光緒二年，廣東人在廣東路棋盤街開設「同芳茶居」，已兼售茶食糖果，清晨並供應魚粥等。

　　南市城隍廟，早年除「湖心亭茶樓」外，還開有「也有軒」、「四美軒」、「春風得意樓」幾家著名茶館。在《上海——冒險家的樂園》一書中，作者愛狄蜜勒以洋人的眼光來描繪湖心亭茶樓：「我們一人叫了一碗花露茶，這古老的茶館真有一些古色古香。茶的名稱既叫得這樣希奇，盛茶的杯子格外來得特別。奇形怪狀的杯子上刻著奇形怪狀的花紋……後來聽人告訴我，杯子上的字是『大富貴亦壽考』和『三星高照』『五福臨門』好彩頭。」

　　舊上海市民之間如果發生矛盾糾紛，經常會各請一幫人到茶館辯是非評理。矛盾若解決，便由一個和事佬出面將紅茶和綠茶混合倒入兩隻茶杯內，分別給雙方當事人一飲而盡，作為和解的表示。如某方過錯，所有茶資開銷由該方負責解決。如談判不能解決，便大打出手，打得茶館千瘡百孔，而雙方卻一哄而散，不僅器具損壞外，有時還留下屍體要老闆買棺材收屍。這種到茶館解決矛盾的方法，上海人叫「吃講茶」。後來為了避免發生這種局面，在茶館裡都掛有一塊「奉諭禁止講茶」的小木牌。

　　上海話「老虎灶」就是指弄堂口泡開水的小店。早先這種燒開水的大爐，爐面是平的，下面埋口大鍋，靠裡面又砌兩隻小鍋，人們遠遠望去，那兩口小鍋像雙眼睛，大鍋似老虎的血盆大口，那通往屋頂的高高煙囪多像一根翹起的尾巴，所以店主在春節時多會貼出「灶形原類虎，水勢宛噴龍」的春聯。因此老虎灶的美名在上海就傳開了。

　　清末民初，老虎灶生意平平，直到二十世紀二〇年代，德商禮和洋行將英格蘭化學家杜瓦發明的真空瓶加以美化改成熱水瓶，首先在永安、先施公司出售，老虎灶生意也隨之興隆。因熱水瓶能將老虎灶泡來的開水長時間保存，故大受歡迎。

　　當年老虎灶可自發籌碼，以籌代幣。一來可省得沒零錢引起麻煩，二來竹籌不怕浸水，免得弄濕紙幣。這種代幣竹籌為熟水行業所獨有，至今老虎灶已絕跡，水籌也成為收藏品。

　　上海老虎灶並非單泡開水，還兼營洗澡和茶館的生意。老上海大多有早上「皮包水」、晚上「水包皮」的習慣。所謂「皮包水」就是坐茶館，「水包皮」即沐浴。一座小小的老虎灶，只要老闆娘縫一塊布幔，再買三、四隻鴨蛋形的大木盆，幾副木拖鞋放在老虎灶後間，澡堂就算開張了。當然還要寫一張「澡堂重地，婦女遠離」的大告示貼在布幔上。不過老闆娘是例外，她送肥皂、送水，進進出出大家並不諱忌。

　　當時洗澡的大多是黃包車夫、碼頭工人等，每逢春節店主常會將「木盆春暖人宜浴，火灶冬溫客更多」之類的春聯貼在布幔上。

　　老虎灶茶館更好辦，幾隻簡便木桌放在馬路邊，茶客坐在長凳上，喝著沒有香味只有苦澀的茶水，發發牢騷，談談家常，這對賣苦力的人來講，也算無上的享受了。

飲冰室，現在稱冷飲店。印象中「冷飲」是從外國引進的洋玩意兒，但其實中國自古就有冷飲。

商代，在隆冬將冰雪儲藏起來以供夏季使用。周代，官府還設有專管取冰用冰的官員，官名為「凌人」。《周禮‧天官》載：「凌人，掌冰。正歲十有二月，令斬冰。」

唐代，長安出現做冰生意的商人。五代王定保《唐摭言》有「蒯人為商，賣冰於市」的記載。宋代，冷飲的種類日益增多，如北宋汴京（今開封）出售的「沙糖冰雪冷元子」，南宋臨安（今杭州）賣的「雪泡冰兒水」、「雪泡梅花酒」、「冰酪」等，皆是受人喜愛的冷飲。

元朝，商人在冰中添加蜜糖、牛奶和珍珠粉。元世祖忽必烈執政，開始生產霜淇淋。為保守工藝秘密，宮廷頒佈非王室不准製作霜淇淋的禁令。清代，北京的冰鎮酸梅湯十分出名，凡飲過者皆留下深刻印象。

老上海最早的飲冰室確實是洋人開設的。中國元代的霜淇淋，由於皇宮壟斷，做法失傳。但馬可波羅於西元1200年來到中國時，忽必烈即請他吃霜淇淋，並將冰中加蜜糖、牛奶和珍珠粉的秘方告訴馬可波羅，等他回到義大利，即將此法轉告國王。西元1500年義大利皇室人員又傳給法國人。西元1620年再傳到英國……直到1846年，南茜‧詹森女士製造一種手搖曲柄冷凍機。1851年美國紮卡布‧費斯賽爾開辦美國首家霜淇淋廠。1900年製造霜淇淋的技術簡化，價格下降，不久霜淇淋又重新回到中國，使中國人在炎熱的夏季，能在飲冰室吃到色如白雪、可防暑降溫的霜淇淋。

老上海的「美女牌」冰棒，和後來的「光明牌」冰棒都風靡一時，還有上海延安東路有一家專售北京冰鎮酸梅湯的「鄭福齋」冷飲店聞名上海，此店是京劇演員鄭法祥所經營。

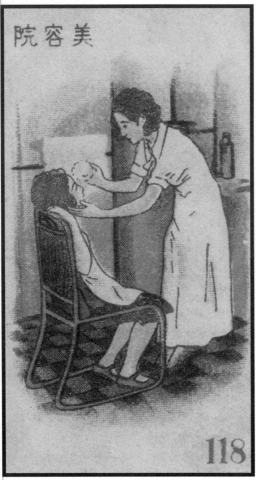

院容美

118

等。再說塗指甲油，也不只是紅色，還有白色、銀色、紫色等。說到染髮，那時的女性崇拜洋人，認為自己的烏髮不美，進了美容院花大錢把黑髮染成黃色，假冒金髮女郎招搖過市。

洋人都是高鼻樑，可是黃種人鼻樑不夠高，上海灘的時髦女郎很想找到一種靈丹妙藥吃下去，一夜之間自己的鼻樑能長得和洋人一樣高。因為時髦女郎有這種追求，於是美容院新增了墊鼻樑的業務。

當時有位時髦女郎聽說美容院可墊鼻樑，心想學洋人的美夢終於要成真了，於是和父母打了個招呼，誰知老母親聽了這消息驚恐萬狀，用上海話說：「阿媽娘唉！這個鼻樑哪能墊法呀？」

美容院自有辦法。他們把口內的嘴皮割開，用塊化學物塞進去，鼻樑真的挺起來。可是時髦女郎高興得太早，沒過幾天她的兩個男朋友爭風吃醋打了起來，她怕事鬧大忙來解勸，不料兩個男子漢不知誰一拳打過來，正巧打在女郎的鼻樑上，這一下打得極重，竟把假鼻樑打落下來。這真是：

老上海可以說是美女的天下，什麼舞女、歌女、商女、妓女、按摩女、女招待、女明星、交際花、花國大總統等等，真是美女如雲。

上海灘既是女人的世界，美容院當然不會少。現在也有不少理髮店掛美容院的招牌，其實理髮店和美容院不同，以前的理髮店只理髮、燙髮，美容院以幫女顧客化妝整容為主。

美容院服務的範圍廣，不但畫眉毛，還畫眼圈，有的愛畫藍眼圈，有的愛畫黑眼圈。抹口紅不僅僅是紅色，還有紫色等

　　高鼻樑變歪鼻樑，時髦女郎淚汪汪。
　　美容為的是漂亮，鼻樑落下好心傷。
　　美女變成醜八怪，美容院裡討賠償。
　　誰知老闆不認賬，醜女難嫁如意郎。

時裝店上海最多，如現在的南京路步行街、淮海路和四川北路，這是上海最熱鬧的三條商業街，近半都是時裝店。

清光緒年間，女子在封建禮教的禁錮下，整天穿著寬袍大袖，毫無選擇衣服的自由，更談不上「時裝」二字。

辛亥革命後，女權運動呼聲高，表現最明顯的有三點，首先是走出家門參加工作；二是取消纏足陋習；第三追求新式時裝。於是上海時裝商店應運而生。

在辛亥革命時期，女學生和青年女性多愛穿淡藍色大襟上裝、黑裙子、黑布鞋。革命後，上海女性時裝大變，花樣不斷翻新，最初流行的是旗袍。

當時的旗袍現在看來還是比較保守的，長袖、高領、袍長蓋住腳面。1927年旗袍開始縮短，但又怕守舊遺老攻擊，於是想出緩衝辦法，在縮短的旗袍的下擺釘上兩三寸長的花邊。

之後一些大膽女性乾脆取消花邊，穿上旗袍的小姐將整個小腿裸露在外。但時髦女性認為如此還不夠新潮，洋小姐洋太太能把雙肩全部裸露在外，我們為何如此膽小？於是時裝店推出中袖旗袍。到了1930年夏天，為了風涼，也為了漂亮，時裝店推出無袖旗袍。

二十世紀三〇年代電影明星顧蘭君在時裝上做出驚人之舉。她首先在旗袍左襟開叉，連袖口也開了半尺長的大叉。

摩登女郎競相效仿，旗袍開叉又越開越高，一直開到大腿根。隨之旗袍又改為小腰身，使女性曲線畢露富有青春美。

以後老上海女性又時興冬季披綢緞斗篷，後來又學習西方人穿大衣。抗戰勝利後，女子流行穿西裝褲，以此保留戰時裝束遺風。

總之，時裝不斷變化出新，不變也就算不上時裝。上海灘著名的時裝店有「朋街女子時裝店」、「鴻翔時裝店」、「上海時裝公司」等等。

十里洋場上海灘是中國金銀飾品的主要產區之一，主要品種為各類首飾、裝飾擺件、日用器皿等。使用的金屬材料有14K金、18K金和白金、赤金等。特點是設計奇巧、做工精細、小巧玲瓏。

老上海大銀樓有「老鳳祥」、「方九霞」、「裘天寶」等，他們精心製作的金飾品多種多樣，有各種髮夾，各種耳環，各種項鏈、領夾掛件，作胸飾的各種別針，作手飾的各種戒指、手鐲、手鏈、袖扣和作腰飾的各種帶鉤、帶扣等。金銀匠們根據各種首飾的不同用途和裝飾需要，製作出各種優美的造型。

說起上海灘的看金樣，就是根據定做金飾顧客的要求，所做出來的首飾先看樣品。現在的銀樓所陳列的金器全部由金銀飾品廠設計製作好後上櫃任君挑選，如果不滿意也就離去，別無他法。而從前的銀樓可由顧客出樣，銀樓根據顧客的式樣再進行加工製作。如打一隻金戒指，戒指上不嵌寶石，而刻上自己名字，付了定洋三天後即可來看樣。滿意了照此樣加工，不滿意可修改，再過三天就可取貨。

青幫大亨杜月笙生兒子，幾個徒弟特在某銀樓定做了一隻黃金「麒麟送子」，作為禮品送給師父。可是在看金樣時，發現麒麟眼睛呆板，隨加錢改鑲兩粒金鋼鑽，這一改，麒麟栩栩如生華麗奪目。杜月笙看得十分滿意，隨後派了兩件好差事給這幾個徒弟，由此讓徒弟發了一點小財。

總之，看金樣是銀樓做活生意的手段，顧客滿意了，下次做金首飾還會找上門來。這就是：

金首飾來金光亮，生意作活看金樣。
顧客滿意再登門，老闆發財金匠忙。

　　據《科學社會報》記載，現存最早的關於中國的照片拍攝於1844年，作者是法國的一個海員，以澳門宙宇石牌坊爲題材，此照曾爲中國攝影大師郎靜山珍藏。同年八月，兩廣總督兼五口通商大臣耆英在澳門與法國使臣談判，法國海關總檢查長于勒・埃及爾爲他拍了一張「小照」留念。耆英在給道光帝的一份奏摺中提及，還曾把它分贈給英、法、美、葡等國的使臣。于勒・埃及爾拍攝的包括耆英在內的有關中國照片共三十六幅，1968年在法國被發現，照片上還留有攝者手書的說明文字。今天，已被作爲歷史文物完好地保存在巴黎法國攝影博物館。

　　同時，該報又報導，從王韜的零星記載中可以推測：上海開埠後不久，至遲不晚於1859年，即有法國人李閣郎在上海開了一家照相館。稍後，李的學生廣東人羅元祐也在城裡開辦了一家照相館，清欽差大人、大學生桂良和吏部尚書花沙納都曾在羅氏店裡照過相。

　　上海灘最早刊登照相行業的廣告，是在1863年3月7日的《上海新報》，題爲〈森泰照相館啓事〉，其主要內容爲：「本館印照上等小像，上午十點起至晚三點鐘爲止，價錢甚爲公道。如有意照者，請至本館可也。」

　　至清朝末年，上海已有數十家中外照相館，那時全是黑白照片，但照相費用非常昂貴。當時拍一張照片需付銀洋三元，折合紋銀二兩二錢。而當時，購買一幅名人字畫也只不過一塊銀元，而畫一張人像畫只有幾毛錢。所以，雖有幾十家照相館，而一般人家是不可能進去照相的。

　　上海還有兩家照相館較爲出名，一家是「寶記照相館」，開設於清光緒六年（1880年），創始人爲歐陽守城。另一家爲1920年開設的「王開照相館」，這家老字號至今爲上海照相名店。

上海的「吳良材眼鏡店」原是以經營珠寶玉器為主的古玩鋪，兼配眼鏡。康熙五十八年（1719年）開設，到嘉慶十一年（1806年）才改為以經營眼鏡為主，古玩為副。那時中國人不習慣戴眼鏡，末代皇帝溥儀因近視眼，英國老師給他配眼鏡，皇宮裡吵翻天。太后、大臣等都說溥儀戴了眼鏡怪裡怪氣，有失皇帝的體統。

不過慈禧太后所寵愛的八個女官之一的德齡公主戴過眼鏡，她還在她的《慈禧後私生活》一書中寫了她在吳良材眼鏡店中如何配眼鏡，並認為該店的眼鏡貨真價實。可見吳良材眼鏡店在道光年間已是上海名店了。

南京東路有一家「精益眼鏡店」，民國元年開張。原址在上海六合路口，市口雖好但處在永安、先施、新新、大新四大公司包圍中，配眼鏡的生意全讓四大公司搶去了。老板正為生意清淡發愁時，廣州分店傳來驚人消息。1917年孫中山先生一天突然走進精益眼鏡廣州分店配了一副眼鏡，因為該店服務態度好，研磨的鏡片，感到十分滿意，隨即大筆揮寫「精益求

精」大字送給該店。能得到曾任臨時大總統的孫文親筆題詞實在無限榮耀，經理立即配框掛在店中，當顧客看到落款「孫文」並有紅色印章的題詞，該店聲譽大振，生意也興旺起來。

當此消息從廣州分店傳到上海總公司後，總經理立即叫分店把孫中山手跡送到上海，並請人另外複製一幅送廣州分店，而孫中山的墨寶即留在上海，掛在總店店堂正中央。因孫中山先生享有很高聲譽，他所題詞的商店由此也得到顧客信任，生意日漸興旺。

1924年冬，孫中山先生離粵，北上途經上海，又到精益眼鏡店配了一副老花眼鏡。當他看到自己的手跡掛在店中感到驚奇。店經理告訴他，廣州和上海的精益同屬一家公司，故複製題詞兩店皆掛。孫先生聽後很高興，並親切和店員招手，滿意而去。

由於孫中山先生兩次光顧精益眼鏡店，該店身價百倍，隨即在各處開設分店，而各分店皆掛有「精益求精」題詞複製品。

洗衣服是日常生活中人人都會遇到的麻煩事。傳統洗衣服方法是把衣服放在水中，抹上肥皂進行搓洗。這辦法適於洗單衣，洗棉衣就不行。如果棉衣一定要洗，只好拆開取出棉花，把棉衣的面子、裡子洗乾淨再放入棉花，再一針一線縫好才能穿上身。

洗棉衣雖然麻煩，但還是可以拆洗的。二十世紀衣服的面料有很大發展，除了老布、洋布外，春秋天多穿呢絨西服和中山裝，這洗起來就麻煩了。

這種服裝因面料厚無法用手搓，如硬搓面料就要受損傷，也不能拆。棉衣自己拆了可自己縫製，西服拆了自己沒本事縫上。在此情況下，刷染衣服行業也就應運而生了。

刷染衣服店所接的生意為兩種，一是刷洗衣服，一是染衣服。現在這種店稱之為洗染店。所謂「刷洗衣服」，即乾洗。

呢料西裝和中山裝不適於水洗，水洗要縮水，還有上漿的附料，水洗後漿會脫落，這樣原有的衣服要走樣，也不畢挺了。

刷洗以特配的洗滌劑灑在衣服上，再經過人工刷洗，衣服也就乾淨了。

老上海第一家用乾洗方法接待顧客的洗染店為「正章洗染店」。正章洗染店的創始人是吳錦章，1936年從日本購進一台乾洗機，開始了中國洗衣史上從未有過的乾洗整燙業務，吸引無數慕名而來的中外顧客。

正章洗染店的機器乾洗有兩大優點：第一不褪色，第二不走樣。這種專洗毛料呢絨西裝、中山裝的操作，先將洗好的衣服進行初燙，再用高溫烘乾水分，最後再複燙。經過「一燙二烘三整」的三道工序，所洗的衣服煥然一新，令顧客都十分滿意。

　　相傳康熙年間，有位在上海經營木炭的紹興商人因資金一時缺少，就向左鄰右舍借貸，為報答鄰居，在歸還貸款時就多給一些錢。後他在經商中，又有不少人一時手中無錢，欠款買貨或向他借錢，這使他感到可以間接利用資金生值。不久他籌措一筆錢開了一家錢莊，以低息吸收附近的居民存款，然後借給商人收取高的利息。這樣，就出現了上海灘第一家錢莊。也因此，開設錢莊的老闆大多是旅居上海的紹興人。

　　錢莊是老中國的一種信用機構，專營兌換貨幣並辦理存款、放匯、匯兌業務，其資本大多來自商人。錢莊利用原來籌集的資產吸收客戶存款，再將存款放出去做生意賺大錢。錢莊的組織俗稱「八把頭」。一是清賬，乃專管賬目的帳房先生，此職相等於現在的業務經理，這種位子皆是老闆的親信坐。二是跑街，俗稱跑街先生，專司在外招攬生意。三是錢行，錢莊缺乏現金時，負責向市場調「頭寸」，拆進款項。其他還有匯劃、信房、

客堂等職。另外還有專管接待客戶，為賓客端茶倒水等夥計。

　　地位最低者為學徒。錢莊規矩很嚴，即使是學生意的也要經股東和帳房先生等推薦，並要找人作保方可入莊。因為錢莊事關「錢」字，還有商業秘密等，故不知其人底細者皆拒之莊外。學徒很苦，掃地、端飯、倒痰盂，還要替帳房先生擦水煙袋。吃排頭是家常便飯，笨一點的學徒還會吃耳光。但這些破落書香門第的青年，皆抱著吃了苦中苦，方為人上人的思想忍氣吞聲熬三年，等出師後日子會好過一點。

　　幹錢莊這一行風險很大，幹得好可發財。如做投機生意，或遇上金融風潮，即有可能倒閉。但老上海乃「冒險家的樂園」，開錢莊雖有風險，想發財者還是照樣開。僅天津路、寧波路兩條街就有錢莊四十多家，故天津路有錢莊街之稱。

　　上海福康錢莊1928年對紗、絲、麵粉、油等廠放款竟達一百二十三萬兩白銀，可見生意之大。

「窮人窮急當東西，當得錢少付重利。到期本利還不出，不能贖回放聲哭。」這是窮人押當的寫照。

舊上海有許多典當，俗稱「窮人的後門」。典當可分為三類：典當、質當和小押當。典當和質當範圍相似，利息相似，贖取的期限也相似。但開設典當必須到衙門具領營業執照，質當就無此手續。小押當規模小，數量多，街道兩旁比比皆有，真可謂十步一押。

上海典當據說始於南朝梁武帝，當時是救濟貧困的慈善事業。隨著經濟發展，這種慈善事業的典當逐步變成高利盤剝的工具。典當的門面比一般商店大，而且大都是石庫門房子，兩扇大門十分牢固，在高高的外牆上寫著巨大、引人注目的「當」字。大門後面放著一塊大型木製屏風，叫做「擋羞板」，以遮門外過路人的視線，使過路人看不見裡面典當的人，以顧典當人的體面。上海早期當鋪為徽幫所壟斷，開典當的都是資本雄厚的安徽人。

舊上海的當鋪多數開在窮苦人、煙館、賭場、妓院集中的地方。有些窮人因生計所迫，在無法借到錢財之下，只得將家中衣被典當；有些賭徒輸完錢後還想翻本，就把身上衣帽、手錶、金首飾等貴重物品送進典當，換回賭本再孤注一擲。

典當鋪門禁森嚴，一般傍晚就關門打烊。但也有些典當老闆為了多賺錢，在關門打烊後把後門開著，凡是老主客便知曉可從後門進出，照樣可典當。

舊上海的小押當不僅到處都有，而且典當十分方便，二十四小時營業，可是利息卻高達三分，期限比典當鋪短，只有三天左右，使押當者往往來不及籌錢贖當之物而被「吃掉」。

根據鄧雲鄉《紅樓識小錄》說，小押當的起源「最早源於獄中囚徒，有一死囚在獄中勒索銀錢，令眾犯賭博，輸錢者以物向之押款。後遇赦出獄，即開『小押當』，門前大書『指物借錢』，無論何物均可抵押，物價十而押五，坐扣利息，幾個月為期，限滿不贖，即變賣折本。」

俗話說：民以食為天。糧食在中國是比天還大的重要之事。「倉庫有糧，心中不慌。」如若庫中無糧，一定會造成臣民恐慌。由此可知，建糧倉也是頭等大事。

上海自元代至元二十九年（1292年），正式置縣後即開始建造糧倉。據《同治上海縣誌》載：「太平倉，在縣西南，元至元間初立縣時建，見《至元嘉禾志》，今遊擊署北西倉橋，其址也。」我們說得簡單點，就是元代至元年間建立的「太平倉」的所在地，其原址就是現在的蓬萊路上的南市公安分局。不過元代的糧倉早已拆除，僅留下一條「西倉橋路」讓人們追憶。

經古籍證實，明代時在上海建立了兩大糧倉，一座建在上海縣唐行（現青浦境內），當年稱「西水次倉」。另一座建在上海縣小南門外，叫「南水次倉」。

為啥叫「水次倉」呢？糧倉最怕火，故多造在黃浦江邊，一來由水運運糧到上海進倉方便。二來為防火求吉利，故以「水」為糧倉名，有剋火之意。

據記載，清順治九年（1652年），南水次倉遭到海盜搶劫，糧倉存糧被洗劫一空，糧倉也遭受很大破壞。後上海知縣顏紹慶上書江蘇省申請將糧倉移至「小南門內薛家浜之北」建造糧倉。

總之，老上海之糧倉一遷再遷，大多無跡可尋，只留下「白糧倉路」、「西倉橋」等路名。

鏢局在清末時稱鏢行，清代交通不便，有些人做生意賺了錢，或是當貪官發了大財告老還鄉，這大批的金銀珠寶要運回家鄉，千里迢迢，路上極不安全，強盜土匪又多，為了財寶不被搶奪，惟一的辦法就是托鏢局派鏢師武裝押運。

清代末年北京有八大鏢局，其中以「源順鏢行」最為著名，其局鏢師大刀王五，武藝高強，威鎮江湖，強賊草寇只要看見鏢車上插著源順鏢行大刀王五的鏢旗，個個聞風喪膽避之夭夭。當年錢財不是鈔票那樣體積小分量輕，清代所流行的銀元、金元寶、銀元寶及古銅錢，體積大分量也重，所以要用木箱裝好、鎖好再貼上封條，裝進封閉的箱式馬車，鏢師頭目也騎馬，而鏢局武士則前呼後擁圍著鏢車步行。

清末鏢局也稱走鏢，分水路鏢（行船）和旱路鏢兩種。無論是幹水路鏢或是幹旱路鏢，進鏢局極不容易。進鏢局先要拜師學武，學好拳腿硬功，再學刀槍棍棒十八般武藝，後學輕功躥房越脊，飛簷走壁，另外還要學會馬術或囚水，再要學會一套江湖暗語，懂得種種江湖規矩，這才能算得上一名合格的鏢師。

鏢車上路後，如遇上強盜土匪能不動武就不動武，而是亮出鏢局旗號，講江湖義氣或以氣勢壓倒攔路搶劫者。如果來者不善，那也只好殺它個你死我活。

鏢局除接押運金銀財寶水旱兩路的走鏢外，上海的一些賭場、妓院也到鏢局來雇保鏢，而暴發戶、地主等也雇保鏢保護家院。

上海灘天不怕地不怕的青幫大亨張嘯林，自從接受日軍之邀欲出任偽上海市長後，即提心吊膽，生怕遭到愛國志士暗殺，特雇用二十多名保鏢，其中一名保鏢林懷部，故意和汽車司機吵架，張嘯林聽見後即在樓上窗口大罵，林氏見機會來了，揮手一槍擊中張嘯林喉部，他當場一命嗚呼。其實張嘯林保鏢早被愛國志士買通，利用保鏢的有利位置，將這名大漢奸一槍送上西天。

飲食行

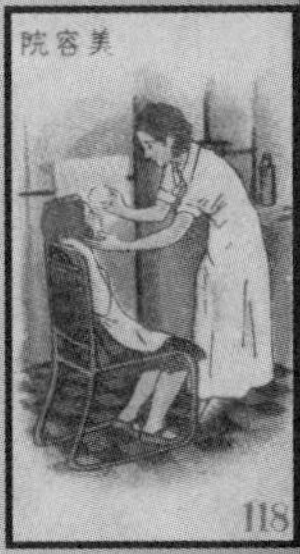

圖
說
360
行

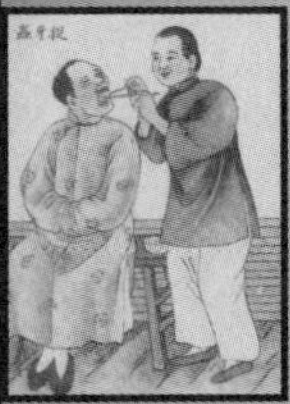

美容院

118

知菜館

段甲燕

冷麵，是夏令食品。俗語說：冬至餛飩夏至麵。由此可知古人夏天愛吃麵，夏天當然可吃熱湯麵，但吃了冒汗不舒服，吃冷麵人感到涼爽。

唐代冷麵稱「冷淘」。大詩人杜甫愛吃冷麵，還寫有〈槐葉冷淘〉詩：「青青高槐葉，采掇付中廚。新麵來近市，汁滓宛相俱。入鼎資過熟，加餐愁欲無。碧鮮俱照筋，香飯兼苞蘆。經齒冷於雪，勸人投比珠。」杜甫所吃的槐葉冷麵，現在上海是無法嘗此美味的。

冷麵有兩種，一種是鍋開了把熱麵撈出來，放在涼水中過一過再放調料吃；還有一種麵從熱鍋裡把麵撈出來後，放在大盤中用筷子撥散，再拌上料，等完全涼了再吃。這種冷麵攤賣的麵就是後一種。

冷麵攤的冷麵，吃起來主要靠調料。冷麵本身沒有味道，可是澆上醬油、澆上醋，再澆上一點辣油，特別是澆上芝麻醬，嘿，冷麵的滋味就來了。

冷麵是大眾化食品，在老上海冷麵攤吃冷麵者皆是普通市民。有身份者是不會光顧冷麵攤的，他們要吃冷麵可在點心店吃，店中不但有冷麵還有冷餛飩。冷麵和冷餛飩皆論兩賣，上海人飯量小，二兩冷麵二兩冷餛飩下肚，胃裡已感到脹了。

不過在點心店裡吃冷麵，不能單吃麵要搭冷菜，也稱澆頭。因為吃熱湯麵有排骨麵、大肉麵、蝦仁麵、鱔絲麵等，所以吃冷麵也有素澆麵、三絲麵、排骨麵、爆魚麵、炸醬麵等。

上海人在家裡一般是不做冷麵的，他們夏天愛吃冷粥。可是在上海安家落戶的北方人，夏天愛吃冷麵，他們不可能全家到點心店去吃冷麵，都是自己下麵然後放在冷開水中過一過，這樣就成了冷麵。北京人吃冷麵時的澆頭往往是拌黃瓜、綠豆芽，更多的人改不了北京的老習慣，愛吃炸醬冷麵。

現在上海冷麵有多種吃法，雞絲冷麵、四味冷麵、蔥油冷麵、酸辣冷麵、素拌冷麵、麻醬冷麵等可任君選擇。近年還出現了朝鮮冷麵。

賣粢飯為舊時上海最常見的早點，俗稱「四大金剛」之一。幹此業者，第一天先把米用水淘清，揀去米中碎石。第二天清晨三點，就把生米煮熟，放到特製大木桶裡，上面用清潔白濕布蓋得嚴嚴密密；有的放在大鐵鍋上直接把生米蒸熟，一起運到每天擺攤的地方出售。出售時，一般同做油條生意者合夥，因為粢飯包了熱油條才好吃，不然光賣粢飯生意就不好做。吃粢飯包了油條，有的再加點白糖，考究的再放些肉鬆，味就更美了。粢飯乃是價廉味美又耐饑的點心。

據傳說，粢飯的來源起於秦始皇派幾十萬民工去築長城。當時沒有像現代水泥等黏合劑，主要靠把煮熟的糯米飯和其他材料調和成糊狀作黏合劑。由於秦始皇迫使民工造長城，常常不給民工吃飽，餓得民工無法砌磚頭築城，只得暗地裡將煮熟的糯米或已調成糊狀的糯米偷來填肚皮，

日子一久有人不僅當場偷來吃，還想出辦法把熟糯米捏成一小團藏在身上，放工後帶回住棚內自己吃或給病倒的民工吃。由於古代六穀總稱為「粢」，所以後人把熟糯米糰叫做「粢飯」。

老上海有人對粢飯情有獨鍾，特寫〈竹枝詞〉贊曰：

熱粢飯呀糯米做，裝米桶呀生炭火。
白糖油條隨意包，清晨充饑香且糯。
粢飯苦力最愛吃，吃進肚皮耐饑餓。
價廉物美粢飯糰，伴我度過窮生活。

當年買粢飯的人有不少是窮人，因為它耐饑，有人一天只吃一個粢飯糰就度過一天。而賣粢飯者日子也不好過，米價一日三漲小販根本賺不到什麼錢，只不過能混飽肚皮而已。

　　大餅油條是上海人最普遍愛吃的早點，直到現在上海人把大餅、油條、粢飯、豆漿稱之爲「四大金剛」。

　　上海的大餅行當主要分兩幫，一批爲山東幫，一批爲蘇北幫。江蘇長江北岸的黃橋鎮，黃橋燒餅原不出名。相傳南宋時岳飛率軍抗擊金兵，因蘇北土地貧瘠，無糧供給軍用，黃橋鎮鄉民就做了幾千隻燒餅送給岳家軍充饑，等岳飛打了勝仗，黃橋燒餅也就成了當地一道著名點心。

　　1842年鴉片戰爭失敗後，上海成了通商口岸，英法並設立了租界，上海灘成了「冒險家的樂園」。蘇北等地農村破產的農民紛紛到這裡來謀生。有的拉洋車，有的賣苦力，也有的會做黃橋燒餅的手藝，就幹起大餅油條的生意。從此黃橋燒餅落戶上海，成了家家戶戶愛吃的食品。

　　當年窮苦的人多，大餅是價錢最便宜的食品，兩個銅板買一隻，吃了又耐饑，能混一天日子。

　　現在上海人的大餅，五花八門，花樣繁多，有蔥油大餅、豆沙大餅、油酥大餅、甜大餅、鹹大餅，有長大餅、長方大餅、圓大餅、菱形大餅等，不過最好吃的是蟹殼黃小大餅。

餅燒條油

相傳上海早先沒有油條，是南宋時從臨安（今杭州）傳到上海。

紹興八年（1138年），臨安離西湖不遠的一條小街上有一個點心鋪。突然一天早晨賣起「油炸雙人」。消息傳開，很多人都來看熱鬧，只見剛出油鍋的長條點心，上邊一個頭像男人，下邊一個頭像女人，這人形蛇身的一男一女成麻花形緊緊纏在一起。

原來南宋高宗趙構政治腐敗，奸臣秦檜當道。他以十三道金牌把抗金名將岳飛害死在風波亭。當奸臣害死岳飛的消息傳遍杭州時，百姓個個咬牙切齒，恨不得把秦檜抓來千刀萬剮。但大權在秦檜手中，老百姓敢怒而不敢言。王小二想了個好辦法，他先用麵塊捏了一個秦檜，又捏了他的惡婆娘王氏，兩個背靠背地扭在一起放在油鍋裡炸，以洩心中之憤。

當天晚上有人敲門，王小二開門見是一個白鬍子老翁，老翁進門忙向王小二施禮道：「你捏的奸臣秦檜和王氏，全城百姓已認出來了，我老漢代表百姓特來向你致敬。但我們和秦檜既要鬥勇也要鬥智。

我勸你明天開張切不可捏人形，只要切兩根麵條扭在一起，百姓們就心有靈犀，知道秦檜和王氏在下油鍋了。這樣，秦檜要報復也抓不到證據。這道新點心不妨稱作『油炸檜』，這名字百姓一聽就能領會。」

「油炸檜」賣了一個多月，兩個官兵經過王小二點心店，聽王小二喊賣「油炸檜」就來查問。王小二機靈沒等官兵走到店門口，忙改口喊：「賣油炸鬼」，這樣就化險為夷。但百姓們心中有數，不管叫「油炸檜」還是「油炸鬼」，炸的都是奸臣秦檜夫婦。

1935年10月16日周作人先生曾寫〈談油炸鬼〉一文發表在《宇宙風》上，後又寫「禪床溜下無情思，正是沉陰欲雪天。買得一條油炸鬼，惜無白粥下微鹽。」從詩來看，油條還是菜。上海人愛上燒鍋粥或開水泡飯，買兩根油條蘸醬油當菜吃粥。大餅、油條、豆漿、粢飯以油條為中心，大餅、粢飯包了油條才香脆味美，而且無論吃鹹漿還是甜漿都離不開油條。

老上海賣糕糰的小販，多用一竹編圓提盒沿街叫賣，也有的以木製方盒上鑲玻璃，可放三層糕點，盒上釘有帆布帶，帶子套在脖頸上迎客。

小販賣的糕糰種類繁多。條頭糕中為豆沙餡，糕上還撒有金黃色的桂花；雙釀糰為豆沙和黑洋酥分兩層包，故名；定勝糕為銀錠狀，無餡或豆沙餡，多為粉紅色米粉蒸製；松花糰為豆沙餡或黃豆沙餡，扁圓形，全身沾滿金黃色的松花粉，故名；方糕，為米粉蒸製，糖餡或豆沙餡。

糕者，與高諧音，含有步步高升之意。糰者，象徵團圓之意。糕糰原來多為歡慶年節的時令點心，後發展為老上海的風味小吃和早點。

現在介紹幾種老上海特有的糕糰，但早已停產多年，無跡可尋。葉榭軟糕，原產松江葉榭鎮，清咸豐年間已有盛名。此糕為松江優質粳米、糯米粉為主料，再加以豆沙、豬油、棗仁、綿白糖為輔料蒸製

而成。因蒸糕時籠底墊有荷葉，故出籠時清香撲鼻。夏天蒸糕時還要加薄荷葉汁，吃起來感到十分清涼。故有民謠傳唱：「浦南點心有三寶，亭林饅頭張澤餃，葉榭軟糕呱呱叫，軟糯香甜味道好。」

楓涇狀元糕，為金山縣楓涇鎮所生產的薄片「元糕」。清乾隆二十二年（1757年），楓涇清楓街舉人蔡以台進京殿試，考中一甲狀元，因蔡氏愛吃楓涇元糕，遂將元糕改名為狀元糕。當年狀元糕以優質白粳米、白糖、香草、玫瑰等為原料，經過春粉、劃片、分片、烘片等工序精製而成。

青糰為青色的糰子。清明吃青糰的習俗由來已久。清代袁枚《隨園食單》載：「搗青草為汁，和粉作粉糰，色如碧玉。」老上海的青糰，以青菜葉汁染色，以豆沙為餡，為上海時令糕糰。

老上海著名的糕糰店，除喬家柵外還有五芳齋、沈大成、滄浪亭等多家。

湯糰攤

清朝末年上海街頭出現一種湯糰擔，以竹枝做成凸字形，中間高，兩頭低，一頭放爐子鐵鍋，一頭放豆沙、芝麻、肉糜等。竹擔子中間像個門，小販腰一彎躬身進了竹擔，用肩膀一扛這湯糰擔即可滿街叫賣。以後也有用扁擔挑的湯糰擔。

上海賣湯糰以寧波人多。寧波豬油湯糰出名，為江阿狗創下的名號。相傳他不識字，但手藝好，他開湯糰店時沒招牌，他又不識字，開張前夜他老婆在小店門口放一口大缸，缸裡放水養隻鴨子，又在門前養條狗，所以來吃湯糰者都知道這是缸鴨狗——江阿狗（寧波話「缸」與「江」同音）的湯糰店。

一些寧波人看江阿狗湯糰店生意好，知道在寧波做湯糰生意比不過他，就紛紛到上海來挑擔賣寧波湯糰。有個叫徐方元的寧波人，挑湯糰擔賺了錢，在陝西北路開了一家「美心寧波湯糰店」。他以先吃後付錢，不滿意可以不付錢為號召，果然招徠不少顧客。後來徐方元又想出一個新鮮花招，從寧波請來四位漂亮姑娘，坐在店門口的玻璃房裡，當眾表演包湯糰。四位寧波姑娘各個心靈手巧，穿著潔白且鑲咖啡色花邊的連衫裙，包出來的湯糰色澤如玉，大小如一，一盤盤好似珍珠玉球，現包現賣，故而吸引大批行人圍觀，生意大有發展。

徐老闆又以他的名字在電臺上大做廣告。他請來的滑稽演員唱道：「徐方元，賣湯圓，寧波湯圓滴溜圓，豆沙湯圓蜜蜜甜，肉餡湯圓滿口鮮。」他這一唱，唱得寧波湯糰名揚上海。

担饨饨

餛飩擔

99

[飲食行]

處齊賣餛飩者的肩膀。若生意做好要換地方，賣餛飩者只要人蹲下進入橋形空檔，用肩膀一扛，如同挑擔一樣行走十分方便。

這種竹擔並不像駱駝，那麼為何稱其為駱駝擔呢？因為在沙漠中遇有風暴人們無處可藏，都躲在駱駝的肚皮下面。而這種擔子撐起的四隻竹腳，如同駱駝四隻腳，挑擔人挑擔時就好像鑽入駱駝的肚皮下面，故而有駱駝擔之名。

清代，多至夜，祭祖除羹飯外，還供奉餛飩，故民間有「多至餛飩夏至麵」的諺語。其實餛飩和北方餃子大同小異。上海餛飩之所以出名，在於它的皮薄，薄得像紗一樣，故稱為縐紗餛飩。廣東餛飩皮也很薄，包團精肉出鍋後，放入清肉湯中像一朵朵雲，吃起來一口吞一個，故稱「雲吞」。這名字很具象，富有詩意。而四川稱「抄手」，這也如餛飩一樣，讓人聽不懂。

上海餛飩有大小之分。小的皮薄，且為純肉餡；大的為薺菜肉餛飩，皮較厚，個也大，吃起來清香鮮美，令人捨不得放下碗。

說起餛飩擔，七、八十年前上海滿街都是，到了晚間只要聽到篤篤篤敲竹筒的聲音，老主顧就知道餛飩擔來了，紛紛開門買餛飩。可是如今這種奇形怪狀的餛飩擔已成為珍貴的民俗品。蘇州民俗博物館就收藏一架，上海歷史博物館也有收藏。

此種竹製的橋形餛飩擔，上海俗稱「駱駝擔」。它四隻腳撐開像一架「人」字形的木梯。前面放有煤爐和鍋，後面成一「器」字形，小抽屜中放皮子、鮮肉餡子和包好的餛飩，中間空格放碗和味精、蔥花、豬油、鹽等調味品。中間空檔最高

圖說 360 行

賣豆腐花者，老上海四處可見。豆腐花擔前挑爲一銅鍋，下面有一小煤爐，吃豆腐花必須熱吃，涼了再吃品不出滋味。這後面一挑爲特製的木架格子，下面木格中放碗與湯匙，上面一方形架上放著好多個小罐，罐中放著各種調料。

豆腐花製法和豆腐大同小異，第一步先把磨好的豆漿放在鍋裡熬開，然後放在保溫缸內，先放三分之二，留三分之一，隨之將和好的石膏倒入缸內攪拌，並將餘下的三分之一迅速倒入保溫缸。等十分鐘，豆腐花凝聚，即可挑上街賣。

吃豆腐花重在調料，豆腐花本身沒有什麼味道，有時還可能有點苦，這就需要以調料來豐富其口感。豆腐花之所以稱「花」，主要在豆腐花中加上蔥花和榨菜末，還要加蝦皮、紫菜，再澆上醬油、味精，最後再淋上幾滴麻油、辣油。

這碗豆腐花，你就是不吃看著也舒服。嫩豆腐是乳白色的，蔥花爲綠色，紫菜爲黑色，蝦皮和榨菜爲黃色，再加上辣油爲紅色。故而這種豆腐花眞乃色、香、味俱全。

中國的豆腐花隨著地域的不同，其叫法也不相同。北京、南京叫「豆腐腦」。北京吃豆腐腦還會加蒜泥、羊肉絲等。山西稱豆腐花爲「老豆腐」，他們的調料還要加韭菜花、醬和醋。

現在上海的豆腐花已登堂入室。四川的豆腐花也是一道有名的風味小吃。他們千里迢迢來上海租房子開豆腐花店，公然打出「川妹子豆腐花店」的招牌。上海人就愛新鮮，所以吃客特別多。

烘山芋

17

　　甘薯，又名番薯、地瓜，紅心的稱紅薯，白心的稱白薯。上海人稱甘薯為山芋。上海人最喜歡吃烘山芋，吃了不止一百年，可是百吃不厭。

　　在上海賣烘山芋的大多為山東人，也有安徽人。他們找個大汽油空桶糊上泥，製成爐子，上面留有小爐口，以前烘山芋用鉛絲彎成鉤，鉤上山芋掛在爐口上烘，等烘熟後皮變軟，肉心由白變成金黃，又香又糯拿在手中熱呼呼的，揭開皮咬一口，甜滋滋，香噴噴，黏糊糊，那滋味真妙不可言。

　　俗話說：「小曲好唱口難開，山芋好吃薯難栽。」為什麼難栽呢？原來甘薯的故鄉是南美洲，後傳到南洋群島一帶，而中國在明在代引種山芋。

　　據《榕蔭漫話》載，明朝萬曆年間，福建長樂縣陳振龍，在呂宋（今菲律賓）經商，發現當地有一種種植容易，產量很高的薯類，陳振龍想把它引入中國栽培。但當時統治呂宋的西班牙殖民主義者嚴禁薯類外傳。於是陳振龍一面暗自學習種植山芋的技術，一面尋找把芋苗帶回中國的機會。在萬曆二十一年（1593年）農曆五月下旬，陳振龍把山芋和芋苗暗藏在行李中，經七天七夜的海上航行，他終於把薯種帶到福州。接著，他又在福州郊外試種，當年即獲得高產量。當地農民見了不但紛紛向他慶賀，同時也爭相引種。直到現在福州烏石山上還有先薯亭，以紀念陳振龍引入山芋的功績。

玉米，這名稱特別文雅，它還有個非常悅耳的名字叫「珍珠米」。其實它的叫法很多：玉蜀黍、玉茭、金黍，北方人俗稱「棒子」。玉米磨成粉，上海人稱「六穀粉」。當年日軍佔領上海期間封鎖郊區，大米進不了市區，而上海政府就配給六穀粉給市民。上海人吃不來這種北方雜糧，粗粉難以下嚥，個個叫苦連天，怨聲載道。

十六世紀，外國使者將玉米穗作爲進獻中國皇帝的禮物，這樣玉米才爲中國農民廣泛種植。

在百年前，玉米爲北方農村的主食。當年農民很貧困，開墾一些荒地無法種稻麥，種玉米還能生長。等秋季收了玉米棒子後，就一串串掛在屋簷下，吃時從棒子上剝下玉米粒磨成粉。農民大致有兩種吃法，一種加水在鍋中煮，開鍋後就喝「玉米糊糊」；還有一種以玉米粉加少許水，揉成玉米粉糰，再貼在鐵鍋邊上，鍋中間再熬點野菜，於是在灶裡添柴生火。開鍋後從鍋邊上鏟下玉米餅，再從鍋裡撈點野菜，吃下肚就算一餐飯了。

東北磨粉的玉米，不宜整根煮熟吃，這種玉米粒很硬，只宜磨粉無法當零食吃。玉米煮熟賣的是糯質玉米，著名的有半仙糯、多穗白、黃苞米等。

早些年上海所賣的熟玉米皆爲糯質玉米。小販煮熟後放在一隻小木桶內，上面蓋著棉花墊保溫。桶內玉米有大有小，看貨論價。

現在上海小朋友都會唱一首兒歌：「篤篤篤，賣糖粥，三斤核桃四斤殼。」這種兒歌用上海方言唱起來非常悅耳。可是糖粥和核桃不搭界，它是以糯米和赤豆加糖煮成。

相傳八、九十年前，上海城隍廟門口有個十七、八歲的大姑娘攙著一個瞎眼老太婆在討飯。這時有個小流氓叼煙走過來，嬉皮笑臉對討飯姑娘面孔噴了一口煙說：「小娘子，討飯眞可憐，快跟我回去做小老婆，我保你吃香喝辣。」說著就動手動腳，不料旁邊擺粥攤的小崇明挺身而出，把姑娘擋在身後。小流氓一見有人敢多管閒事揮拳就打，可小崇明平日一面賣粥，一面在虹口精武體育會學武功。這小流氓哪裡禁打，三拳兩腳就被打倒在地，小流氓逃走後，小崇明就把瞎子老太領到自己的小草棚中躲避。瞎老太也是崇明人，正因是同鄉，老太和姑娘就答應在他家暫時躲避幾天。

小流氓找不到討飯的小娘子，就領一幫人砸了小崇明的粥攤，讓他不能營生。瞎老太說：「我會燒赤豆粥，你小崇明會

燒白粥，城隍廟攤頭擺不成，你就挑擔走街串巷賣糖粥吧！」

從此，小崇明每天挑著兩隻圓木桶，一頭盛糖粥，這是小崇明特地用松江糯米煮成；另一頭是瞎老太用自己家鄉崇明的大紅袍赤豆加桂花等爲原料煮成的赤豆糖粥。由於小崇明怕崇明話喊出來人家會笑話，不肯上街高聲叫喊。當時，小販上街都叫賣，不叫人家不知道，生意就不會好。還是小姑娘聰明，她說不喊就敲竹筒，「篤篤篤」一敲人家就知道賣糖粥的來了。這一招果然靈，第一天兩桶粥很快就賣完了。

小崇明的生意好，主要是瞎子老太的手藝高，她一早就起來燒赤豆粥，眼睛雖看不見，但靠女兒在一旁幫忙，所以燒出來的糖粥火功恰當，黏度適宜，摻在粥裡的赤豆粒粒開花。小崇明後來賣出名氣，有些老吃客只要聽見「篤篤篤」，立即端著鍋子來買糖粥。小崇明好心有好報，後來瞎老太就把女兒嫁給他，一家三口日子過得滿好。

賣羊肉粥

舊上海粥店甚多，規模也有大小之別。小的粥店只有白粥和大頭菜、豆芽等佐粥小菜。大的粥店花樣頗多，有雞粥、鴨粥、羊肉粥等名目繁多。大粥店集中在四馬路（今福州路）、大新街、石路（福建中路）一帶，平時售粥，夏季兼售綠豆湯，還附售棕子。小粥店則遍及全市半開間或一間狹長的店堂，當中攔塊長坐板，邊上放幾條長木板凳，便是它的全貌。還有的就是在弄堂口、馬路邊到處可見的粥攤，一桶白粥，一張破舊桌子，上放幾隻缺口的碗和筷子，以及幾碟蘿蔔乾、鹹菜等，桌邊四周放著幾條缺胳膊少腿的長木板凳。可是由於價廉，是苦力者的樂園，生意倒頗興隆。

舊上海平民化的羊肉館，晚上也都售羊肉粥。其中以英租界蘇州河畔的「先得樓」最有名。每晚食粥的顧客人頭濟濟，來遲者往往無立錐之地，顧客的喝粥聲，店堂內外清晰可聞。兩碗粥，花費很少，肚皮飽了，身子暖了，難怪天未晚，後來者已無立足之地。

舊上海的粥店還有一個特異之處。一般店家都有排門，哪怕做夜市，過半夜也須打一回烊，上一上排門。惟獨粥店，除了陰曆正月初一至初五，其餘三百六十天竟是日夜服務，從不打烊。這給夜間無處住宿的窮苦人極大方便。如若和該店堂倌混熟，到粥店去喝兩碗粥，花去幾枚銅元，不必打什麼招呼便可於該店伏在桌上打盹，權充臨時旅館。如果是第一次去，那要給堂倌一些小費，打個招呼就能樓上一宵。當然，借粥店當客棧的時間不能太早，必須過了半夜，顧客稀少時才可以，否則影響粥店生意，堂倌吃倌不消。總之，這種粥店頗受窮苦人青睞。有〈竹枝詞〉為證：

小本開爿小粥店，只賣現錢勿賒欠。
半夜三更門不關，贏得貧民都說便。
羊肉粥呀味道鮮，喝了熱粥禦寒天。
羊肉好頂羊馬夾，窮人吃粥迎新年。

這首竹枝詞乃老上海窮人喝粥過年的寫照。

圖說360行

　　羊肉爲時令風味，多在立秋上市，一直可賣到春節，夏天很少有羊肉。老上海賣羊肉的小販擔子很輕巧，前擔爲一整板羊肉，上面蓋層布只露出一小部分羊肉，方木板一角放把磨得亮光閃閃的切肉刀。後擔上放些碧綠的荷葉和銅盤秤，如有顧客買肉，從後擔拿了秤，或半斤或一斤秤好後用荷葉一包，收了錢生意就算做成。

　　老上海最出名的是「眞如羊肉」。最初出現於清代中葉，至今已有兩百多年歷史。眞如北大街可稱爲羊肉一條街，民國初年此街有六家羊肉攤店，家家皆有祖傳的獨特功夫。其中以王阿桂的白切羊肉最出名。「阿桂羊肉」名不虛傳。阿桂活宰山羊後，選用鮮嫩帶皮羊肉放在裝有木圈的大鐵鍋中燒煮，溫度高而氣化少。最主要的是放在延續多年的陳年老湯中悶煮。

　　煮羊肉的老湯越煮越濃，而出鍋的羊肉也就具有糯、香、鮮、酥、精五味俱備的的特點。阿桂羊肉不加有色調料，原汁原味出鍋後，去骨放入盤中冷凍。應市時現切現賣。

　　在眞如北大街還另有一家「餘慶祥羊肉店」，其傳人爲李老太。她賣的不是白切羊肉，而是風味獨特的紅燒羊肉。李老太將生羊肉連皮帶骨切成大、中、小三種規格，分別捆紮後上鍋悶煮。她的大鐵鍋就放在店門口，開鍋後熱氣騰騰，熱鍋熱吃。特別是愛飲酒的顧客，不等羊肉開鍋就手握酒瓶站在爐子旁邊等候解饞。

　　李老太的紅燒羊肉與阿桂白切羊肉有異曲同工之妙，酥而不爛，肥而不膩，香而不膻，甜鹹可口。故而眞如羊肉至今名揚滬濱及江、浙兩省。

鴨燒賣

燒鴨鵝

　　老上海熟食很多，有豬頭肉攤，有白斬雞攤，也有燒鴨鵝攤。

　　上海人愛吃雞不大喜歡吃鴨，但從中醫學角度來看，雞是溫性的而且雄雞是「發」物，鴨是「涼性」的。清代食療專家王士雄認為吃鴨有益健康：鴨「甘、涼、滋五臟之陰，清虛勞之熱，補血行水，養味生津，止咳息驚。」

　　說起吃鴨，早在周代就有以鴨作為見面禮的習俗，由此可知中國食鴨有兩千多年的歷史。宋南時，杭州曾出過一位賣燒鴨的名廚王立。他製作的燒鴨，脆嫩腴潤，味美肉鮮，名聞遐邇。

　　《紅樓夢》作者曹雪芹非常愛吃燒鴨，他曾對好友說：「若有人欲先睹我書（指《紅樓夢》）不難，惟日以南酒燒鴨饗我，我即為之作書。」曹雪芹撰寫《紅樓夢》時生活窘迫，囊空如洗。從以上所說，知曹雪芹嗜紹興酒愛燒鴨之情極深，令人同情。

　　現在北京烤鴨譽滿全球，其實燒鴨並不是燒出來的，而是以烤烹製，不過不是用北京填鴨，而是用上海四鄉的農養鴨。

　　鵝，古稱家雁。古書載：「野曰雁，家曰鵝。」早在南北朝時，中國就有多種食鵝的烹調方法。據《齊民要術》載：「僅烤鵝就有搗炙、簡炙、銜炙、啖炙、範炙等五種製法。」炙就是燒烤。

　　相傳中國元代著名大畫家倪瓚（號雲林，無錫人），他也是美食家，善烹飪。他用家鄉太湖白鵝製成「雲林鵝」在當年極為出名。

　　倪瓚曾受邀請，為蘇州設計《獅子林圖卷》，其設計巧奪天工，深得姑蘇菩提正宗禪寺主持好評，特請名廚烹製燒鵝請畫家品嘗。倪瓚吃後感到風味獨特，大受啟發，於是自己反覆試製，終於製成了名人美食燒鵝。倪瓚《雲林堂飲食制度集》中收錄有燒鵝的製法，以蒸氣和高溫加調料將鵝烘熟，這樣可保持原汁原味。

　　老上海稱白鵝為「白烏龜」，這是因為當年老中醫分析，鵝的營養和烏龜一樣豐富，有補虛益氣、暖胃開津之效，故稱白鵝為「白烏龜」。

茶葉蛋的產生與古代預防疰夏風俗有關。據《西湖遊覽志眾》載，蘇、錫、杭等地農村，每到立夏之日，家家都要向七戶鄰居乞討陳年老茶葉，混在一起用木炭燒開「七家茶」，給孩子喝了可以「伏疰夏之疾」。

立夏一般在農曆四月，上海早先有「四月雞蛋賤如菜」的俗語。農曆四月是雞蛋的旺季。清末民初滬郊農村習俗，將雞蛋放在喝過的「七家茶」中同煮，晚間給孩子吃蛋可防夏。二十世紀三〇年代前後，小販把這種「七家茶葉蛋」加以改進，在茶葉中加上茴香、桂皮、八角等同煮，在街頭巷尾叫賣，從此五香茶葉蛋成了浦江兩岸的風味小吃。六、七十年前，天天夜裡弄堂中會有人喊「五香茶葉蛋，白糖糯米粥。」

上海自改革開放以來，上海賣茶葉蛋的小販大多是退休老工人和下崗職工，他們只要準備一雙筷、一把勺、一隻煤爐、一把扇子、一隻鋁鍋，再把小孫孫坐過不用的小推車找出來，放上煤爐推上街頭，「五香茶葉蛋公司」就可開張大吉了。

筆者親眼所見，一輛計程車經過茶葉蛋小攤，突然剎車，車上下來一對美籍華人老夫婦，不問價錢撈起茶葉蛋就吃。陪同人員也許認為西裝革履的董事長站在路邊吃蛋不雅，提議帶上車去吃，可那位董事長莞爾一笑說：「茶葉蛋就是要趁熱吃，我十來歲在上海灘時，每天晚上一聽見街頭五香茶葉蛋的叫賣聲，就像聽到小夜曲那樣高興。」這時董事長的夫人也開口道：「當年我們表兄妹晚上作功課，姆媽總是買茶葉蛋獎賞我們吃夜宵。」沒想到一枚小小茶葉蛋，竟引起離開上海五十多年海外遊子的思鄉懷舊之情。

賣紅蛋，顧名思義就是把雞蛋染紅了賣。現在上海買不到紅蛋，需要紅蛋買包紅顏料自己染，當年在清末民初小菜場裡卻有賣紅蛋的攤頭。

上海的農村和江蘇昆山等地，那時姑娘出嫁時必須做三件事，其中一件爲染紅蛋。所謂染紅蛋，就是用一品紅紅粉把八個雞蛋染紅，悄悄放在陪嫁的新馬桶裡。等婚禮舉行後，晚上鬧洞房時，鬧新房的人會從被稱爲「子孫桶」的馬桶裡取出紅雞蛋大家搶著吃，十分熱鬧。上海話「蛋」和「代」諧音，鬧新房搶雞蛋，討「代代（蛋蛋）相傳」的口彩，以寓意人丁興旺，子孫滿堂。

新娘子結婚後不久懷孕，等小寶寶生下來時，婆婆和外婆都要向親友、鄰居送紅蛋，紅蛋乃吉祥之物。古代殷商民族以鳳凰、燕子等鳥類爲圖騰而加以崇

拜。《詩經‧玄鳥》載：「天命玄鳥，降而生商。」《史記‧殷本記》云：「殷契，母日簡狄，有娀氏之女，爲帝嚳次妃，三人行浴，見玄鳥墮其卵，簡狄取吞之，因孕生契。」由此可知，殷商人以爲始祖契是簡狄吞玄鳥（燕子）卵而生。殷商後世融合成漢族，所以鳥卵也就成了漢民族的吉祥物。雞爲鳥類，因鳥蛋難求而雞蛋易得，有的雞天天生蛋，所以漢民族形成了以雞蛋爲求子吉祥物的習俗。

結婚吃紅蛋，生小孩吃紅蛋，過生日吃紅蛋，這也是爲討口彩「滿堂紅」、「紅光普照」。但剝紅蛋時，容易被紅染料污染，吃紅蛋實際上對健康不利，上海吃紅蛋的習俗漸漸少了，現在賣紅蛋這一行在上海已被淘汰。

中國人有種本領，想盡辦法製作美味佳肴。如豬大腸、豬肚等，從豬肚皮內掏出腸、肚後看起來很髒，腥臊味撲鼻，想想這種東西實在難以下嚥。可是令人難以想像的是，經過烹調能手的處理，待端上桌時早已面目全非，聞起來香味撲鼻，吃起來美味可口。

賣燻腸肚者，買來豬大腸後首先將裡外洗淨，這洗的過程很要緊，最少要洗三次，並摘去油物。然後另用精肉、肥肉放在一起剁成肉麋再加鹽、味精、酒等調料，與澱粉一起拌成糊狀。此時以馬口鐵漏斗，將其壺嘴套在豬大腸口，隨即把糊狀肉麋通過漏斗灌進豬大腸內。灌時投料要適中，並用筷子幫忙。腸內不可填得太滿也不可太鬆，肉麋灌好，腸口紮緊即放入水鍋內慢火煮熟。接著將腸取出晾乾，最後一道工序即是燻。將煮好的肉腸放在

鐵算上，一同放入底下放有松木鋸屑的鐵鍋中，先在肉腸上抹上一層麻油，再將松木鋸屑點燃，使其慢慢在燻鍋中烹調。抹麻油是使肉腸增加香味和亮度，用松木屑燃燻是使燻腸含有松木的清香。

在缺少松木屑的情況下，也可以用木炭或其他木屑燻製，但出爐的燻腸缺少松木香味，這種燻腸稱不上正宗。

老上海賣燻腸肚者，有的出攤賣，也有的提著籃子賣。賣燻腸肚者並不只賣燻腸肚，也賣熟豬肝、豬心等。燻腸肚論斤賣，多以帶銅盤的小秤稱好，小販再在燻腸肚上撒些花椒粉或五香粉，如在夏天即以荷葉包好。這種燻腸本來含有松木香，再用荷葉一包又添了荷葉香。吃起來油而不膩，鮮美異常。故老上海流傳一句話：「寧吃燻腸一斤，不吃肥肉半口。」

老上海街頭小吃擔特別多，有賣雞鴨血湯者，也有賣麵筋百頁湯，還有賣油豆腐細粉湯的。

油豆腐為豆製品。豆製品分五大類，一為水豆腐類，二為豆腐乾類，三為乾製品類，如腐竹、豆腐衣等，四為燻製品類，五為油炸品類，這油豆腐即經過油炸之豆製品。

豆製品因具有高蛋白，營養豐富的特點，而受到人們普遍歡迎。油豆腐細粉湯是老上海的一種風味小吃。細粉也稱線粉，其實它不是粉，而是以綠豆粉或山芋粉等製成的細粉條。油豆腐細粉擔上街時，首先將乾細粉放在水中浸泡發軟，顧客前來品嘗，小販即把細粉放在特製的銅絲編製的氽網中吊在鍋裡滾一滾，即和燒好的油豆腐撈到碗中，再舀一碗高湯放上蔥花、細鹽、味精，愛吃辣者還可澆上辣油。此時，油豆腐金黃、細粉銀白、辣油鮮紅、蔥花蒜葉翠綠，趁熱吃，色、香、味俱全。

煙畫中的另一個大挑擔，賣的是油麵筋百頁，這也是帶湯的風味小吃。老上海所稱的「百頁」，南京人叫「千張」。不管是「一百頁」或是「一千張」，這種豆製品本身並沒有什麼特殊滋味。主要是百頁包了肉糜後，油麵筋中也塞滿肉，這樣百頁白嫩軟而不爛，麵筋金黃鮮美。說實話，麵筋百頁比油豆腐細粉湯好吃。

當品嘗麵筋百頁湯時，有「單檔」、「雙檔」之分。所謂雙檔即一碗中盛兩隻油麵筋和兩隻百頁包。單檔一碗只盛一個油麵筋和一個百頁包。切不可以放兩隻油麵筋和一個百頁包，如果小販膽敢把一隻長長的百頁包放在碗中間，再在左面放個油麵筋，在右邊也放個油麵筋，上海灘的女顧客見了認為是有意污辱她，她會把碗砸在小販頭上，認為小販下流調戲女顧客。這種放法太不雅觀，使人想入非非。

老上海所賣的麵筋湯，皆放在紫銅鍋內，湯料中還放有開洋（蝦米）、扁尖筍等，故十分鮮美，食之難忘。

臭豆腐乾，這聞時臭吃卻香的中國特有的美味小吃，何年何月由何人發明已無從查考。好在臭豆腐乾自清代以來，上海街頭巷尾都可見到。小販一頭挑著一個小煤爐，上面放著小鐵鍋，鍋上邊架著半圓鐵絲網，網上放著鐵火鉗，另一頭擔著半人高的圓竹筐，筐上放著一盤生臭豆腐乾，這生意就開張了。

上海油汆臭豆腐乾出鍋，塊塊金黃，咬一口內心露出乳白色，再抹上紅辣椒，好看又好吃。

以前這種村野農婦、販夫走卒愛吃的土玩意兒，現已登堂入室出現在上海大賓館的餐桌上。可是七、八十年前在上海英租界出賣臭豆腐乾卻是非法的，小販幾乎被告上法庭。原來民國初年，一位英國大律師初到上海，看見一個衣衫襤褸的老人挑著油汆臭豆腐乾的擔子從他面前經過，那竹區中灰乎乎的臭豆腐乾散發一股臭味。這位洋紳士一狀告到英租界工部局，指控中國人有礙衛生，傳播病菌。受理此案的英國官員，不知這臭豆腐乾爲何物，無奈只得走上街頭查看。說來也巧，這位英國官員走進一條小街，就見一群人正圍著擔子吃臭豆腐乾，人群中還有一位印度巡捕，他即向印度巡捕問個究竟。印度巡捕用英語回答說：「中國的臭豆腐乾，奇妙無比，聞時臭，吃時香，吃了不但不會生病，再說經過沸油高溫處理，起了消毒作用。」

英國官員聽了半信半疑。經巡捕勸說，他品嘗了半塊臭豆腐乾，確實感到芳香可口別有風味。回家後這位洋先生不但沒生病，還念念不忘這半塊沒吃完的金黃色小方塊的美味。這時，他的英國汽車駕駛員告訴他說：「臭豆腐乾我已吃了三年，從不生病。」於是這位英國官員駁回了英國紳士的無理控告。

五香豆腐乾

105

　　五香豆腐乾，不同於臭豆腐乾。臭豆腐乾必須經過油炸、清蒸方可入口，而五香豆腐乾買來即可吃了。

　　五香豆腐乾是一種流行於上海、南京、揚州、浙江等地的風味小吃。它的製作方法很簡單：將餅乾模樣的方塊豆腐乾，放入醬油和八角茴香等煮熟即可吃。賣五香豆腐乾的小販，多提著竹籃到洗澡堂或電影院門口去賣。

　　現在上海賣五香豆腐乾的，大多和五香茶葉蛋一同賣。在五香茶葉蛋的鐵鍋中，也煮有五香豆腐乾。這種五香豆腐乾為醬油色，還有另一種並不以醬油煮的灰色五香豆腐乾，很少熱吃，而用麻油涼拌了吃。

　　這種灰色的五香豆腐乾不用油煎，買來切成丁，再把花生米搓去外面的衣皮，兩者放在碗內澆上麻油拌著吃，又香又糯又脆，的確是別有風味。相傳這種吃法為金聖歎所創。

　　金聖歎以批《史記》、《水滸》而聞名。他為了揭發吳縣知縣任維初搜刮民財的罪名，即約了儒生倪用賓等人到孔廟去哭訴。金聖歎向孔子控訴是假，主要把知縣的罪行說給圍觀的眾百姓聽是真。如此一來巡撫恨透了揭露官場黑暗的金聖歎，可巧此時清朝順治皇帝駕崩，巡撫即以大鬧孔廟，驚擾先帝之靈為由，判處金聖歎等十一名生員死刑。

　　金聖歎在問斬前，在獄中和眾生員飲酒解悶。飲酒沒什麼下酒之菜，金聖歎即請獄卒買一包花生米和十塊五香豆腐乾切成丁，又向同情他們的獄卒討一些麻油，拌五香豆腐乾和花生米。

　　金聖歎剛吃了幾口，判斬的時間已到。劊子手在把他們押赴刑場前，要金聖歎寫遺書。這位「鬼才」大筆一揮而就。金聖歎被斬後，他兒子來領遺物時，打開小布包只見遺書上寫道：「臭豆乾臭，花生米香，香臭兼備，滋味勝似火腿強。」金聖歎含冤而死，但他死前依然玩世不恭。他的文不對題的遺書，即含有藐視黑暗的官府之意。

　　可後人對含冤而死的金聖歎深表同情，即以吃五臭豆腐乾拌花生米來紀念他的正義之情。

　　麻花是大眾食品，價廉物美，既可當點心，也可當零食。當點心很耐饑，當零食很香脆。脆麻花也是兒童喜愛吃的食品。老上海一般小市民家中的孩子，買不起糖果糕點水果給他們吃，賣脆麻花的擔子來了，便兩個銅板買根脆麻花給孩子吃。因為麻花比較硬，咬一口小孩子可以嚼上幾分鐘，這樣一根脆麻花可以使孩子安靜一上午，媽媽燒飯做菜洗衣也就不受干擾了。

　　做麻花這門手藝也不簡單，首先要把麵發好。發麵很有講究，一年四季發麵的溫度都必須保持在十八度左右，這就要求製作麻花的師傅在用和麵的水時，要掌握冬熱、夏涼、春秋溫的竅門。七、八十年前沒有溫度計測水溫，只能憑感覺、憑經驗行事。發麵除了掌握溫度外，還要做到不老不嫩、老嫩適中才行。

　　麵發好和好後，接下來開條、壓條、搓條，最後搾成麻花型下油鍋炸。炸麻花最好用棉籽油，絕對不可用動物油。麻花炸得好與不好，關鍵在於掌握炸麻花的火候。掌握火候的竅門是，油鍋的溫度必須控制在不冒煙的限度內，但又不能太低。

　　老上海還有賣苔條小麻花的。苔條為一種海藻，為寧波土產，所以這種苔條小麻花多為寧波人經營。

擠馬奶

現在上海再也看不見賣馬奶的蹤影，大家都喝牛奶，可在百年前的老上海乳牛很少。古時中國人也喝奶，不過不是牛奶，而是羊奶和馬奶。

現在喝牛奶很簡單，每天早晨自有人上門服務，把牛奶一瓶瓶送到家門口的牛奶箱中。當年老上海喝的是馬奶，喝馬奶不用瓶裝，而是每天清晨有人牽著高頭大馬上門服務。那時送馬奶者並不吆喝，也不敲門，因馬的頸上掛有一個大銅鈴，只要聽到馬鈴一響就知道賣馬奶的來了。馬善走也走得快，不像乳牛走得慢無法上街服務。

母馬來到家門口，要喝馬奶者拿個杯子或碗等，賣馬奶者即蹲下身來，在馬肚皮下擠奶現擠現賣十分方便。當年喝馬奶的大多爲兒童、老人或病人。喝馬奶並不像現在喝牛奶的人那樣普遍。但也有人愛天天喝馬奶，有的一天還要喝上數次。

上海灘乃是五方雜居的繁華城市，不但有歐美國家和南洋群島各國人士居住，中國漢、滿、蒙、回、藏等邊疆少數民族也有不少寄居上海。新疆哈薩克族有不少人來上海落戶，常來往於新疆和申滬之間做生意，他們就喜食馬奶。

哈薩克族把馬奶當成常備飲料，他們見賣馬奶的來了往往買上一大桶，但並不像上海人吃新鮮馬奶，而是把鮮馬奶倒入木桶中置於溫暖處，並不斷在木桶內用一種活塞狀的器具攪動促其發酵，數天後即倒入銀壺中飲用。這種發酵馬奶哈薩克族人稱「馬奶子」，民間俗稱「酸馬奶」。特別是夏季，哈薩克族男女老少皆愛飲馬奶子。馬奶子不像葡萄酒那樣甘甜，也不似白酒那樣濃烈辛辣，其味醇香獨特。馬奶子傳開後，有些老上海人也喜愛飲馬奶子了。

「饅頭」這種麵食怎麼會以「頭」來命名呢？

相傳，三國時諸葛亮七擒孟獲，因渡瀘水時山巒瘴氣瀰漫，氣與水皆有毒，涉水即死亡。當地的奴隸主認為這是神鬼作祟，以人頭祭祀才能保平安。諸葛亮不忍心殘殺無辜，但又不能不舉辦祭禮，思前想後終於想出妙法，即下令以牛羊肉做餡，外面以麵皮包成人頭狀蒸熟，投入水中代替祭人頭。從此有了「饅頭」一說。

當年饅頭之「饅」，原稱「蠻」。蠻為古代南方少數民族的貶稱。諸葛亮南征即征服「南蠻子」，而當年蜀中奴隸主所殺之頭也是蠻人之頭，故稱「蠻頭」。當這種蠻頭發展為中原食品時，吃者總認為食蠻人之頭，實屬野蠻，不忍下嚥。有些文人即改為「曼頭」。據西晉《束廣微集・餅賦》載：「三春之初，陰陽交際，寒氣既消，溫不至熱，於時享宴，則曼頭宜設。」

漢、魏時期，麵食種類雖多，但都是不發酵的。後來人們在長期演進中，逐步掌握了酵母菌的生化反應，才有了發酵的麵食。《南齊書》載，西晉永平九年（299年），太廟祭祀時供品中有「面起餅」。宋人程大昌在《演繁露》書中說：「入酵麵中，令鬆鬆然也」。這種發麵的「麵起餅」也就是當今的饅頭。

饅頭最大的變化，即非當年有餡的「曼頭」。饅頭因用發麵自身發酵，蒸過後發得很大。故實心者在北方稱饅頭，有餡者稱包子。上海人很怪，不知何故依然稱包子為饅頭，例「菜饅頭」、「肉饅頭」、「小籠饅頭」、「生煎饅頭」。也許上海人說「包子」發音不順嘴，而叫饅頭順口。

老上海開饅頭店的多為山東人，但上海人不習慣吃實心的饅頭，愛吃有餡的「饅頭」。故上海現在很難買到真正的實心饅頭。

　　老上海有不少小吃，富有海派風味，這鬆糕、鬆餅就是上海灘由農家發展起來的點心。

　　老上海民間風俗，寒冬臘月淞滬鄉鎮村民都要蒸製各色鬆糕，供春節食用和饋贈親友。百年前農民經濟條件差，上街買禮品的不多，自家蒸糕送人較爲親切。除了春節，九九重陽時農民也有蒸製鬆糕的習俗。所謂重陽糕，也就是在方塊鬆糕上插個小三角旗而已。

　　據《嘉寶縣誌》載，鬆糕「歲杪饋贈比戶爲之，新正常以享客，重九亦然，蓋諧聲予高，以爲頌祈。」由此可知「糕」與「高」諧音，春節重九蒸糕，以祈「步步高升」吉祥之意。

　　鬆糕以粳、糯米粉蒸製。煙畫所畫爲街頭所售之鬆糕，這是用上口大底部小茶杯式木模蒸製，俗稱孩兒糕。若初生嬰兒無奶吃，即以此鬆糕用開水調和，可代替奶糕餵嬰兒。

　　這本是鄉間自製之鬆糕，後被老上海著名點心店「喬家柵食府」引進，蒸糕時加白糖紅糖和豬油製成著名的豬油百果鬆糕。所謂「百果」即松仁、棗肉、胡桃、玫瑰、橘紅、橙丁、木樨等。正因此糕作料精美，工藝創新，故深受吃客歡迎。

　　關於鬆餅，另有風味。老上海說鬆餅時，總要稱「高橋鬆餅」，這是鬆餅原產於浦東高橋之故。

　　相傳清代末年，浦東高橋鎮有位趙小其，妻子做「塌餅」手藝高明。後因家境衰敗，無奈只得動員愛妻做「塌餅」，然後由他在茶樓酒館售餅謀生。因塌餅酥鬆可口，富有農家風味，故鄉親們美其名稱之「鬆餅」。

　　1925年高橋婦女黃錦弟到趙家拜師學藝，並對鬆餅製法加以改進。五、六年後，黃錦弟賺了錢就同丈夫周存川在高橋開了名爲「起首老店鬆餅專家周正記」的鬆餅店。從此，浦東高橋鬆餅以其鬆軟香甜、餡美皮薄、小巧鬆酥而名揚滬上。

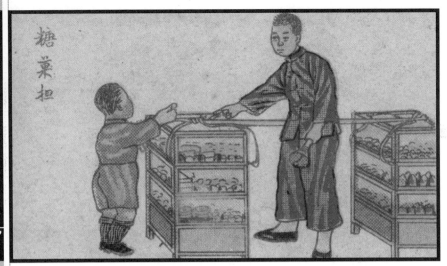

糖菓担

老上海的糖果在全國極爲出名。當年其他省市的商人紛紛到上海來採購糖果，因爲上海糖果香甜味美，銷售快、顧客多，是能賺錢的食品，所以吸引了大批外地客商。

老上海的「大白兔奶糖」名揚四海，至今仍爲上海名牌產品。此糖爲乳脂類糖果，奶味濃鬱、甜度適中、富有彈性、不黏牙齒。正因有以上優點，所有新郎新娘皆選中大白兔奶糖爲喜糖，久而久之形成了不成文的習俗，如果誰家結婚不發大白兔喜糖，賓客會議論紛紛，而新郎新娘也會感到失面子。

事情說來好笑，1960年前後上海樣樣物資供應緊張，不知何處刮來一陣風，說是大白兔奶糖要斷檔了。這可急壞準備出嫁的新娘，於是淮海路一家著名的食品店一早排起長隊，紛紛爭購大白兔奶糖。新郎新娘一連多天排隊爭購奶糖，這成了上海有史以來的一大奇聞，事情雖過去四十多年，至今還令人難忘。

老上海還有一種奶油太妃糖也是名牌產品。當年創辦「冠生園」的洗冠生老闆，當他發現外商向上海灘傾銷麥根太妃糖時，出於抵制洋貨的心情即買來化驗，分析這種糖的優缺點，然後自製「奶油太妃糖」與外商競爭。麥根糖一元二角一磅，洗冠生卻把自己的新產品定價一元一磅，如此一來國產糖生意占了上風。等奶油太妃糖創出牌子後，再次降價到八角五分一磅，外商無法與之競爭，於是奶油太妃糖成了上海灘價廉物美的熱銷糖果。

上海當年的糖果擔，當然無法和這些大老闆相提並論，他們擔上所賣的都是小商販生產的粽子糖、芝麻糖、花生糖、麻酥糖、牛皮糖、寸金糖之類的傳統工藝糖果。但不光是小朋友，愛吃糖的大朋友也會光顧。

蘇曼殊即是愛吃糖的大朋友。他曾於1902年在東京加入留日學生革命青年會。蘇氏能書善畫，又是小說家，相傳他寫作時不斷吃糖，每天離不開糖。因爲他曾削髮出家，故文友稱他爲「糖僧」。他可以說是當年上海灘愛吃糖的代表人物。

　　說起茶，現在已成爲一種修養，一種境界。日本有日本的茶道、韓國有韓國的茶道，臺灣則興起「茶藝」。臺灣各種茶藝代表團多次到中國表演，上海、杭州、福建、婺源等地也掀起了茶藝熱。

　　無論是茶道、茶藝、茶友、茶緣、茶禪、茶醉等，皆屬於文人雅士範圍。普通的茶客卻圖實惠，早晨起身進普通茶館喝普通茶，再吃一些大眾化點心。

　　吃茶點喝早茶之風，並不是最近才開始的。據清末書載：「日色亭午，座客常滿，或憑欄而觀水，或促膝而品泉。……茶葉則自雲霧、龍井、下逮珠蘭、梅片、毛尖，隨客所欲。亦間佐以醬乾、生瓜子、小果碟、酥燒餅、春捲、水晶糕花、豬肉燒賣、餃兒、糧油饅頭。」

　　這雖寫的是老上海午後茶點，但上海灘早市茶食攤也十分熱鬧。不過茶食攤供應的都是大眾化茶點、菜包子、蒸糕、麻球、粽子等。老茶客一面品茗，一面吃茶點，花錢不多，吃飽喝足了去上班，幹起活來滿有勁。

　　其實自古以來，茶與點心早就結下不解之緣。宋金時期，茶客愛以油炸甜食佐茶。在清代「俗以熱點心之外，稱餅餌之屬爲茶食。」爲何「茶」與「食」總聯在一起呢？從醫學觀點看，空肚皮喝茶對胃有刺激，特別是喝濃茶容易引起胃病。所以老上海喝茶時，隨口吃些點心，這有利於養身，故久而久之產生了茶食的習俗。

　　據〈春申浦竹枝詞〉載：

　　專供顧客息遊蹤，茶館精良算廣東。
　　即使相如療渴症，占心又可把饑充。

　　這是作者記敘開在虹口的廣東茶館，他們除泡茶外，還兼營魚生粥、蒸粉麵、蓮子羹、杏仁酪等茶食，風味獨特，很受茶客歡迎。

說起賣瓜子，上海人印象最深的是戲院、劇場門口那拎著無邊竹籃賣瓜子的小姑娘。一般老百姓除了過春節外，實在很少有機會吃瓜子。倒不是瓜子價錢貴買不起，而是忙於工作沒有閒工夫。吃瓜子必須篤悠悠地吃才能吃出味道，老上海看戲看電影，那時候與現在不同，流行吃瓜子和風味小吃。看戲前，一角錢買一個特有的三角包瓜子，邊看戲邊嗑瓜子，倒是一大享受。

最先上海流行吃蘇州奶油瓜子和玫瑰瓜子，這也算是高級瓜子了。吃這種瓜子多為大戶人家的少奶奶、姨太太，她們在家無事，不搓麻將就一粒粒吃瓜子解解悶氣。還有妓院的妓女，陪客人吃瓜子是她們的職業。

當蘇州奶油、玫瑰瓜子風靡上海時，1930年由寧波人戎松年推出一種「好吃來醬油瓜子」。戎老闆本來是做呢絨生意的，他為了不使蘇州瓜子獨佔上海灘，於是特請寧波著名炒貨師傅推出醬油瓜子。

蘇州人愛吃甜，所以奶油玫瑰瓜子以甜為主，寧波人愛吃鹹，所以推出醬油瓜子以適應家鄉口味。

醬油瓜子的原料，精心挑選甘肅、新疆的大瓣西瓜子，瓜子粒大飽滿，這就和蘇州人唱對臺戲。

蘇州人吳儂軟語，說話輕聲慢調，所以他們愛吃的也是顆粒小巧的奶油瓜子。而寧波人說話調門高、節奏快，所以醬油瓜子粒粒肥大，一嗑很響。

醬油瓜子烘烤時配入茴香、桂皮、食鹽等，使之入味。那時上海人的口味是濃油赤醬，所以醬油味的醬油瓜子一上市即一炮走紅。

當年戎松年創牌子時，還雇用一批小朋友，身穿寫有「瓜子大王好吃來」的紅馬夾，在馬路上和大世界遊樂場做廣告。結果好吃來醬油瓜子和蘇式奶油、玫瑰瓜子各有千秋。正因為風格不同，口味各異，所以形成了上海瓜子品種繁多，令人百吃不厭。

香瓜子，這是老上海的俗稱，它是向日葵的籽。向日葵也稱朝陽花、葵花。它的花盤具有向陽性，每天隨著太陽轉動，即使是在烏雲遮日之時，向日葵也總是朝著太陽照射的方向，故有支歌唱得好：「朵朵葵花向太陽」，而「太陽花」、「轉日蓮」美名也就流傳千古。

清代《花鏡》載：「每千頂一花，花瓣大心，其形如盤，隨太陽回轉，如日東升，則花朝東，日中天，則花朝上，日西沉，則花朝西，結子最繁。」

在向日葵花盤中的纖維細胞裡，含有一種能調節莖生長速度的刺激素，當一遇到光線照射時，背光部分的生長刺激素會比向光部分多，隨著太陽在空中轉動，生長激素也可在向日葵基部不斷地背著陽光移動，這樣背著陽光的纖維細胞總是比向著陽光的纖維細胞生長快，這就形成了花盤老是扭向太陽的緣故。

向日葵為頭狀花序，單生於莖頂。其花序邊緣生中性的黃色舌狀花不結果實；花序中部的兩性筒狀花能結果實。其籽密密麻麻在花盤中成熟，收割後剝下籽來，與鹽沙在大鐵鍋內同炒，炒熟出鍋篩去鹽沙即可食。

吃香瓜子比吃奶油瓜子、醬油瓜子方便。吃西瓜子要有一套本領，瓜子很難嗑，嗑不好吃不到瓜子仁，只能吃到瓜子殼。吃香瓜子不必犯愁，用門牙輕輕一咬即可。不過吃香瓜子會上癮，吃了一包還想吃一包，欲罷不能。

老上海賣香瓜子，小販會用舊報紙裁開，包成一種如同粽子式的三角包在戲館、茶館門口兜售。香瓜子富有營養，又香又脆。老上海的姨太太、少奶奶閑來無事，大多嗑嗑香瓜子，聊聊天，以此消磨時光。

向日葵原產於北美洲，十七世紀中國從南洋群島引入栽培。其品種有油用型、兼用型和食用型三類。

我們先來猜個謎語：「麻屋子，紅帳子，裡頭住個白胖子。」猜一種食品，你猜著了嗎？對了，是長生果。它的外殼麻，皮衣紅色，而果粒白色，它是中國一種稱為「喜果」的農產品。

長生果，也叫花生，又名地果，因為它開花落地而結實，故又名「落花生」。

長生果原產地為巴西和秘魯。1492年哥倫布發現新大陸後，花生才由航海家從南美洲帶到西班牙。由於長生果的果仁、果殼、葉、莖皆可入藥，它便迅速傳到歐、非、亞各大洲。中國大量種植花生是在十五世紀晚期，種子是由南洋群島引入，最初在沿海各省種植。1503年《常熟縣誌》載：「三月栽，引蔓不甚長，俗云花落在地，而生子土中，故名。」

清初王鳳九在《匯書》中稱花生為「奇物」，奇就奇在「枝上不結實，其花落地，即結實於土中。」地上開花，而在地下結實，除了花生其他植物絕無僅有。

來老上海賣長生果者，多為山東人。他們帶著自己種的花生，架起一口大鐵鍋，鍋內放沙放少量鹽和花生一起炒，炒熟了除自己設攤，也批給小販或挑擔上街賣，或提籃在戲館、遊樂場門口賣。所賣的分兩種，一種為不剝殼的長生果，另一種是剝了殼的花生米。

在老上海和江蘇、浙江等省市結婚辦喜事，陪嫁中馬桶裡必少不了花生，而送入洞房中的新馬桶內必裝有喜蛋、桂圓、紅棗和花生。這四種喜果寓意「早（棗）生（花生）貴（桂圓）子（蛋為雞子）」。而花生還另有含意，花生又名長生果，故而它會使這對新婚夫婦常（長）生養。

中國以農立國，子孫越多勞動力也越多，子孫滿堂方可發家致富，故花生也是吉祥果。江蘇徐州還有一說，即「花生」可使新娘「花搭著生」，既生男也生女。

甘草梅子 黃連荳

從煙畫上看，小販是在書場中賣甘草梅子，煙畫上還寫著他還賣黃連荳。其實這種小販籃中還有糖醋茄辣荣、醃金花荣等。聽書只用耳朵，嘴巴空在那裡閒得難過，就向小販買點甘草梅子或黃連荳吃吃。

梅子是中國特產，梅子及其加工製品自古以來即馳譽海外。梅花開於多，而果實熟於夏。梅子最大的特點是酸，有人怕吃梅子，怕到一提起梅子牙齒就有味酸之感，故古代有「梅子流酸濺齒牙」的詩句。

相傳古代曹操率大軍行至荒山禿嶺又渴又累，無力行走，這時曹操急中生智，用馬鞭朝前一指說：「將士們，前邊是一片梅林，滿樹梅子又酸又甜，我們快點前進吧！」將士聽到前面有酸梅，不由自主滿口生津，頓時解渴，這就是「望梅止渴」成語的出典。

正因爲梅子極酸，故小販想出製作甘草梅子和白糖梅子上市。這樣吃起來，既酸溜溜，也甜滋滋，咬起來還會感到有股香噴噴的味道。

梅子品種較多。青梅上市較早，果實青黃色或黃綠色，肉厚汁多，皮薄味酸，生吃或製蜜餞最相宜。白梅上市稍遲，果皮茸毛較多，皮色黃白，質脆味酸，適於製梅乾。花梅上市較晚，俗稱黃熟梅子，果皮光亮，黃中透紅，肉質緻密，風味清爽，最大的果實可達一百克。適宜加工爲陳皮梅。

老上海小販賣的甘草梅子和白糖梅子多以青梅製作。

還有一種叫烏梅，烏梅性平，味酸。《本草綱目》載：「斂肺澀腸，治久嗽瀉痢，反胃噎膈，蚘厥吐利，消腫，湧痰，殺蟲，解魚毒、馬汗毒、硫礦毒。」烏梅是製酸梅湯的主要材料。老上海夏季曾流行喝酸梅湯，現在酸梅湯和甘草梅子在上海已絕跡。

說起賣梨膏糖，上海人馬上就會想起老城隍廟，那兒是上海梨膏糖的發源地。相傳清咸豐年間，有個姓朱的夫妻二人，借了幾個錢在城隍廟設攤販賣梨子，不料生梨賣不出去，眼看梨子就快爛掉，朱阿三急得打算到城隍廟去燒香求城隍保佑生意興隆，可是一摸口袋，連買香燭的錢也沒有。

這時路邊來了一個老道人，走到梨攤旁邊突然跌了一跤。朱阿三忙把老道扶起並端板凳讓他坐下，接著又要削梨給他吃，老道人不讓朱削，說梨留著賣錢吧。朱阿三講，賣梨沒生意，再不吃就全爛了。朱阿三說到這裡，他老婆情不自禁哭了起來。老道人知道他倆窮得無路可走，就講了一個故事：

唐代宰相魏徵是個孝子，見母親經常咳嗽氣喘，焦急萬分。這事傳入朝廷，唐太宗即派御醫給魏徵老母看病，御醫開了有川貝、杏仁、茯苓、橘紅等中藥，囑咐魏徵叫人煎湯給老夫人服用。

誰知藥煎好，老母親只喝了一口連聲喊苦，不肯再服，魏徵再三勸慰也無用。第二天老母親說要吃梨，魏徵馬上派人把梨削成片請母親吃，可老母親卻因牙齒脫落咬不動生梨。魏徵急中生智，即以梨片煎糖給母親喝，老母親喝了半碗感到好喝。魏徵心想光喝梨湯治不了病，隨即把藥汁倒進梨湯中，為了免得苦又加入一些糖，一直熬到半夜。等魏徵一開藥罐，誰知藥汁已因熬得時間過長而成糖塊，魏徵先嘗了半塊，感到又香又甜，即請老母品嘗。誰知老母很愛吃，接連吃了半個月，咳嗽氣喘病便治好了。

老道人說完故事即揚長而去。朱阿三受魏徵傳說的啟發，把即將爛的生梨削成片，加糖、川貝、杏仁等中藥，也熬起梨膏糖出售，生意便好了起來。朱阿三為創名牌，即想出當場做當場賣以招徠顧客，他後來還開了「朱品齋」專營梨膏糖。

現在上海梨膏糖由永生堂、德甡堂和朱品齋三家合併生產，除了川貝、杏仁糖，還有山楂、丁香糖，玫瑰、香蘭糖等三十多個品種。

百年前的老上海夏天很難熬，既沒有電風扇，更沒有空調，防暑降溫只靠一把芭蕉扇。你會想到喝冷飲，現在市面上可以吃到幾十種，但那時霜淇淋是時髦的玩意兒，僅供洋人享受，平民老百姓根本無法吃到嘴。

煙畫上畫的冷飲攤所賣的東西，在老上海稱之為「荷蘭水」，這也是洋玩意兒，不過比較大眾化。從煙畫上看，那只桶在清末上海灘也算先進了。此桶像熱水瓶一樣有內膽，膽內放荷蘭水，膽外放天然冰，再蓋上密封的鐵蓋，外層的鐵桶起了隔熱的作用，這樣天然冰不易溶化，而內膽的荷蘭水溫度低而冰涼。荷蘭水通過龍頭放出來後，夏天吃上一杯十分涼爽、舒服。

所謂荷蘭水，有人說是從荷蘭引進之水；也有人說水中帶有藍色而命名。其實它只是放有蘇打和薄荷加糖調和的水。薄荷清涼，蘇打產生氣體，加點糖，涼晶晶，甜滋滋，故美其名為「荷蘭水」。

荷蘭水在老上海曾經風靡一時，價廉物美，人人愛喝。後來某洋行生產了瓶裝「沙水」，而資本家創辦了「正廣和汽水廠」。上海灘街頭巷尾皆可喝到正宗的汽水，荷蘭水生意日漸衰弱。

老上海冷飲攤上最出名的是「老牌美女牌冰棒」。在六、七十年前夏天，上海街頭四處都有小販「乒乒乒」地用木塊敲藏有冰棒的木箱。木箱是小販自釘的，和現在紙板箱差不多大小，但箱上貼著「美女牌冰棒」廣告以招徠顧客。

但後來「光明牌冰棒」成為上海最受人們歡迎的老牌冰棒。小販在吆喝時，總要加上「老牌」二字，成為「老牌光明牌冰棒」。為何小販要吆喝「老牌」兩字呢？因為光明牌冰棒是上海的名牌產品，一些不法商人紛紛假冒益民廠的商標生產冒牌冰棒搶生意，故小販特別強調「老牌」兩字。而光明牌赤豆冰棒確實令人難忘，直到文革前，四分錢一根的赤豆冰棒極為熱銷，當年上海曾出現排隊買光明牌赤豆冰棒的情景。可見這種冰棒在上海人心中的身價。

阮容美

118

栖菜和

甲魚，又名水魚、團魚，學名稱鱉。上海人叫腳魚。春天菜花開時賣甲魚的生意最好，這時甲魚肉最肥、味最美。

詩經云：「炮鱉燴鯉」，也就是說，中國在三千多年前就吃甲魚和鯉魚了。因為民間認為甲魚頭和男性生殖器相似，故上海亭子間阿嫂罵不正經的男人為「老腳魚」。

甲魚的名聲雖然不好但味道好，所以罵歸罵，吃歸吃。雖說甲魚人人愛吃，但不一定人人敢殺、會殺。有人買了甲魚回家，手足無措，牠頭不伸出來，不知如何殺起。會殺者只需一根筷子撥動甲魚頭，讓牠咬住筷子伸頭出來，此時手起刀落，接著在腹部劃個十字掏出內臟，清蒸、紅燒、燉湯皆可。

上海二、三十年前，有某先生愛吃甲魚，特地在市場上買了一隻三斤多重大甲魚放在網兜中乘電車回家，欲燒「霸王別姬」名看解饞。那時公車特別擁擠，某先生帶的東西多，為求站得穩，他只好拎著甲魚，雙手拉著高高的橫杠，隨著顛簸的

車箱擠了半個多小時還沒到家。某先生心中很急，雙眼直盯著窗外盼望早點到站。這時，突然聽得一聲慘叫，驚動了整個車廂。原來被拎得高高的甲魚，不知何時將頭從縫隙中伸出網兜，一口咬住正打著瞌睡的大塊頭乘客的耳朵。

甲魚有個怪脾氣，咬著東西再也不肯鬆口，你越拉，牠咬得越緊，相傳甲魚只有聞雷聲才鬆口。萬般無奈，電車只好繞道開到醫院門口，醫生一剪刀剪斷甲魚的長頸，然後又劃了幾刀，這才從大塊頭的耳朵上取下甲魚頭，結果賠了幾百元的某先生，再也不想吃甲魚了。

2001年12月10日《新民晚報》刊載了另一件吃甲魚進醫院的新聞。此事發生在臺灣嘉義縣，一位花甲老翁正品嘗甲魚美味時，「煮熟的甲魚卻咬住了他的舌頭」。其實這是釣甲魚者待甲魚釣到手，只剪斷釣線即上市出售，不料老翁不知魚鉤留在甲魚肚中，吃時魚鉤正巧勾在老翁的舌頭上，經過醫生搶救才轉危為安。

上海人特別喜歡吃黃鱔，可做炒鱔絲、炒鱔背、鱔絲麵等。十多年前，菜場裡三樣水產價錢最高，一是甲魚，二是蟹，三是黃鱔。上海人為什麼對黃膳如此喜愛呢？除了味道鮮美，營養豐富，牠的名字還有個十分動人的故事：

很久很久以前，暴雨成災，糧食顆粒無收，等洪水退去，災民饑餓難忍，便呼天號地。觀世音菩薩見了災民痛苦就大發善心，忙來到人間，在拂塵上拔下數十根長鬚，往稻田中一撒，田中頓時生出無數條蛇形之魚。農民雖饑餓難忍，可無人敢捉如同毒蛇一樣的魚來吃。觀世音忙派金童玉女裝扮兄妹，天天在稻田中捉這種蛇形長魚吃，農民見這種長魚不咬人，也紛紛捉魚充饑。這時有個老農問金童道：「這是什麼魚？」金童說：「這是觀音大士發善心救災民之魚，所以叫『鱔魚』。」從此鱔魚之名傳天下。上海人見該魚肚皮黃色，所以又叫「黃鱔」。

黃鱔有性逆轉現象。小黃鱔全為雌鱔，條條為「小姐」，等發育成熟了，牠們皆成了「媽媽」，待產完數次卵，卵巢發生異化，變成精巢，雌性隨即變成雄性。所以在攤頭上供應的肥大黃鱔全部為雄性。

新疆原不產黃鱔，1862年沙俄大舉侵犯新疆時，左宗棠奏請慈禧太后，於光緒元年（1875年）遠征新疆。打敗沙俄後，為防俄軍再來侵犯，只得留守邊關。可是湘軍吃不慣新疆的羊牛肉，軍隊產生思鄉之情。左宗棠為穩定軍心，設法做了很多大木桶裝上大批黃鱔，跋山涉水不遠萬里把黃鱔運到新疆哈密的大沼澤中繁殖。現在新疆的黃鱔就是一百多年前在左宗棠指使下「插隊落戶」留下來的後代。

雞鴨「行」，不同於我們所說的三百六十行之「行」，而是指「商行」。「行」是一種商業經營方式，多以收購農產品為主，有魚行、肉行、火腿行、水果行、蔬菜行等。這些行的貨物不便於久存，所以昨天收進來的貨，第二天一早就轉售出去，成批進成批出。所以「行」做的是批發生意。

老上海的雞鴨行，多由四郊農民將自家養的雞鴨挑進城，成批賣給雞鴨行。第二天一早自有小販來雞鴨行買雞鴨，也有的小販單收雞，也有的單購鴨，但不零售，要買十隻八隻也可以，三十隻五十隻也行，但不賣一隻的。這樣，雞鴨行一上午即可把昨天收購進來的雞鴨全部賣光。

雞鴨行沒什麼設備，僅一張賬桌、幾支筆、幾隻算盤，幾桿秤及存放雞鴨的竹籠子。但雞鴨行的夥計業務經驗豐富，他們一眼就能看出病鴨瘟雞，所以老主顧都不敢以次充好。從雞鴨行裡買進雞鴨的小販，則挑到小菜場零售，有的人為了多賺點錢，除加價外再來點短斤缺兩的手法，把飼料甚至砂子塞進雞鴨肚內，增加秤重的重量。

上海人愛吃雞。中國養雞歷史已有七千年，古人稱雞為蜀雞、越雞、靈雞，燭夜等。古時無鐘錶，就是利用公雞司晨的特點來掌握時間，故古書有「犬有夜，雞司晨」的記載。古人對雞很有好感，常以詩詞讚美。唐代詩人徐夤詩云：「名參十二宿，花入羽毛深，守信催朝日，能鳴送曉陰，峨冠裝瑞玉，利爪削黃金，徒有稻粱感，何曾報德音。」

老上海雞鴨行所出售的雞，以南通狼山雞和本地浦東雞為多。

上海地處江南水鄉，四郊河汊多，便於養鴨。農家養鴨者清晨將鴨趕進河塘，任牠們在水中捕食，至晚間趕回鴨棚，不需多餵飼料，鴨兒長得很快。

上海人善於烹鴨，老飯店的八寶鴨，陸稿薦的醬鴨，城隍廟的雞鴨血湯，各大飯店的烤鴨、燒鴨，皆百吃不厭。

上海人喜歡吃雞，認爲雞肉鮮美，而鴨子臊氣而毛又難拔。對鵝肉也不大感興趣，認爲鵝肉粗老，咬起來費勁。其實雞鴨鵝各有千秋，鴨鵝擔的生意也還是蠻興隆的。

愛吃鴨者，都知道鴨屬涼性。清代食療專家王雄曾推薦吃鴨的好處：「甘、涼、滋五臟之陰，清虛勞之熱，補血行水，養胃生津，止嗽息驚……，雄而肥大極老者良，同火腿、海參煨，補力尤勝。」

中國吃鴨歷史至少有二千多年。南宋時，杭州有位叫王立的烤鴨名廚。

其實中國名鴨不僅僅是北京全聚德烤鴨，還有南京的鹽水鴨、蘇州陸稿薦醬鴨、湖南常德鹵鴨、四川樟茶鴨、無錫母油船鴨等都是受人喜愛的名肴。特別是上海的八寶鴨，這是五、六十年前上海著名的本幫菜。

說到鵝，我們從小就會背誦「鵝鵝鵝，曲項向天歌，白毛浮綠水，紅掌撥清波」的唐代駱賓王詩句。鵝比鴨要雄壯得多了。上海鴨鵝擔所賣之鵝大多爲太湖白鵝。此鵝原產江蘇、浙江的太湖流域。據清代張宗法《三農紀》載，春秋時范蠡離開越王勾踐以後，涉三江，入五湖，在太湖一帶養鵝而致富。

據北魏賈思勰《齊民要術》書中介紹，中國早在南北朝時，烤鵝即有搗炙、簡炙、銜炙、啖炙、範炙等五種方法。到了宋代，杭州等地烹調鵝的手法更高明，有炙鵝、五味杏酪鵝、白炸春鵝、冬筍蒸鵝等。元代以雲林鵝最聞名。倪瓚，號雲林，既是國畫大師，又是美食家。所謂雲林鵝，是以高溫蒸鵝，加以調料烹製而成，故此鵝保持原汁原味鮮美異常。

上海的糟鵝和燒鵝皆屬海派名肴，直到現在仍受上海人的喜愛。

賣雞

他紹興鄉間的雞,每天都放到山腳下讓雞覓食,山上蟲多,這種放養雞的肉質肥嫩,燒好後味道特別鮮美。章潤牛聽了,就買了十隻紹興雞,不但燒雞粥,還做成白斬雞來賣。結果這種紹興雞燒出來的雞粥和白斬雞,深受吃客歡迎。

生意好了,章潤牛就把雞粥攤裝修一新。因雲南南路就在大世界遊樂場後門口,所以著名京劇演員周信芳(麒麟童)、蓋叫天等也慕名來吃雞粥,這些名角下戲後常把雞粥當夜宵。但雞粥雖好,店鋪卻沒招牌。因為攤主是紹興人,賣的又是來自紹興的雞,所以麒麟童等都稱這裡為「小紹興雞粥店」,你叫我叫大家叫,小紹興雞粥店就名聞上海了。

一天,著名滑稽演員楊華生來吃白斬雞,送給章潤牛兩張戲票,用上海話說:「我請你看《活菩薩》。」上海話「薩」與「殺」諧音,章聽了這「薩」字深受啓發。原來賣雞皆是頭天殺,第二天再烹調上櫃,故雞肉不夠新鮮,於是他改為當天殺當天燒,雞肉就更鮮了。

電影明星趙丹等生前皆是小紹興的常客。大畫家錢君匋吃了小紹興的三黃雞,當場揮毫寫下「天廚異味」墨寶掛於店堂中,現在小紹興的三黃雞早已名揚申滬。

七、八十年前,老上海賣雞有兩種情況,一種是雞販子,他們有的從鄉間收雞,也有的從雞行購雞到上海來賣。還有一種並不以賣雞為職業,偶爾將家中餵養的雞挑三、五隻趕到上海來換錢。農家賣的大多是浦東三黃雞,這種雞因嘴黃、爪黃和皮黃而聞名浦江兩岸。

說起三黃雞,不能不提上海有名的「小紹興雞粥店」。1940年,章潤牛帶著妹妹章如花從紹興到上海謀生。他們起先從榮場雞攤買進一些雞頭、雞腳、雞翅膀,烹調後拎著籃子沿街叫賣,賣了六年積了一點錢,在雲南南路的一家茶樓邊擺了個雞粥攤,但生意不佳。

一天章潤牛去買雞,巧遇到同鄉人從紹興帶了十多隻雞在街頭賣。同鄉人告訴

　　老上海小菜場裡青菜攤最多，青菜的價錢也最便宜。當年買青菜極方便，不上菜場也能買到菜。有些鄉下人從田裡拔出青菜，為了免交菜場攤位費，就直接挑到里弄來賣，幾條弄堂轉一轉，到九點多鐘菜就賣完了，趕回鄉間正好吃午飯。

　　老上海有種有名的青菜叫「揚州青」，已有一百五十多年歷史。淮揚飯店做名菜「蟹粉獅子頭」，即以揚州青放在獅子頭四邊做點綴。此菜吃起來味甜爽口，故老上海有句俗語：「冬天青菜賽羊肉」。

　　老上海有不少吃齋念佛的老太太和佛門居士，最喜愛吃青菜和豆製品。宋代羅大經《鶴林玉露》說：「醉醲飽鮮，昏人神志，若蔬食菜羹，則腸胃清虛，無渣無穢，是可以養神也。」

　　冬天，崇明島大白菜運到上海，成為冬令最熱門的蔬菜。著名國畫大師齊白石生前最愛吃白菜。他曾多次畫白菜，並在一幅《歲末清供圖》中揮筆題曰：「牡丹為花之王，荔枝為果之先，獨不論白菜為菜之王，何也？」由此可知老畫家愛白菜愛到為之打抱不平。

　　在老上海當一名賣菜小販，卻是受盡剝削的。1935年，舊上海菜市街（今寧海東路）因地處大世界遊樂場後門，是非常出名的露天菜場。在此設攤者由法租界發照會（執照），每張每月收費二元五角。當時青幫大亨杜月笙的徒弟徐海濤為菜霸，他勾結法租界捐務處人員，壟斷了菜市街最好攤位的照會四十多張，抬高原攤位費十倍，每月要二十五元照會費，這個菜霸每月可敲竹槓多得一千餘元，折合黃金三十兩。後被人告到法租界公董局，各菜販也紛紛起來控訴，結果這個菜霸被判七年徒刑。當年種青菜和賣青菜者皆十分貧苦，還要受到菜霸剝削，生活更是苦上加苦。

　　冬季吃經過霜打的菜，令人感到絲絲甘甜，故宋代詩人陸遊認為青菜勝過熊掌和駝峰等山珍海味，陸遊〈菜羹〉云：「青菘綠韭古嘉蔬，蓴絲菰白名三吳，台心短黃奉天廚，熊蹯駝峰美不如。」

魚攤

魚販，即小菜場擺魚攤的。上海人特別愛吃魚，七、八十年前上海魚塘、河道沒遭污染，江蘇太湖和浙江的河流水質也很好，所以上海的小菜場中有各種魚大量供應。

老上海吃魚很講究時令，所以魚販也按農曆供應不同的魚。正月上市以鯉魚和鱸魚為主，二月鱖魚，三月菜花甲魚，四月鰣魚，五月白魚，六月鯿魚，七月鰻魚，八月鲃魚，九月鯽魚，十月草魚，十一月鰱魚，十二月青魚。當然平時也供應各種魚類。

老上海魚販子人人都有一套生意經。清明前後魚販子會動員你買活鯉魚，因為每逢四月初八為釋迦牟尼佛祖誕辰，按傳統習慣，善男信女都要買鯉魚放生。就是不放生的人家清明也要祭祖。魚販子會告訴你，鯉魚祭祖最好，「鯉」與「利」諧音，祖先會保佑兒孫大吉大利。

如果人家結婚辦喜酒，魚販子會介紹你買鰱魚和青魚。「鰱」與「連」諧音，客人吃了鰱魚，寓意「新郎新娘」連（鰱）生貴子。而青魚的「青」與「親」諧音，辦喜事吃熱青魚，青魚象徵新婚小倆口親親熱熱心心相連。

老上海魚販們除了賣淡水魚外，也有專門賣海魚的魚攤。海魚攤上供應的魚有黃魚、帶魚、墨魚、鯧魚、對蝦、海鰻、海蜇等。

墨魚與眾不同，裝有一肚子墨汁。你要問墨魚為何肚內全是墨水？老魚販會說個故事給你聽：相傳秦始皇到秦皇島巡視，他站在大海邊見景色很美，想寫些什麼，就叫隨從取來紙筆墨硯。秦始皇離去時，隨從卻把放筆墨的布袋忘記在大海邊。天長日久，這裝筆墨的布袋變成一隻像布袋一樣大小的魚。那頭上觸鬚是由束布袋口的細繩變的，因布袋裡有錠墨，經海水一泡，墨變成墨汁，所以此魚肚內有吐不完的墨水，故稱為「墨魚」。

　　舊上海豆製品攤上有百頁、油豆腐、素雞、拷夫等，但主要是賣豆腐。

　　相傳西漢淮南王劉安，在煉長生不老藥時偶然煉出了豆腐。

　　明代蘇雪溪〈豆腐詩〉云：「傳得淮南術最佳，皮膚褪盡見精華（黃豆要浸水、去皮）。一輪磨上流瓊液（用磨把黃豆磨成漿），百沸湯中滾雪花（煮漿）。瓦缶浸來蟾有影（待豆漿沈澱），金刀剖破玉無暇（切成方塊）。個中滋味誰得知，多是儒家與道家。」

　　《堅瓠集》說豆腐有「十德」：水者柔德；乾者剛德；無處無之，廣德；一錢可買，儉德；水土不服，食之即愈，和德等等。

　　下面有個關於豆腐的故事：

　　黃老漢夫妻賣豆腐多年，家中有個女兒自幼聰明伶俐，磨出來的豆腐和她一樣白如玉、嫩如雪，因生得漂亮，故四鄰和顧客都稱她豆腐西施。

　　因每天都有求婚者上門，這使黃老漢不知挑誰為好。豆腐西施便說要擇日出題選婿。那天，店前來了數十人，只見店門板上貼著一張謎語，「小小一方田，五行都俱全。缺一不成事，仔細去分辨。誰能說清楚，西施結良緣。」

　　一個公子哥說：「田我家最多，這五行就是金木水火土，鋤頭是金，鋤頭柄是木……」他正要往下說，只見一挑豆腐擔的小夥子插嘴說：「你說錯了，這裡的鋤頭柄都是竹子的，根本沒有木柄。」公子哥見此人只是賣豆腐的，便有意出他洋相，笑著說：「我沒學問，那你說吧！」賣豆腐的小夥子開口說：「小小一方田，就是豆腐；五行是做豆腐的工具。金是燒豆漿的鐵鍋，木是放豆腐的墊板，水是浸黃豆和磨豆用的水；火是燒豆漿一定要火旺……」「那土呢？」此時只見一人大吼，說：「豆腐不是田裡種的吧？」豆腐郎響亮地回答：「豆腐不是田裡種的，可磨豆腐的黃豆是土裡種的，煮豆漿的灶頭也是土砌的，還有……」不等豆腐郎說完，豆腐西施從店中跑出來把他拉進家中。

　　於是豆腐西施覓尋郎，謎語猜中拜花堂。兩家豆腐合一家，夫妻親密生意旺。

[小菜行]

上海灘賣雞蛋的攤頭四處皆有，除了小菜場，街頭巷尾也有小販挑著擔子賣雞蛋。上海賣雞蛋的攤頭多，賣生鴨蛋的很少，鴨蛋大多醃成鹹蛋上市。

上海人吃雞蛋的習俗多，故賣雞蛋的生意特別好。上海人早先小囡過生日，大多要吃蛋，媽媽先下一碗麵，再煎兩個荷包蛋放在麵上。有錢的人家全家人都吃雞蛋麵，而窮人家再窮也要給過生日的孩子吃一碗荷包蛋麵。

浦東川沙、寶山等農村大多家中養雞，但母雞生的頭生蛋，男人是無權享受的，多留給婦女吃，這是多年來的習俗。為什麼呢？請聽順口溜：「婦女吃了頭生蛋，身體健壯人能幹，多養雞娘多生蛋，換錢不愁吃和穿。男人吃了頭生蛋，口變饞來人變懶，老婆面前團團轉，賴在窩裡不耕田。」浙江江蘇民間都認為頭生蛋特別滋補。民諺云：「金雞子、銀雞子，不及新牡（母）雞生的頭生子。」頭生蛋在農村很寶貴，往往母親會留給新出嫁的女兒回門吃，而丈夫會留給剛剛生小寶寶的妻子吃。

住在上海的東北人，每當兒女上幼稚園時，第一天上學要煮個雞蛋給孩子吃。早上起來，蛋煮好後先在書上滾來滾去，等蛋滾破了再給小孩吃，以取將來孩子讀書能圖「滾瓜爛熟」的吉利。

還有北京人到上海來買雞蛋，因叫法不同而鬧笑話。北京人忌諱「蛋」字，「王八蛋、混蛋、壞蛋」在北京都是罵人的話。「蛋」也是下流話，所以他們為了禮貌不說雞蛋，而叫「雞子」。北京人在上海小菜場買「雞子兒」，賣蛋的老媽媽聽不懂，回答說：「賣雞蛋，不賣機紙。」同樣北京人在上海的飯店點菜，點的是「溜黃菜」，平日非常機靈的堂倌，這時也傻了眼，不知溜黃菜為何物。

周作人在《知堂談吃》〈雞蛋〉一文中說：「北方人諱蛋字，因稱雞蛋曰雞子，這倒是與我們鄉下方言相同的，做出來溜黃菜、木樨湯等，又有叫窩果兒的，名字就奇怪了。」其實窩果兒，就是上海的荷包蛋，因形象如同果子而得名。

俗話說：「開門七件事，柴、米、油、鹽、醬、醋、茶。」可見油是中國人日常生活中不可缺少的調味品。

古代時，油稱爲膏、脂。溶解的稱膏，凝結的稱脂。無論膏或脂，都是動物油。牛油稱膏香、狗油稱膏臊、豬油稱膏腥、羊油稱膏膻。到了漢代，我們的祖先才知道以植物榨油的方法。但古人不吃植物油，只用來「塗繪」，也就是塗絲織品。直至南北朝時期植物油才被用於製作麵食。北宋沈括《夢溪筆談》載：「今之北方人，喜用麻油煎物，不問何物皆用油煎。」由此可知麻油爲中國最早的食用植物油。

「油通四方可食，與然者無爲胡麻爲上，俗呼芝麻。」芝麻，古稱「胡麻」，爲小磨香油的原料，老上海的小磨麻油坊，即以芝麻磨成麻油，因爲它濃香馥郁，故成爲人們極爲喜愛的佐食佳品。

在上海，小磨麻油多用於涼拌菜。小蔥拌豆腐、拌黃瓜、拌海蜇頭、沖紫菜蝦皮湯等，澆上少許麻油其香無比。還有素澆麵炒鱔絲等，出鍋後也要澆上麻油才端上桌。

中國盛產芝麻，總產量居世界首位。清香芬芳的芝麻花，是從植株下部向上逐節順序開放，故民間有「芝麻開花節節高」的口彩。

麻油，不但是美味的調料，在古代還立過戰功。晉國大將王浚引兵戰於水上，遇鐵鏈阻攔無法前進，他便令士兵作筏，以灌有麻油的十餘丈火炬作爲前導，點燃火炬，將鐵鏈燒熔，戰筏勢如破竹，終於大獲全勝。

小磨麻油受上海人青睞，故老上海有不法商人製造假麻油。如何識別摻假的小磨麻油呢？一看顏色，棗紅色爲眞。二嗅香味，好麻油清香純正，不刺鼻，如果香味過於濃烈或有渾濁的怪香味，則是放了香精以騙人。三是味道，先嘗幾滴，慢慢咽下，舌頭不感到麻澀，沒有雜味爲好，如有雜味，則是兌進了棉籽油。

鹽擔，即老上海挑擔賣鹽的小販。

我們的祖先對海鹽認識較早。相傳在上古黃帝時代，原始人已知道從海中取鹽。夏禹時出現了用海水熬煮鹽，當時稱「煮海爲鹽。」古籍載：「散鹽，煮水爲之，出於東海。」

春秋戰國時，人們砌爐灶安鐵鍋煮海水製鹽，但這種製鹽法費工費時，耗費燃料，而產量又極少，故鹽價昂貴。煮海製鹽延續了兩三千年，直到唐代末期福建蒲田縣有位姓陳者，「爲人多智計，私取海水日曬鹽於園中。遇烈日一天之力可曬鹽二百斤。」由煮鹽改爲曬鹽後，不但節約大量的燃料和時間，而且大大提高了鹽的產量，這是食鹽生產的一個飛躍。

自古以來鹽爲政府專賣。漢武帝時制定了「榷鹽法」，違反鹽法私自煮鹽、販運或買賣食鹽者即構成私鹽罪。唐中後期改爲民製官收，盜賣一石鹽即處死。宋元實行鹽引（運銷食鹽的憑證）制度。元代規定：僞造鹽引斬！沒收財產重賞報告人；犯私鹽罪據情節處以徒刑，買私鹽食用，笞五十七。明清時還沿用以上有關鹽的律法。

抗戰時期著名歌劇《白毛女》所反映的內容即喜兒被惡霸地主黃世仁所逼逃進深山，以野果野荣度日，因長期無鹽可食，頭髮全部變白，被人稱爲「白毛仙姑」。

電影《黨的兒女》中描述，由於國民黨軍隊的封鎖，紅軍被困山中無鹽可食，地下黨員即以鹹荣秘密送上山急救。還有的想出絕辦法，即以破棉襖浸入鹽水中，然後曬乾穿在身上通過封鎖線，到了紅軍駐地脫下棉襖浸入清水中，使棉襖中的鹽分溶於水中，如此這般使紅軍能得到鹽分補充。

老上海販鹽多爲違法私鹽犯。故有〈竹枝詞〉寫道：

貧苦之人將鹽販，賣鹽賣鹽沿街喊。
一斤只賺幾分錢，無奈犯法要吃飯。

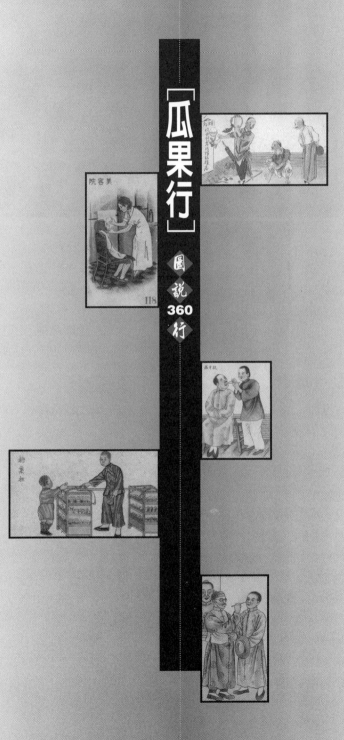

瓜果行

圖說
360
行

美容院

118

鬻菜知

湖南花鼓如及傳林孃花

高手說

118

我們先來猜個謎：「頭頂大圓帽，身在泥水中，有絲不織布，有巢不住蜂。」猜著了嗎？對！是藕。

老上海賣藕，不像現在在小菜場設藕攤，而是小販挑著兩個淺淺的竹筐走街串巷賣藕。

藕為多年水生宿根植物。原產於亞洲南部的沼澤地區，中國栽培歷史悠久。《詩經》載：「隰有荷花」。藕乃荷花水下之根，這說明中國早在春秋時代已有荷藕種植。

藕在污泥中成長，一旦出水洗淨污泥則潔白如雪，有出污泥而不染的美譽。中國有多種名藕，如湖南漢壽縣的白臂藕，壯如臂、白如玉、汁如蜜，吃起來嫩脆可口。廣西貴縣的大紅藕，身莖粗大，有「生吃甜，熟食綿」順口溜流傳。湖北洪湖藕則富有澱粉、蛋白質，十分鮮美。另外還有安徽雪湖藕，南京大白花藕等。上海賣藕擔所賣者多為蘇州蓮藕和杭州西湖蓮藕。這兩種藕品質優良，色如白雪，

故有「雪藕」之稱。這種肉質嫩脆甜爽之藕，早在唐代即為貢品。

藕有個特點，折斷時斷面有無數細絲相連，成語「藕斷絲連」便由此而來。唐代詩人孟郊曾有「妾心藕中絲，雖斷猶牽連」的名句流傳。

藕既可生吃，也可做菜。以前老上海水果店中賣藕片，碧綠的大荷葉中放一段雪白粉嫩的藕。夏夜乘涼時品嘗薄薄的藕片，頓感齒頰津津，渾身涼爽。

上海人愛吃糖藕，而「鮮肉藕合」則是上海一絕。做法是將藕切成薄片，每片再以刀半剖開，把肉餡夾在其中掛上蛋糊，下油鍋炸熟，即成美味佳肴。藕菜較多，有蓮藕魚羹、酥炸藕合、脆玉白銀藕絲等。

《神農本草經》載：「（藕）氣味甘平，主補養神，益氣力，除百疾，久服輕身耐老，不饑延年」。唐代詩人韓愈贊曰：「冷比霜雪甘比蜜，一片入口沉屙痊。」故老上海藕擔的生意很好。

老上海小菜場中賣的蘿蔔有好多種。有長的白皮蘿蔔，也有青皮蘿蔔、紅皮蘿蔔等。紅皮蘿蔔有長的有圓的，有大的有小的，也有用稻草紮成帶葉的小紅蘿蔔，這種一個個比桂圓大一點的蘿蔔球，切去葉用刀背一拍，拌上糖和醋，別有風味。

元代許有壬曾寫過一首〈詠蘿蔔詩〉：「性質宜沙地，栽培屬夏畦。熟食甘似芋，生薦脆如梨。老病消凝滯，奇功值品題。故園長尺許，青葉更堪齏。」詩中第五句主要說蘿蔔有治病功效。李時珍在《本草綱目》中寫下：「可生可熟，可菹可醬，可豉可醋，可糖……」

談到賣蘿蔔，最出名的是天津洗澡堂中賣青皮蘿蔔。蘿蔔怎麼會在洗澡堂賣呢？這要從清代軍機大臣李鴻章說起。當年李鴻章奉旨在天津辦洋務，一天坐著八抬大轎去洗澡。他坐在轎中只聽見有人喊「天津蘿蔔賽鴨梨」，隨著這一喊聲，大轎突然停了下來，李鴻章這時掀開轎簾問出了何事？原來清代規定，官員出巡禁止喧嘩，這賣蘿蔔的正在小巷口賣蘿蔔，沒發現大街上有官轎，由於他喊了「天津蘿蔔賽鴨梨」，於是幾個清兵要抓賣蘿蔔的進官府問罪。

李鴻章見賣蘿蔔的小販只有十五、六歲，就喊他過來問道：「你的蘿蔔真賽鴨梨嗎？」小孩不懂事天真地說：「大人，這蘿蔔真甜，我送你幾個蘿蔔，放了我吧！」李鴻章聽了哈哈大笑，吩咐收下蘿蔔，賞一兩銀子就把小販放了。

等李鴻章進了澡堂，洗好澡躺著休息時，下人早把蘿蔔削好切成片放在盤中端了過來。李鴻章一見這翡翠般的蘿蔔就感到賞心悅目，再拿起一片咬一口，啊呀！香、甜、酥、脆、辣五味俱全，齒頰津津。於是李鴻章每次洗澡都要吃青蘿蔔。這消息一傳出，其他澡堂為招徠顧客，都專門在澡堂中賣青蘿蔔。不久，此風傳到上海，老上海大大小小的澡堂也都賣起了甘甜涼爽的青蘿蔔。澡堂賣蘿蔔生意好，是因為有清胸順氣、消食化積之效，所以澡後適合吃青蘿蔔。

老上海每到初冬季節的晚間，弄堂裡會聽到一種小販的特殊吆喝聲：「檀香橄欖——賣橄欖……」小販的聲音很清脆，特別是第一句的「檀」聲和第二句的「賣」聲拖得較長。深更半夜聽到這種叫賣聲，上海人會湧起一股特殊的感情，然後情不自禁出來買橄欖。

買橄欖的人基本上有四種。一種是搓麻將的煙紙店老闆娘和亭子間阿姨等。這種人邊搓麻將邊講閒話，天南地北，嘰哩哇啦，講到半夜涎水講光了，買幾粒橄欖潤潤嘴巴。還有一種鴉片煙鬼，抽煙抽到半夜嘴巴發苦，於是買幾粒青橄欖嚼嚼換換口味。還有一種爬格子的文人，開夜車到十一、二點，眼發酸，口發乾，買幾粒檀香橄欖放進口中，頓時齒頰生津，越嚼越提神，於是文思綿綿，一直寫到天亮。還有一種大戶人家的閨房小姐，說和表哥溫功課，其實是談情說愛。他們買橄欖，藉以增加情感，你把橄欖塞進我口中，我把橄欖送進你嘴裡。橄欖的滋味也同愛情的滋味一樣，越嚼越濃回味無窮。

橄欖又名青果、甘欖。原產中國海南、雲南等省。因廣東、福建栽培較多，所以六、七十年前上海賣橄欖者多為廣東人。中國栽培橄欖歷史悠久，早在漢代就有人將野生橄欖樹進行栽培。「南國青青果，涉冬知始摘」，這是宋代詩人梅堯臣的詩句。由此可知橄欖初冬果熟，但採收要適時。過熟採收則果實易脫落，過早採收則水分易蒸發，果皮會收縮。所以果農採果多在霜降前後，這樣的果實青脆。

橄欖有長形欖、豬腰橄、惠圓橄等品種，但檀香橄欖在上海最受歡迎。其果實雖小，但肉質清脆，香味濃，回味甜，澀味少。

上海的春節中，客人登門，奉茶時放上兩枚橄欖，俗稱元寶茶，以祝福客人吉祥如意，財源興旺。

現在上海里弄再也聽不到賣橄欖動聽的聲音。要買橄欖只有到水果店，偶爾會有鮮貨。不過拷扁橄欖、甜橄欖隨時有貨供應。橄欖核還可榨油，健美比賽時運動員身上油光閃亮，塗的就是橄欖油。

荸薺別名很多，有的地方稱馬蹄，有些地方叫蒲薺，上海人稱地栗或地梨。荸薺因生長在地下泥土中，其形狀、顏色有點像栗，故有「地栗」之名。因含水分多，味道有點像梨，故又俗稱「地梨」。

荸薺產地較多，凡有湖澤的地方都便於生長，江蘇、浙江、安徽、江西、廣東、湖南等省皆爲荸薺的主要產地。上海浦東張江也盛產荸薺，張江荸薺皮色紫紅，削皮後個大肉白，清甜脆爽，故張江有「荸薺村」之譽。

荸薺有「果中之蔬」美稱，削去皮切成片，可炒豬肝、炒腰花，也可炒蝦仁、煨排骨，生熟皆可食，既是水果也是蔬菜，還可當補藥。荸薺自古即入藥。據歷代醫學家記載：「荸薺益氣安中，開胃消食，除胸中實熱，治五種噎膈，消渴黃疸。」

老上海習俗，每逢臘月二十三日送灶君上天，祭灶和迎灶多以地梨、老菱和慈菇爲供品。上海灘小販所賣的地栗分三種，一種是生荸薺，洗淨後放在小荣場中賣；另一種是不削皮，放在大鐵鍋中煮熟後，在馬路邊上賣；第三種是削了皮，用細竹簽穿成串，放在竹籃裡沿街叫賣的「扦光嫩地梨」。這種小販有時也在戲院、書場、澡堂門口賣，腦子靈光的小姑娘還會溜進茶館去兜售。因其可列爲水果之類，而價錢又比水果便宜，所以生意多很好，一晚上可賣掉五、六十串。

說起荸薺，筆者終身難忘其救命之恩。那是七十年前，筆者只有四歲。早晨醒來見房中無人，即在祖母枕頭邊摸到一把小鑰匙放在嘴裡玩，不料小手一滑，鑰匙落進嘴裡咽入肚中。筆者當時嚇得直哭，祖母、母親趕來也大驚失色束手無策。我那時還小，記不清誰出的主意，說是荸薺連皮吃，可以把鑰匙從小肚皮中打下來，於是父親急忙從水果行買來一大筐荸薺，全家哄我像北京填鴨式的吃荸薺。每天早上醒來，飯可以不吃但荸薺必須一隻一隻地連皮吃，吃不了幾隻小肚皮就發脹，肚子脹也要吃，直吃到第三天晚上，媽媽終於從小馬桶的大便裡找到鑰匙。

賣荸薺

139

［瓜果行］

圖說360行

177

當金風送爽，天高雲淡時，老上海街頭會出現很多賣菱的小販。賣生菱以挑擔為多，賣熟菱多背個藤簍，簍中放菱，上蓋布以保溫。小販賣菱走幾步就喊一聲：「賣菱囉」，這種「繞城菱蓮一千頃，三秋菱歌滿街頭」風情令人陶醉。

菱，古稱芰，雅號水栗，俗稱菱角，一年生水生植物。早春播種，夏末秋初開花，受精後沉入水中發育成果，為江南水域一大珍寶。每當秋風吹拂之際，菱角開始成熟，採摘期多在處暑至白露期間，一般每隔七天採一次，共採七、八次，霜降時即採畢。

上海也產菱，但名種多來自蘇、杭。採菱有專用的蛋形大木桶約半人深，採菱姑娘坐在桶中採，採得高興時即放聲唱上一段山歌：「桃花紅來楊柳青，清水塘中採紅菱。妹栽紅菱郎種藕，藕絲綿綿不斷情。」

說起採菱還真曾採出一段愛情故事。康有為在變法失敗後死裡逃生，逃亡十六年經歷三十一個國家，回國後，1919年春，康泛舟西湖，巧遇杭州種菱浣紗的少女張光，一見傾心，多次禮聘，終於兩人在上海喜結良緣。康有為很寵愛這位夫人，因她出身採菱水上人家，識字不多，就請家教教她詩書。當有人請康赴宴題書，康多喜張光玉手磨墨。1927年康猝死青島，張光年輕守寡，苦悶無以寄託，只得畫紅菱荷藕來度光陰。

菱的品種繁多，以色而論有大青菱、小白菱、水紅菱和紫菱等；以形狀分有兩角、三角、四角和無角菱等。有一年慈禧太后要吃菱，而且要吃無角菱，這可急壞了太監，結果費了九牛二虎之力才從浙江南湖找來無角光頭和尚菱進貢。

自古文人愛唱菱，有〈竹枝詞〉唱道：

俗採新菱趁晚風，塘西採遍又塘東。
滿船採得胭脂角，不愛深紅愛淺紅。

菱角果蔬兼用，生吃以嫩為上品，熟食以老為妙。炒菱片、菱煨雞等皆饒有風味。歷代醫家視菱為「養生之果」。

　　水果除水果店有售外，更有許多人設攤專門零售水果。城市裡很多馬路旁都有水果攤，攤子有大有小，水果種類有多有少，大多備有高低木架，架上放著水果。也有不少挑著擔子或踏著黃魚車（三輪車）沿街叫賣。

　　上海復興東路黃浦江邊一帶地區統稱為「關橋」，從前以水果集貿市場而聞名，因水路運輸方便，都在這裡卸貨。

　　十六鋪附近小東門外是水果行集散地，從各地船隻運來的水果都在該地卸貨，然後再由小商小販批發出去零售。杜月笙初到上海時，就在這一帶水果行中當過學徒，因此是削水果的能手。

　　1902年，十四歲的杜月笙由外婆介紹在十六鋪「鴻元盛」水果店當學徒，但不久他因吃喝嫖賭，偷店裡水果作人情，被

趕出店門，後再入師兄弟「潘源盛」水果店。此一時期，杜月笙借做水果生意之名，出入於十六鋪賭場、煙館，並結識了這一帶的地痞流氓，敲詐十六鋪販賣水果的生意人，所以他得了一個「水果月笙」的渾名。

　　賣水果有季節性，還要懂得各種水果的品種、產地。譬如楊梅，有紅、白、紫三種，以紫為上。品種以紹興楊梅最為人推崇。故古書有「會稽（今紹興）楊梅為天下之奇，顆大核細其色紫」之語。

　　說到桃子，老上海的水蜜桃久負盛名。《瀛壖雜誌》說：「桃，實為吳鄉佳果，其名目不一，而尤以滬上水蜜桃為天下之冠。」而上海陽春三月有到龍華觀賞桃花的風俗。

[瓜果行]

現在上海賣西瓜，大多在馬路邊設攤論斤賣。一隻瓜幾斤，稱好付了錢把瓜抱回家慢慢吃，吃不了放進冰箱，想吃時從冰箱中取出再吃。可是七、八十年前的老上海，經常可以看到推著車或挑著擔子走街串巷深入弄堂，高聲叫喊：「老虎黃西瓜要！」並打開一個做廣告，成交後又主動地幫買主將西瓜搬進住房。當時沒有冰箱，就把西瓜放在水桶裡或網兜裡，再放入幾塊磚頭或石頭吊放在井中，井水涼，如此便可以吃冰西瓜了。

還有一種街頭賣西瓜的，不是整個地賣，而是切成西瓜片，這是專門賣給過路人、拉洋車、補套鞋等賣苦力的人，因他們一般買不起整個西瓜，只能買一角錢一片的西瓜解解渴消消暑。

以前賣西瓜，包熟不包甜。就是這規矩引來很多麻煩。那時買瓜往往都要當場開個小口，如此一來，你說是熟瓜，他說是生瓜，爭來爭去吵吵鬧鬧時有發生，有

的吵得厲害，就大打出手。

西瓜為何稱「西瓜」？相傳西漢末年，劉秀為了逃避王莽追捕，逃到開封以西的杏花營，這時正是盛夏酷暑烈日當頭，大隊人馬又饑又渴。此時突然刮來一陣西風，只刮得飛沙走石天昏地暗，人站立不穩只好臥倒在地。等狂風刮過，劉秀等只見地下長著一個個圓瓜，於是將士一人一個敲開就啃。劉秀吃了這紅瓤如沙、汁甜如蜜之瓜非常高興，就問這是什麼瓜？可沒人能說出瓜名。此時，眾軍士都推劉秀賜名。劉秀說：「這是西風刮來的瓜，就叫它西瓜吧！」其實，西瓜原產非洲，中世紀引入東亞後漸漸東傳。

南宋范成大詩云：「童孫不解耕織事，也傍桑陰學種瓜。」又曰：「碧蘿淩霄臥輕沙，年來處處食西瓜。」由此說明宋代栽種西瓜已相當普遍。

老上海浦東三林堂、奉賢、寶山之西瓜都很出名。

賣櫻桃

［瓜果行］

　　老上海賣櫻桃者大多是農家小女孩或是老農婦。手中拎著一個大竹籃，籃中放些紅豔豔的櫻桃滿街叫賣。

　　櫻桃原為野樹。相傳古代有位姑娘叫小桃，與一個小夥子相愛多年，正當他們準備結婚時，小夥子突患重病。族長說：「只要在山裡找到春天開白花結紅果，果實嬌小玲瓏，色紅如初升太陽的仙果，即可救活病人。」小桃聽了，立即登山去尋仙果，她在山中找了七天，也沒有找到仙果。這時累得發昏的小桃突然聽見一陣清脆的鳥鳴，睜眼一瞧，只見一隻黃鶯嘴銜一朵白花，姑娘知道找到白花就能找到仙果，於是她悄悄跟著鳥兒爬到半山，只見一片樹林有的開滿白花如雪，有的滿樹紅果如火，於是姑娘自己先吃了幾十顆，齒頰津津，渾身是勁。於是她採了半袋紅果背下山來，天天給小夥子吃紅果，連吃了七天，病即痊癒。

　　小夥子吃的仙果原來叫不出名字，因小桃見了黃鶯才找到紅果，再者又是小桃背下山來，於是就起名為鶯（櫻）桃。後來他們夫妻把野生櫻桃樹不斷栽培，野櫻桃逐漸馴化成了人工栽培的家櫻桃。

　　櫻桃其實非桃類，李時珍《本草綱目》上說，櫻桃圓如瓔珠，瓔與櫻同音，其果實雖小，形如桃狀，故名櫻桃。

　　中國栽培櫻桃歷史悠久，周代《禮記‧月令》載：「羞以含桃，先薦寢廟。」含桃，即櫻桃。由此可知三千多年前，古人有採了櫻桃先祭祖先的習俗。

　　慈禧太后特別愛吃櫻桃。德齡公主在《御香飄緲錄》中寫道：「到了太后暮年的時候，櫻桃肉便奪取了響鈴的位置，一變而為太后所特別中意的一味菜了。它的製法是先把上好的豬肉切成棋子般大小，加上調味品，便和新鮮櫻桃同煨，在沒有新鮮櫻桃的時候，便把已經蜜餞或用其他方法製過的櫻桃放在溫水裡浸著，⋯⋯然後一起裝在白瓷罐裡，加清水在文火上慢慢地煨著，⋯⋯這樣就可給貪嘴的人們恣意飽啖了，尤其是湯，真是美到極點。」現在這道「櫻桃煨肉」已成了海派名菜。

從煙畫上看，這帶孩子的先生是清代裝束，賣香蕉者向他兜售香蕉，但先生一面搖手說不要，一面推著孩子讓他快走。這畫面的意思很清楚，香蕉價錢太貴了，不是不想買給孩子吃，而是實在買不起。

老上海的香蕉價錢高，因為上海不產香蕉，百年前廣東、海南產的香蕉也不多，再用船運到上海，故而物以稀為貴。

香蕉，又名芎蕉、芭蕉、粉蕉、大寶蕉。中國的矮蕉，是現今全世界普遍栽培的品種，也是原產於中國南方熱帶地區的栽培種。

漢武帝建上林苑時，就從嶺南引進「芭蕉二本」。當時主要把香蕉作為觀賞植物。清代吳其濬《植物名實圖考》記述，生長在廣東南嶺以南的香蕉，可以開花，結出無籽的蕉果；生在南嶺以北地區的香蕉，雖開花，但蕉果有籽，味不堪食。由此可知，中國對栽培香蕉歷來很重視，並有研究。

香蕉除了作為水果食用外，還可以用來油炸或製成拔絲菜肴，也可製成沙拉和甜點心上桌宴客。非洲有的國家還製成香蕉啤酒待客。

香蕉有很高的藥用價值。據清代趙學敏《本草綱目拾遺》載：「（香蕉）收麻風毒。兩廣等地濕熱，人多染麻風，所居住處，人不敢住，必種香蕉木本結實於院中一二年後，其毒盡入樹中乃敢居。」在老上海民間，香蕉被認為有潤肺、滑腸、解酒毒的功能。

近年來，經營養專家研究發現，香蕉所含的營養成分能促使人的臉上增添笑意。因為香蕉中含有一種特殊的氨基酸，使人的精神快樂開朗。

蔗甘賣　120

老上海賣甘蔗，小販把甘蔗扛在肩頭上邊走邊吆喝：「賣甘蔗，廣東甘蔗！」由此可知甘蔗爲亞熱帶作物，只能在中國南方生長。而上海氣候太冷，故甘蔗不宜生長。

《楚辭‧招魂》中有「有柘漿些」之句，這「柘漿」即是甘蔗汁。這是中國最早的有關甘蔗的文字記載。西漢司馬相如的〈子虛賦〉中，卻將「柘」寫爲「蔗」。而東漢服虔《通俗文》卻稱「竿蔗」，因爲甘蔗長如竹竿，故名。直到《三國志‧吳書‧孫亮傳》注引中才正式稱爲「甘蔗」。

我們的祖先如何將野生的竿蔗，培養爲甘甜的甘蔗，因史無記載，詳情不得而知，現在僅知甘蔗最早開始在嶺南地區種栽，後逐漸向長江流域推廣。

《世說新語》載：「顧愷之爲虎頭將軍，每食蔗，自尾自本。」由此可知這位虎頭將軍非常愛吃甘蔗。

《南中八郡志》中的記載，甘蔗更爲具體。「交趾有甘蔗，圍數寸，長丈餘，頗似竹。斷而食之，甚甘。榨取汁，曝數時成飴，入口消釋，彼人謂之石蜜。」以上所引「曝數時成飴」，也就是曬數小時後，甘蔗汁即成糖汁。由此可知，古人很早就掌握了以甘蔗製糖的方法。

在老上海賣水果，小販很少幫客人削皮，惟有買甘蔗，小販不請自削皮。因爲甘蔗皮硬，回到家中用切菜刀或水果刀都無法削皮，而小販手中如同刨刀的特製刀，削皮很方便，削皮後還一節節切短，這樣吃起來也不成問題了。

最妙者，水果店可榨甘蔗汁。那時沒有壓榨機。不過以前人很聰明，特製了一種低矮的長木凳，一頭高一頭低，低頭凳上有個小木架。把一隻兩頭翹的棒槌物一頭塞進木架，再將一段段削了皮的甘蔗放在棒槌物下，臀部坐在後面的翹棒上，利用槓桿原理將甘蔗壓扁。木凳上有圓槽，甘蔗汁即從低頭槽中流到凳前鉛絲架的碗中。夏天喝上一碗甘蔗汁，渾身涼爽，暑熱頓消。

如今這種榨汁凳，已成爲古董，有不少被外賓收購帶到國外去了。

賣梨，上海人叫「賣生梨」。為什麼不叫「賣梨」？因為說「賣梨」發音不順口，加個「生」字叫起來順暢。

《莊子》載：「三皇五帝之禮義法度不同，譬其猶樝、梨、橘、柚，其味相反而皆可於口。」這是中國書籍中最早出現「梨」字，由此可知中國栽培梨樹已有三千多年的歷史。

梨有止咳化痰的功效。上海小孩咳嗽，老外婆並不買藥，只買些生梨削了皮同冰糖一起熬湯給小孩喝，喝了三、五次咳嗽即愈。

李時珍在《本草綱目‧類編》記下一個故事：有人患了一種熱病，憔憔無神，名醫楊吉老認為他頂多活三年。後來他聽說茅山老道醫術神通，忙上山求醫。老道診脈後說：「汝便下山，但日日吃好梨一個，如生梨已盡，則取乾者泡湯，食滓飲汁，病當自平。」後照老道之法日日吃生梨喝梨湯，此人不久病即痊癒。

生梨既富有營養又有治病功效，但家裡有人生病，親友去探病送其他水果皆可，惟獨不能送生梨。如果有人不懂規矩，生梨送進病房間，家屬會把你送的梨扔出去。因為「梨」與「離」諧音，病人最討厭這個「離」字。送了「梨」就含有「分離」、「離別」之意。對迷信的人來說，送梨就表明病人的病不會好了要離別了，這是非常不吉利的。再說送生梨，寓意「生離死別」之意，所以上海人生病忌諱送生梨，認為觸楣頭。

宋代梅堯臣詩云：「名果出西州，霜前競以收，老嫌冰熨齒，渴愛蜜過喉。色白瑤盤發，甘應蟻酒投。仙桃無此比，不畏小兒偷。」

梨不僅有除煩止渴之效，還有醒酒解膩之妙用。故生梨價廉物美，上海賣生梨者生意較好。

　　老上海街頭巷尾，常可以看到肩頭扛一根一人高的竹棍，上部綁著一大圈稻草，四周插著一串串紅豔豔糖球的小販，上海人稱這種小販為賣糖山楂的。

　　這種紅山楂，放在煮溶的砂糖裡蘸過，串在一根竹籤上，紅彤彤、金燦燦、亮晶晶，孩子們見了皆饞涎欲滴。買上一串，咬一顆糖山楂進口中，既甜且酸，嘎嘣嘎嘣的味道說不出的好。

　　追溯糖山楂的來歷，民間傳說在南宋紹熙三年（1192年），宋光宗趙惇最寵愛的貴妃突然患病，皇上忙召御醫會診，貴重名藥用了不少，貴妃依然粒米不進，光宗大怒下旨將這些庸醫送進大牢。皇上見貴妃一天天消瘦，決定張榜求醫。

　　一天來了一個七、八十歲的老僧，口念阿彌陀佛，伸手揭下懸賞千兩紋銀的皇榜。隔簾為貴妃切脈後摸出幾十粒山楂，交待將這山裡紅與紅糖煎熬，每頓飯前吃五枚。皇上起初不信，可吃了半個月後，貴妃病情果然好轉。

　　據《本草綱目》載：「山楂，性微溫，無毒有消積、化滯、行瘀的功效。」故能治好皇妃之病。南宋時稱「蜜彈子」，明清御膳房稱「糖堆兒」，原為皇宮化食消積的保健食品，後流入北京民間，俗稱「冰糖葫蘆」。天津人稱「糖墩兒」。

　　著名評劇表演家新鳳霞的父親就是靠賣糖墩兒為生。新鳳霞十二歲拜師學戲，要設拜師宴，可她家太窮無法請酒，他爹想出絕招，就在新鳳霞拜師儀式上做了幾十串用料最精的糖墩兒敬獻師父和眾賓客。紅豔豔的冰糖葫蘆帶來喜氣洋洋的氣氛，眾人吃得皆大歡喜。

　　現在每逢節日北京廠甸（即琉璃廠）冰糖葫蘆賣得很熱火。三尺長的荊條子串的山裡紅，頂上還有小風車。正如民謠所唱：「三尺動搖風欲折，葫蘆一串蘸冰糖。」

　　上海糖山楂生意也很好，除了街頭有小販販賣外，熱鬧的南京路、淮海路、四川路等糖果店也有用玻璃紙包的糖山楂出售。這紅豔豔的糖山楂有時會引起老外的興趣，每人買上一串當街就啃，模樣十分滑稽。

甜蘆粟

148

[瓜果行]

　　說起甜蘆粟，現代人可能不知何物？市場上可以買到各種各樣洋水果，惟獨買不到甜蘆粟，因爲這是上海崇明島的一種特產。

　　崇明原屬江蘇省，後劃歸上海。崇明縣地處長江入海口，東臨東海，北與江蘇省啓東、海門相望，爲中國最大的沖積沙島，也是中國第三大島，其總面積1041.21平方公里。地勢平坦，土地肥沃，盛產稻、麥、油菜籽、大白菜、金瓜、水仙花等農產品，其中甜蘆粟最爲出名。

　　甜蘆粟，俗名蘆穄。它的形狀和甘蔗相同，但比甘蔗細長得多，水分不及甘蔗多。一百多年前崇明島大種蘆粟，等夏季成熟後，用船裝到上海來賣，一根蘆粟約兩公尺長，有的一根一根賣，有的用刀斬成三十公分左右，一節節用稻草紮起來論斤賣。因爲它價錢比甘蔗便宜，時間又在夏秋之間，上海一些不大富裕的家庭，不花多少錢即可買一捆給小孩吃。吃蘆粟可以通氣，所以舊上海在蘆粟上市季節時，到處可見賣蘆粟小販，生意挺不錯的。

　　老崇明人對自己島上所產蘆粟引以爲自豪，他們到上海來探親，往往帶幾捆蘆粟來作爲禮品。

　　崇明蘆粟品種繁多，有青殼、黃殼、黑穗等十多種，不過無論是哪一種，在崇明人的眼中都是珍品，他們總是在蘆粟前面必加個「甜」字，生怕上海人說不甜，故一律稱爲「甜蘆粟」。

　　崇明人在上海賣蘆粟，也用崇明口音高喊「崇明甜蘆粟要！崇明甜蘆粟。」平心而論，蘆粟沒有甘蔗好吃，汁也並不太甜。以前爲老上海消夏佳品，但近年來已經很少種植，市場漸漸被甘蔗取代。

圖說360行

糖炒栗子

149

［瓜果行］

每當秋季來臨，上海街頭都會出現一些炒栗子的攤頭。也有的水果店門口賣糖炒栗子。店門口支起一口大鐵鍋，爐邊翹起鐵皮卷的圓煙囪。不管是水果店還是攤頭，這大鐵鍋後面都架起一面大鏡子，上面貼著大紅紙寫著「糖炒良鄉栗子」。特別是華燈初上時，每口大鍋都升火炒栗，爐火熊熊，糖沙嘩嘩，栗爆劈啪，微風吹來滿街飄香。

糖炒栗子大多在晚間賣，古代也是如此。清代道光年間一首描寫賣栗子的〈竹枝詞〉寫道：「街頭炒栗一燈亮，榾柮煙消火焰光。八個大錢稱四兩，未嘗其味早聞香。」

中國栗子品種多，有京東板栗、燕山板栗、良鄉板栗、杭州板栗、陝西三季栗等。但上海栗子攤頭老闆門檻精，不管你是山東或浙江進的貨，一律掛名「天津良鄉」為號召。良鄉板栗個頭小、殼皮薄，炒熟後各各自動裂開，只要輕輕一按殼就掉了。因此慈禧太后指定良鄉栗子為貢品，故該栗譽滿京華。

慈禧太后不僅愛吃糖炒栗子，還愛吃栗子麵窩頭。相傳1900年八國聯軍攻進北京城，慈禧帶著光緒皇帝逃難，逃到懷來縣某地饑餓難忍，就向山民買了幾個玉米麵窩頭。慈禧平日吃慣山珍海味，再加上饑腸轆轆，所以換換口味吃起窩窩頭，也感到香甜無比。等戰亂平定後，慈禧回到北京，突然要吃窩窩頭，御廚只好找來玉米粉蒸好送給慈禧。誰知她咬了一口大發雷霆，罵御廚做的窩窩頭沒有農家的好吃。其實玉米麵太粗，太后又不餓肚子，這種百姓粗糧她怎吃得下？御廚聰明，忙把風乾栗子磨成細粉加上糖做成窩窩頭端上桌，慈禧一嘗鳳顏大悅，說當時吃的就是這種。從此，這種栗子麵窩頭成了慈禧愛吃的點心。

宋代詩人陸游上早朝時，還把栗子當成早點充饑。他在〈夜食炒栗有感〉中寫道：「齒根浮動歎吾衰，山栗爆燔療夜饑。喚起少年京華夢，和寧門外早朝來。」

栗子不但可炒食還可做糕做菜，也有藥用價值。據《中藥大詞典》載，可治療傷、腹瀉、疝氣等症。

圖說 360 行

187

有位七、八十歲的老華僑，第一次從美國回到上海，住在老房子裡半夜總是輾轉難眠。老伴問他在美國生活了五十多年，現在回國是不是不習慣？老華僑說：「我睡在床上總是想五十多年前，上海灘夜晚賣白果的吆喝聲。」老伴問：「你還記得怎麼吆喝嗎？」老華僑說：「小時候好多事情都忘了，惟有那『生炒熱白果，香是香來糯是糯，白果要吃鵝蛋大，一角洋錢買七顆。』的小販喊聲忘不了，而那白晶晶淡綠綠如玉珠一般的炒白果，它香糯的滋味更難忘。」老華僑說著又學著小販的聲音吆喝起來。這一喊把全家人都喊醒了。兒女決定明天去買白果，以滿足老華僑日思夜想的鄉土之情。

老上海的賣白果擔，擔子很輕巧，一頭挑著一個小風爐，上面放著一口小鐵鍋，裡面放些碎碗片與生白果一起炒，碗片上的熱度不斷均勻地傳到生白果上，使白果熟而不焦黃，既香又不破壞潔白外貌；擔另一頭放白果、木炭等。因為白果論顆賣，所以炒起來數量很少。還有另一種賣白果的更輕巧，肩膀上背個簍子，簍內下面用小棉被墊著，上面再用棉被蓋著，簍內皆是炒熟的白果，所以不用爐子鐵鍋又能保溫。

白果是銀杏樹結的果核，銀杏長得慢，相傳要生長六十年才結果。銀杏受粉後結的果實落滿一地，真正果實並不能吃，等去其肉，其核仁潔白如玉球，故取其名為白果。

銀杏樹特別高大，上海現存古老的銀杏樹約有二、三十株。而北京潭拓寺有兩株遼代的銀杏，高十餘丈。相傳乾隆皇帝見其生機盎然，蒼翠郁蔥，如同樹中之王，就封此樹為「帝王樹」。樹一經皇帝賜封立即身價百倍，引來眾多百姓參觀。

四川成都青城山天師洞也有一棵氣昂宇軒、有五人伸手合圍之粗的銀杏樹，相傳為張天師所植。此樹結了不少白果，道士並不用來炒食，而是用來燉雞。天師洞的白果燉雞，是青山城名食「四絕」之一。此綠瑩瑩的白果，營養非常豐富，吃白果比雞的味道還好。

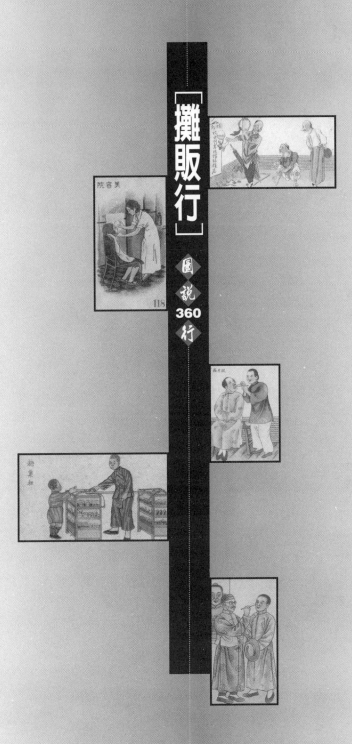

攤販行

圖說360行

美容院

118

老上海吹糖人的小販大多為蘇北人。這是一種農村副業，農忙時在家耕田種地，九月初農田收割後，農閒時即挑著糖擔到上海來吹糖人。

吹糖的擔子主要在前挑，由圓竹筐和木方箱組成。竹筐內下邊放一個小煤爐，爐上放一隻小銅鍋，鍋內分為五格，每格放著不同顏色的糖稀。竹筐上面放著一只有半尺厚四四方方的木箱，正好蓋在竹筐上。這木箱上釘著一個H形木架，吹好的糖人有根竹籤撐著，即可插在木架上。這後面的挑，主要放些煤球、扇爐子的扇子之類東西。

等擔子挑到弄堂口，吹糖人放下擔子，即把後面的挑子移過來當凳子坐。然後再把前挑的扁方箱向前推一點，以便伸手從銅鍋裡取糖稀。

吹糖人的糖稀是以麥芽和黏米熬成糖稀狀，然後染成紅、綠、金黃等色。吹糖人的糖稀必須加溫，冷的糖稀硬梆梆的無法吹。

吹糖人的小販也真有一套，他能用一個小竹筒挑一圈糖稀，根據買糖人的小朋友的要求，吹出蘋果、西瓜、桃子、小鳥、葫蘆、老鼠偷油等。所用糖稀按不同瓜果顏色而各取所需。如要吹桃子，取紅色糖稀加一些金黃色糖稀調和後，先吹成淡紅色的桃子再按上兩片綠葉。所吹的瓜果多為空心，而葉子則不必吹，用兩片綠糖片，以剪刀剪成葉形黏在桃子上即可。

老上海的家長那時不懂衛生，有的媽媽給孩子買個糖人就忙著搓麻將去了。小朋友也不懂事，玩了幾分鐘嘴巴饞，就把糖人吃下肚。其實，這種糖人不能吃：第一，糖稀染了各種顏色，有毒；第二，小販用手捏、用嘴吹容易傳染疾病。為此，現在上海吹糖人這一行已遭淘汰。

老上海的轉糖擔，實為騙小孩的生意。舊上海市區家家戶戶住房狹小，不像北方四合院，小孩可在天井中玩。而上海灘孩子們在家無處蹲，只能到弄堂裡玩。這時，轉糖擔小販見里弄裡小朋友多，就急忙把轉糖擔挑進弄堂裡賺小朋友的錢。

這轉糖擔製作很簡單。鋸一塊圓木板如同鍋蓋一般大小，上面糊上白紙，考究的擔主再在白紙上貼紅綠紙，彩紙剪成Ａ字形，這種彩格上還寫有「空門」、「頭彩」、「二彩」、「糖一塊」等字樣。圓盤做好再在圓盤木板中心釘根長鐵釘，釘上套根細竹管，再把一根細竹條中間開個小孔套在長釘上，這樣橫放的竹條就不會落下來。這最後一道工序是用一根縫被頭的長針穿上線，繫在橫竹條的一端。如此轉糖的遊戲就可以開始了。

小朋友要轉糖，付了錢用小手撥動橫竹條，竹條隨之轉動，等它停下來時，針頭會停在某個格子上，以格子中的字論輸贏。如停在「空門」上則一無所有，如停在「頭獎」上即可吃大糖。

轉糖擔的小販門檻都很精。他們畫的格子並不是平均分配的，「空門」幾乎佔了圓盤的一半，而頭獎卻畫得如同筷子一般寬、二獎如同手指寬、三獎約有一寸寬。總之頭獎格子極細，而「空門」卻特別大。

如此這般，小孩有天大本領也無法轉到頭獎。小販還有一個絕招，這也同上海灘賭場中所玩的手法一樣，任你賭徒有什麼妙法，魔高一尺，道高一丈。轉糖的魔法說起來也很簡單，就是放轉糖擔時，要看準地方。

弄堂裡的地面是不平的，有高有低，小販放擔時就把「空門」的一邊放在低處，這樣一來小朋友撥動轉針時，橫竹條轉了幾圈轉不動了，它就自然而然向低處溜，溜到後來它總是停在「空門」處。這就是轉糖擔百戰百勝的竅門。

這種抽糖擔原爲北京行當，北京叫「抽糖人」。《北京風俗百圖》中就畫有抽糖人圖像。這種騙小孩的生意，在辛亥革命後傳到了舊上海。

所謂「抽糖擔」，在其擔上插著很多糖人，糖人上皆掛有標籤。有小朋友前來抽糖人時，挑擔者即取出一個圓竹筒，筒內放著三十二根竹籤，每根竹籤上都按照牌九的點數用紅黑顏色畫好。抽籤的小朋友付了錢可抽兩根籤，這兩根籤要成對才算贏。如天牌一對、地牌一對、人牌一對等，不成對即算輸。贏者可得糖人，輸者兩手空空。抽到天牌一對者，再看糖人上的標記。在牌九中，最大的是猴牌，天牌屬第二位，抽到猴牌、天牌一對當然可得大糖人。但小朋友玩這遊戲十次有九次落空，那些大糖人只不過是引誘小孩子們上鉤的釣餌。這三十二支竹籤中是否有一對猴牌、天牌還成問題。

抽糖擔者本身就很窮，想出這種抽糖人的把戲爲的是賺點錢餬口。要是小朋友眞能抽到一等獎、二等獎，那不是做虧本生意了嗎？所以大家不必擔心，猴牌一對、天牌一對是永遠也抽不到的。

竹籤確實是三十二支，但猴牌僅一支，天牌也只有一支，根本無法抽成對。可其他雜牌多了兩支，你就是抽到一對小牌，也只能拿到一個小糖人。這樣抽糖擔主既不賺錢也不會虧本。如此這般，一整天挑著糖人擔走街串巷忙下來，總可以混飽肚子，有時運氣好還能多賺點錢。

此門小本生意，大家不過玩玩而已，根本不必計較誰贏誰輸。

所謂「換糖擔」，就是老上海走街串巷收破銅爛鐵的小販。但是他們收了廢品後，只給你幾塊糖就算生意成交了。

這種小販肩上挑著一副籮筐，前頭籮筐上放一個圓形大竹匾，匾內盤著一圈圈飴糖。飴糖也稱麥芽糖，這是以傳統方法製作的糖，雖然不含色素，但放在竹匾上不遮不蓋落入很多灰塵混在糖中。還有換糖時，小販剛接過鏽跡斑斑的爛鐵等廢品放在後面的籮筐裡，手也不擦又拿起一長條飴糖，用一塊廢鐵敲幾下，飴糖斷了，小販隨即將斷下來的一小條飴糖遞給換糖的人。如此這般，也就算「銀貨兩訖」。

前來換糖者也都是窮孩子，他們在家中很少有機會吃到大白兔奶糖、巧克力和棒棒糖。為了解饞，於是從家中或其他地方找些廢銅爛鐵來換糖吃。

換糖擔的小販挑著擔子上街後，總愛在弄堂口吆喝：「廢銅爛鐵碎玻璃拿來換糖囉！」小販這麼一喊，總會有小孩拿了空酒瓶或爛鐵塊等跑出來換糖。

有一次，小販一吆喝，一個小男孩走到換糖老頭身邊，他不說不笑張開小手，老頭只見他的掌心放著三枚古銅錢，小販眼睛一亮，忙敲了一大條飴糖給小孩後挑起擔子就跑。小販知道這種古錢值錢，但值多少錢心中無數。

小販第二天生意不做，連忙到城隍廟四美軒茶館飲茶。此家茶館的茶客許多是古董販子、收藏家。經這些行家辨認，這三枚銅錢皆為秦始皇統一天下後所鑄，在收藏界稱為「天圓地方秦半兩」，世間極為稀少。當時有人張口出十擔米收一枚。小販心中有數，奇貨可居。第二天有人出到二十擔米收一枚。第三天糖擔老頭又去喝茶，此時「秦半兩」又漲價了，一個大收藏家決定以一百擔米換這三枚珍貴的「秦半兩」。老頭正欲成交時，突然來了兩個員警。原來這小男孩偷了同學家中三枚古錢，主人發覺即報警。四美軒茶樓天天有便衣混於茶客中，他們見換糖老漢衣衫破爛，知道此稀世珍寶來路不正，於是犯了案的老漢空歡喜一場，還要吃官司。

先令牌香烟

上海賣香煙的小販，有的頸上套根繩子胸前吊個木盤；有的拎著竹籃；還有考究點的地上支個四條腿的趴字架，架上放木盤，盤上還平插玻璃，可推來推去以防灰塵。這種玻璃盤煙販最怕小朋友湊熱鬧，見小孩圍觀即用上海話唱：「小弟弟小妹妹跑開點，敲碎玻璃老價錢，『金鼠』、『美麗』、『大前門』，大家快來買香煙。」

而香煙的發明純屬偶然。十九世紀，一隊埃及士兵圍攻土耳其大本營喬恩特城，埃及士兵截獲運載煙葉的駱駝隊，此時埃及士兵煙癮大發，但身上找不到煙斗。這時有個士兵用包子彈的紙片捲著煙葉抽起來，大家紛紛模仿。後來一個商人受其啟發而產生捲煙，於是成了流行。

光緒十二年，美國大美煙公司委託上海晉隆洋行出售「品海牌香煙」，每包售二十八文銅板。後來大英煙公司發行「雞牌香煙」，在煙盒內附有一張香煙牌子，因畫片精美故購買者多。一日慈禧太后下朝，在地上發現一張不知哪個皇親國戚扔下的煙畫，拾起一看，見畫有一雞，但她

從沒有見過雞，以為是孔雀。此事傳至日本大陀村井兄弟商學會，他們為取悅慈禧，即推出「孔雀牌香煙」，內附紅孔雀、金孔雀、黑孔雀煙畫。在慈禧慶壽之日，敬獻十大箱送至皇宮，慈禧鳳顏大悅，將煙分賜群臣。從此孔雀牌香煙名揚四海，生意興隆。

上海生意人也生產香煙，但鬥不過洋行，所以出產的香煙先批發給街頭巷尾的紙煙店，再轉售給小商小販到街頭叫賣。當年一些苦力買不起整包香煙，於是小商販拆包零售，買一枝也可以。

上海華成煙草公司生產「美麗牌香煙」，真找了上海第一美女蔣梅英作廣告，此人確實漂亮，連戴笠也拜倒在她的石榴裙下。戴笠手下確實有不少煙販，如南京梅園門前設有香煙攤，藉以監視共產黨人士的行動。共產黨當然也針鋒相對，上海馬路上許多老頭和小姑娘的香煙小販都是共產黨的線民。今天抽煙的朋友，哪會想到六十年前的香煙小販，很多是地下共產黨員呢！

考籃，顧名思義即參加科舉考試專用之提盒。

中國科舉制度由來以久。隋朝以後，歷代封建王朝皆設科舉考試選拔官吏的制度。隋文帝廢九品中正制，開皇十八年（598年）詔以「志行修謹，清平幹濟」二科舉士。隋煬帝時設進士科，分科舉士與考試相結合，標誌科舉制度的產生。

唐因隋制，有秀才、明經、進士、明書、明法、明算等常科，並頻開制科。明清科舉惟進士一科。考試之法，唐至宋初有帖經、口義、墨義、策問、詩賦等。明代成化後，規定考試文章格式為八股文，至此考試限制愈嚴。清光緒三十一年（1905年），下詔書「立停科舉以廣學校」，科舉制遂廢除。科舉制度全世界為中國所獨有，歷時一千三百年，對中國的政治、經濟、文化、教育及知識份子政策影響極大。

中國古代科舉分童試、鄉試、會試、殿試四級。其中鄉試為三年一次，例在陰曆八月，故又稱「秋闈」。鄉試規定考三場，每場連考三天，三進三出。考試期間答卷、食宿均在三尺見方的號舍中進行。

清代時老上海所賣的考籃為竹編，二十公分長，十二公分寬，盒高二十公分，竹提梁八公分，故通高二十八公分。盒分兩層，實為三層，其中一層套盤僅二公分高。入考場中允許隨身帶考籃。考籃內最上面的套盤放毛筆數支，其餘兩層放墨和硯臺，還要放紙和水盂，以便磨墨。

考籃製作很考究，在竹籃邊刻有回字紋，在提梁竹柄處還刻有花葉吉祥紋飾。此籃蓋上穿孔，插上扁銅，即可上鎖。

同考籃製作材料相同的圓式竹提籃有兩種：一是供籃，二是香籃。供籃為大戶人家上墳祭祖用，籃內放有魚、肉供品和錫箔長錠等。香籃為老太太上寺廟敬神所用，內放水果、糖果糕點和香燭等。這兩種圓提籃較大，比面盆口要大幾圈。一般也分兩層和一套盤，提梁上釘有銅環，上墳或敬香，皆可由傭人挑著，隨主人車馬而行。

現在無論是考籃、香籃和供籃皆成為老古董了，為收藏家所收藏。

賣估衣

157

[攤販行]

二十世紀初，上海有條估衣街專門經銷估衣。所謂「估衣」也就是人家穿過的不破不壞的舊衣服，現在稱為二手貨的衣服，那時十分熱門。

上海估衣街當年稱石路（現福建路），這條估衣街並不長，僅從南京路至北海路這一小段馬路中間就集中了七、八十家估衣店。說起石路賣估衣，在上海已有三百多年歷史。最早一家開張於清康熙年間，這家店的特色是既賣新衣也賣估衣。那時窮人多，估衣價格便宜，價廉物

美，受到賣苦力者歡迎。於是1843年上海開埠後，南京路一帶漸漸熱鬧起來，所以到了1918年，石路估衣店就增至五十四家之多。

估衣街的估衣之所以受歡迎，和他的賣衣的方式大有關係。這裡估衣店每家門口都搭個木台，賣起估衣來大喊大叫，上海人叫「喊攤」。一般的「喊攤」總是師徒兩人搭檔，只見他們手中拿著一件衣服，從領子、袖子、布料等直說到價錢。喊攤者特別強調，如果自己去做至少要花一百元，現在只賣五十元，這種便宜貨天下難找。這時台下十多位顧客聽了後，有的動心覺得合適、價錢也公道，就可以伸手看貨。以前可以還價，後來改為不二價，滿意者可付錢取貨。這時臺上一筆交易做成，喊攤者再喊另外一件衣服。

喊攤者，第一嗓子要好，第二口才要好，業務熟悉，頭腦活絡，喊的中間還要擺點小噱頭。這樣，做生意像看戲，所以石路估衣店生意總是十分興隆。

石路估衣的來源有三種。主要來自當鋪，抽鴉片或賭鬼有時當了衣服無錢贖回而成了死當，這時當鋪也就把這些衣服賣給估衣店。還有一種從收舊貨的挑擔中收衣服。也有製作一些粗布衣上市的。

圖說
360
行

在上海沒開埠前，也就是清代初期，上海還沒有布店，做衣服的布多靠自家手工織出來。有些人家的織布能手，天天日夜織布，布織多了就賣給城鎮大戶人家，這樣布販子就應運而生。

顧名思義，布販子就是把鄉間手工織出來的布運到城裡轉手賣給有錢人家的官太太、少奶奶、小姐、少爺們，這種布當時稱土布。

明末清初，松江地區土布出產豐富，布販子多把松江土布販賣到各地去銷售。據《天工開物》載：「凡棉布寸土皆有，而織造尚松江。」松江布業之所以出名，因為那裡出了一個丁娘子。丁娘子家住松江府東門外雙廟橋。她夫家東面有個土地廟，西面有個財神廟，因為家中很窮，她老公一早出去耕田總要先拜土地廟，晚上收工再拜財神廟，一心求神靈保佑發財。就這樣一連拜了三年，所賺來的錢全部買了香燭供品，所以越拜越窮。他看到鄰居不燒香、不拜佛，天天在家織布日子倒一

天天富起來，於是丁娘子把娘家陪嫁的首飾全部賣掉，又借了一些錢買了織布機，從此不拜財神和土地，跟鄰居學織布。丁娘子心靈手巧，又能吃苦耐勞，所以她織的布一天比一天好。三年後，丁娘子織的布因精細柔軟而漸漸出名，於是上海一些布販子紛紛趕到松江爭購「丁娘子布」。

丁娘子病故，上海人還念念不忘「丁娘子布」。《松江詩鈔》載：「丁娘子善織布，相傳墓在西郊外，今無人能指其處者。」

松江不但丁娘子布名氣響，所生產的雲布、淩布、三梭布、衲布、綿布等也很熱銷。這些布經布販子一直販到江西、兩廣等地。故當時上海有句俗語：「買不盡松江布，收不盡魏塘紗」（魏塘，今浙江嘉善縣）。

因松江生產的龍鳳、鬥牛、麒麟布花紋吉利、美觀，經布販子傳到北京後，深受宮廷后妃的喜愛，松江布一度成為朝廷的貢品。

賣席子

直,經久耐用。此席是用白麻、黃麻和絡麻製的細繩為筋,用手工木機織成,席面細密、牢固,並有柔軟挺括等優點。

紗筋席也是寧波席子的一種。它以棉紗為筋,用織席機織成,具有光滑輕柔、軟巧方便的優點。這種草席鑲有布邊,並用民間手工印花法印有花鳥走獸、庭堂建築等圖飾。寧波草席經高溫蒸煮消毒後,花樣色彩依然鮮豔,不褪色,適於室內裝飾以及海濱浴場使用。

軟折席柔軟結實,富有彈性。夏季時分可分別用於汽車軟座和家中鋪於沙發上,坐之十分涼爽。

老上海賣席子,多用竹片編成竹擔,再將寧波草席一圈圈放於擔內,挑到馬路邊、弄堂裡邊喊邊賣。當年上海家家戶戶夏天必睡草席,除鋪在床上外,到了晚上多以兩條長凳放上幾塊鋪板,再鋪上席子搭個臨時床,睡在露天乘風涼十分舒服,睡到半夜感到冷了也捨不得進屋。

夏天睡席子涼爽又舒服,直到現在多數家庭雖有空調,寧波草席還是上海的暢銷品。

　　老上海的夏天,小販所賣的席子多從寧波挑來。寧波地處浙江東部的平原水網地帶,這裡有大片沼澤地,生長著特有的密密麻麻的席草。這種席草古稱藺草,是多年生草本植物,每年秋季收割一次。

　　據《浙江通志》載:「甬東多種席草,民以織席為業,著四方,曰明席。」因古代寧波稱明州,故有「明席」之名。所謂「甬東」因有甬江穿過寧波市,故寧波簡稱「甬」,甬東即指鄞縣西鄉石楔、黃古林一帶。寧波黃古林的白麻筋席尤為著名。它是選用上等席草織成席後,再用人工以手掌推席草進行排緊工序,其卷邊平

賣鑊了就是賣鐵鍋。

鐵鍋是中國的傳統產品，據考證早在兩千多年前中國已生產鐵鍋，它是中國每家每戶必不可少的生活用品。在鋁製品沒有發明前，燒水、煮飯、炒菜都離不開鐵鍋，直到現在還有一些老人愛用鐵鍋。

生產鐵鍋，早先以湖南產品最出名。常德縣的昌明鍋廠創建於清代光緒年間，湖南益陽縣鐵鍋廠更早。據《中國實業志》記載，宋代時因益陽發現鐵礦，於是鐵鍋廠紛紛開業。縣城對河兩岸計十一家，寶林沖七家，黃溪橋二家，龍子山二家，總計工匠多達兩千餘人，年產值達一百萬兩白銀。

因為湖南生產的鐵鍋色如銀，高溫激冷不炸不裂之優點，被譽為「南鍋」。南鍋多用船沿長江運到上海，當時上海賣鑊子者為了證明這種南鍋牢固，故賣鍋時當眾表演，雙手提起鑊子讓其旋轉落地，擲地鏗鏘有聲，而鐵鍋毫無損傷，故客人認為南鍋異常牢固，於是紛紛爭買。

文革前後，上海大鬧鍋荒，哪家鐵鍋壞了，街頭巷尾再也找不到補鍋匠，而有錢也買不到新鑊子，怎麼辦？於是，市裡發放一種工業券，買鐵鍋要憑工業券供應。可是一家人家每月只發幾張工業券，又要買牙膏，又要買線團，又要買布鞋，又要買熱水瓶，還要買鐵鍋子，實在不夠使用。因為供不應求，於是賣鑊子也出現了黑市貨。只要哪裡發現有鐵鍋出售，就會紛紛排起長隊進行「搶購」。

那時上海離西寶興路火葬場不遠的柳營路有家上海鐵鍋廠，他們雖日夜加班，不停用收購來的廢鐵生產，也不能解決鐵鍋荒。這樣鬧了一年多的鐵鍋荒才漸漸緩解。現在青年人萬萬想不到那時上海買鑊子有多難呀！

賣炭爐

[攤販行]

賣炭爐

老上海講起來是遠東繁華大都市，繁華只表現在商業、娛樂業等方面，很多市民的生活還是十分簡陋，如倒馬桶、生煤球爐子等，只有少數人家用煤氣。

沒生過煤球爐者，不知生煤爐的艱難。因煤球經機械壓製十分結實，不易點燃。生煤爐時先把舊報紙放在煤爐中點燃，隨後把事先劈好的細小木柴輕輕放在燃燒的報紙上，緊接著用破扇子扇煤爐，邊扇邊把煤球放上去，但不可多放，不然會把火壓滅。

不會生煤球爐者，常常扇煤爐扇得手酸臂痛，滿頭滿臉都是灰，眼淚鼻涕也被煙嗆出來，但煤爐還是不冒火，故單身漢不願生煤爐，大多買炭爐來燒飯。

炭爐，也叫風爐、木炭爐。它是一種陶泥製品，很小很輕。木炭易燃，將廢紙點燃，放幾塊木炭扇一扇，五分鐘木炭爐就旺了。好在是單身漢，燒一壺開水、下一碗麵中午就混過去了，不再加炭爐火就自然熄滅，等吃晚飯時再燒一把舊報紙火又旺了，非常方便。

說起賣炭爐，令人想起唐代白居易的〈問劉十九〉：「綠螘新醅酒，紅泥小火爐。晚來天欲雪，能飲一杯無？」詩中的「紅泥小火爐」，可以說和我們老上海所賣的炭爐沒什麼兩樣。一千年後的上海炭爐也是紅泥燒製。當年詩人雪夜宴客，室內有只紅紅的小火爐，爐上溫酒燉菜，房中溫暖如春，詩人和客人圍小火爐飲酒暢敘友情，其樂無窮也。

小炭爐還有一個作用，就是燒開水品茗。茶客最講究沸水泡茶，水不開，泡出來的茶沒滋味。所以考究的飲茶者，總是把一隻提梁銅茶壺放在木炭爐上，專等水開才泡茶。

當年在沒有煤氣的情況下，小炭爐給上海市民帶來不少方便，其情難忘。

圖說
360
行

上海現在要買到木炭可謂難上難，因為絕大多數人家都用煤氣、微波爐、電鍋，所以木炭也就很難再尋到了。

在七、八十年前的上海灘，木炭還是很吃香的。上海灘的木炭大多來自浙江紹興。紹興地區多山，山上很多樹木可供燒炭，故而木炭和紹興酒都是紹興的土特產。紹興人來到老上海也多是經營酒肆和木炭行。

相傳木炭為戰國孫臏所發現。當年鬼谷子收了兩個徒弟，一為龐涓，一為孫臏。鬼谷子為測試兩個徒弟的本領，就出了一個難題，讓他們去尋找燃燒時不冒煙的木柴。龐涓聽後沒有去尋找，他認為世界上根本不會有不冒煙的木柴，何必去白費氣力。

可是孫臏是個非常認真的人，他不辭辛苦帶上乾糧、斧頭和火種踏遍了深山老林，砍伐了多種樹木進行焚燒，但試驗總是失敗，各種樹木都冒煙。可孫臏沒有灰心，有一次他把正在燃燒的樹木用泥土蓋上，準備到其他山頭再找樹木測試。可是其他山頭上的木柴也冒煙，孫臏於心不甘又回到原來的山頭，撥開泥土再仔細察看究竟。不料他發現那經過燃燒的半生不熟的木柴，再燃燒時卻不再冒煙了。孫臏驚喜萬分，就帶著這些燒得黑黑的木柴來見師父，又經鬼谷子指點，木炭終於在孫臏的手下誕生。

燒製木炭也有一套本領，要選好木柴，並要燒得火候正好。生了冒煙，過頭了不發火。紹興人多用船把一根根如同粗樹枝般的木炭運到上海。一捆捆木炭用稻草紮好，然後挑到街上去賣。最好的稱為鋼炭，兩根鋼炭敲起來聲音清脆，但木炭不碎，這種炭燒起來很旺但不冒煙。喜愛品茗者多用木炭燒開水泡茶而飲。

現在上海人大多不知「草窩」為何物？可能有人誤解為孵小雞之窩，其實它是一種保暖器。

從煙畫上看，購買草窩者還是纏過小腳的婦女，她的服裝也是清代打扮，可見草窩在清代是一種日用品。

每當深秋，老上海街頭都會出現草窩擔。所謂草窩，就是用稻草編的一種如同洗臉盆大小，但比洗臉盆深的草編器。每年老上海四郊農村割完稻，農民就會分秒必爭的編草窩，他們把新稻草盤成窩底，再將稻草紮成把不斷向上盤，盤到約有一尺高即收口，然後再以稻草編一圓蓋即可上市。

百年前上海市民燒好飯，有磚砌大灶頭的人家可放在飯鍋裡利用灶膛中的餘火保暖。可是燒煤球爐者只有一個爐口，此時必須將鍋子放在草窩中蓋上蓋子保暖。特別在冬天，鍋子離開煤爐，不放在草窩中很快飯就涼了，三九嚴寒吃冷飯不舒服，故而草窩可發揮一定的保暖作用，雖然方法很土但功不可沒。

現在上海多用電鍋燒飯，天再冷也沒有後顧之憂。這真是：

農家巧手草窩編，市上叫賣價低廉。
根據稻草似黃金，寒冬上市也新鮮。
草窩雖土能保溫，喜吃熱飯多方便。
如今皆用電飯煲，難忘草窩話當年。

毯子，在老上海是時髦的寢具。說來奇怪，早在兩千多年前的東漢時期，中國西部一些遊牧民族已經用羊毛或駝毛撚成線編織地毯，而床上用毯卻很少見開發。

二十世紀三〇年代，上海大約有兩萬以上的俄羅斯移民，他們絕大多數是前蘇聯十月革命推翻沙皇後，被迫流亡到上海的白俄貴族。他們大多住在法租界，有的在歌舞廳賣唱賣舞，有的開餐館，也有的上街賣舊貨，還有的上街賣毯子。煙畫上賣毯子的是個白俄老頭，年紀大了無以為生，只好到上海街頭賣毯子。他們賣的是洋毯子，貨源多來自俄國西伯利亞，那兒氣候十分寒冷，所以毛毯十分吃香。

早在1919年，中國天津「生甡織布廠」老闆，首先雇用了幾十名工人用手工把一團團棉線編織成各種精巧圖案的線毯，上市出售後轟動一時。上海消息靈通，他們見線毯很受客戶歡迎，即派人到天津學習線毯編織設計技術。那時學技術皆是偷學，老闆皆會保守新產品的技術秘密。不過，八仙過海，各顯神通，你有保守秘密的辦法，我也有獲得技術情報的方法，於是上海很快就開了幾家線毯廠。

老上海所生產的線毯花色多樣，有「松鶴圖」、「鶴鹿同春」等。這種線毯厚實耐用，柔軟舒適，圖案秀美，經濟實惠，深受顧客的讚賞。

不久，上海又開發了提花毯。這種毯子原料為羊毛，商家稱其為高級羊毛毯。當提花毯在老上海大新、永安等四大百貨上市後，深受廣大用戶好評。

這種提花羊毛毯，絨毛豐滿，毛面均勻，色澤鮮豔，圖案新穎，溫和保暖，富有彈性。故特別受到新婚夫婦的歡迎，可謂結婚新喜的床上必備用品。

賣虎皮

[攤販行]

165

　　當年上海青幫大亨黃金榮、杜月笙、張嘯林府上都買了整張虎皮鋪在紅木躺椅上。那時家中有一張虎皮既顯示威武，又是財富、權勢的象徵。

　　在中國虎爲百獸之王，而西方以獅子爲王。英國的皇冠上就有獅子的造型。中國不產獅子，只有虎。北有東北虎、南有華南虎。虎的額頭上有黑色斑紋形如「王」字，所以虎更名副其實成了山大王。

　　中國端午節父母要用雄黃酒在孩子額頭上抹個「王」字，這是借虎王的威勢以顯示辟邪除毒的寓意。南朝梁代宗懍《荊楚歲時記》載：「以艾爲虎形，或剪綵爲小虎，貼以艾葉，內人爭相對之。」有的婦女還以黃布縫成小虎給孩子提在手中玩，也是辟邪之意。

　　爲何虎皮受人歡迎呢？主要虎皮上生長著黑色柳條斑紋夾雜在金黃色的毛皮間，十分俊美威嚴。同時這些斑紋也是虎的保護色。古人說：「虎在咫尺淺草，能身伏不露，及其虓然做聲，則巍然大矣！」《周禮》有「取其紋炳」，象徵威嚴和勇敢。而朝鮮風俗，虎皮是新娘子出嫁必不可少的陪嫁品。韓國稱虎爲「荷多裡」，尊虎爲靈獸。二十四屆奧運會在韓國舉辦，韓國即選虎爲吉祥物。

　　當年來上海賣虎皮者多爲東北人，他們販賣虎皮到上海主要是想賣個好價錢。七、八十年前買虎皮是公開的，價錢雖高但願者上鉤。可現在不行，虎爲野生動物的重點保護對象。前不久，有人在上海秘密販賣虎皮，雙方談妥十萬元成交。正一手交錢，一手交貨時，公安突然出現，賣虎皮者以獵殺野生動物罪被拷上手拷。

　　無論是華南虎或是東北虎都是瀕臨絕種的動物，人人有責任加以保護。

圖說360行

枕頭是每個人必不可少的親密夥伴。人為何每天離不開枕頭？因為人的背與頭不是排成直線，如果睡覺無枕頭，脊髓就要轉上一個大彎，頸椎、肌肉、神經均隨之緊張，自然談不上休息。為了我們每夜能進入甜蜜的夢鄉，故而無論是中國人還是外國人都離不開枕頭。

中國有句成語「高枕無憂」，其實此言有誤，應改成「高枕甚憂」。清代《茶餘客話》載：「枕不可高，高令肝縮，過下又肺縮。」古人之言並非真的縮肝縮肺，但枕高確實不利於健康。枕之高度與肩平較妥。

枕頭既不能過高也不宜過硬。據考古發現出土較早為西漢之枕頭，一件是河北滿城中山靖王劉勝夫婦墓的鑲玉鎏金銅枕；另一件是廣州南越王的褐絹填珍珠軟囊枕。此後又出土了東漢雕花玉枕、五牛青銅枕、北朝石枕、唐代水晶枕。而出土較多的為陶瓷枕。由此可知，古人愛用硬枕。如果給我們一個銅枕或瓷枕，那我們必然會徹底難眠。

從煙畫上看，老上海小販所賣之枕，大約有三種：一種是藤編的枕頭，這種藤枕中間是空芯的，兩端為兩塊四方木板，外面以藤皮斜紋編織而成。一種是漆枕，此枕也是空芯，不過軟胎上漆了多層紅漆又滑又亮。另一種更簡單，枕的兩端為兩塊上面半圓形，下面方形的木板，然後再釘上一指寬的竹條，這種簡易的竹木枕主要是賣給窮苦力睡覺之用。以上三種皆為夏天所用之涼枕，除了紅漆枕價錢較高外，其他兩枕皆是便宜貨。

老上海人善於精打細算，家中的枕頭多數自己做。做枕頭很方便，買幾尺白布縫個長方形的口袋，袋內可裝礱糠、泡過曬乾的茶葉、木棉，還有蒲絨等皆可做枕芯，各有千秋，憑君選擇。

現在上海人夏天多穿鏤空皮鞋，而鏤空鞋式樣繁多男女皆有，特別是時髦女性的鏤空高跟鞋，製作高級，售價當然很可觀，有時打工仔一個月的工資不一定能買一雙鏤空高跟鞋。

上海人說起鏤空皮鞋，用上海話講稱之為「風涼皮鞋」，簡稱為涼鞋。

最初的涼鞋就是用不同質料和顏色製成的草鞋。草鞋源於何時無從查考，但涼鞋的發明確實是受了草鞋的啟發。

從煙畫來看，無論是賣涼鞋的小販還是買涼鞋的婦女，都是清末的裝束，而買涼鞋的婦女並不是買不起新鞋的窮人，她買草鞋是為了兒子風涼，由此可證實草鞋也屬於風涼鞋。

中國的風涼鞋並不是從國外引進的。相傳十九世紀初一位「老上海」愛出腳汗，他在自己開的小店中很隨便，春夏秋三季都穿木拖鞋，後來開店發了財成了有身份的大老闆，不能再穿木拖板了，但穿鞋又不斷出腳汗，於是他特地請一位皮匠師傅，先在木拖板下部釘了皮底，又以皮革仿造草鞋的式樣做鞋幫。本來這是一種不中不西，不倫不類的怪鞋，是為了防腳汗而特製的，但穿在有身份的大老闆腳上，立刻成了一種新式時髦鞋，大家紛紛效仿。這時幾家會動腦筋的皮鞋店老闆，就設計了鞋面鏤空的皮鞋，這便是最初的風涼鞋。

以後鏤空的部分更多，鞋的中段竟全部鏤空，於是風涼皮鞋逐漸形成。

二十世紀六〇年代，上海生產了大批的塑膠鏤空風涼鞋，於是風涼鞋得以普及，夏天腳丫子得到更進一步的解放。

　　春天到，放紙鳶。大人小孩各個都歡喜放風箏，濰坊風箏節聞名全世界。

　　紙鳶，又叫「鷂子」、「風箏」、「風禽」、「紙鷂」等，這是一種供人玩樂的工藝品。相傳春秋時，公輸般做木鳶以窺探宋城。據傳五代時，李鄴於營中製紙鳶，引線乘風為戲，後於鳶首以竹為笛，使風入竹中如箏鳴，故稱「風箏」。明、清後，風箏製作更為精巧。清代《紅樓夢》作者曹雪芹曾專著《南鷂北鳶考工記》，記載了幾十種紮製風箏的紮、糊、繪、放的工藝。風箏起初曾用於軍事、測量、通訊、宣傳等方面。唐代風箏成為一種娛樂玩具，但只限於皇宮和貴族府第。北宋後才流行於民間，發展為大眾喜愛的玩具。有的在風箏上安上琴弦嗡嗡作響，聲如箏鳴，俗稱「鷂琴」。

　　上海郊區放風箏忌諱斷線。舊時如斷線風箏落入農家房屋則被視為不吉利，因迷信要遭天火燒，所以如尋到放斷線風箏者，主人必要他用「豬頭三牲」祭祀消災。但也有的地方春天放風箏時，人們有意剪斷繩線，使風箏隨風飄去，以為這樣可以將災難、厄運甚至病苦放去而不復返。民間流傳：「正月鷂、二月鷂、三月放個斷線鷂。」

　　經過歷代畫家和民間藝人的創作發展，風箏的製作已成為中國別具一格的傳統工藝品，行銷世界各地。中國的風箏基本分為軟膀和硬膀兩大類，無論軟、硬皆以竹木為骨，以紙糊之。風箏式樣大致可分三種：第一是動物類，如喜鵲、蝴蝶、蜈蚣、沙雁等，飛禽走獸皆有。第二為人物類，如哼哈二將、孫悟空、何仙姑等。第三類為器物類，如扇子、花籃等。

　　放風箏必須要有風，沒風很掃興。他們沒有諸葛亮「借東風」的本領，只好望天興歎。清代《桃花扇》作者孔尚任很愛和兒童一起放風箏，不巧無風，他就寫詩罵天：

　　結伴兒童褲褶紅，手提線索罵天公。
　　人人誇你春來早，欠我風箏五尺風。

正月十五是春節後第一個月圓之日，道家稱之為「上元」，中國民間又把這天夜晚稱之為「元宵節」。元宵節之夜有鬧花燈習俗，故又稱為「燈節」。

老上海張燈時，賣燈小販多集中於城隍廟，故遊人紛紛前往豫園觀燈、購燈。

元宵張燈，據《太平御覽》載，起源於漢代祭祀太乙神。唐睿宗李旦在景雲三年（711年）正月十五曾燃燈千盞，並放寬宵禁，讓百姓觀燈。其子唐玄宗李隆基時，每年元宵節均要放燈。宋代將張燈日又放寬到正月十三夜至十八夜共計六天。據說規模最大的是明代，明太祖朱元璋建都南京，把民間的燈節擴大到十夜，即正月初八上燈，十七落燈。而老上海習俗，正月十三上燈，至十八歇燈。

當年正月十三上燈，上海老城廂即張掛花燈。燈的式樣極為豐富多彩，有元寶燈、蝙蝠燈、荷花燈、金蟾燈、兔子燈、花船燈等。而老城廂著名的燈店為小東門內四牌樓王長興燈店，燈節前後生意特別興隆。還有邑廟的箋扇店，他們經營的以絹綾或紙糊的走馬燈、鯉魚燈、蚌殼燈等更為奇特精巧，極受購燈者歡迎。

元宵節的燈彩，一般分為三類：一類為花燈，有圓形、扇形、六角形等。有的以紅木做骨架上面鑲有玻璃，並繪有山水花鳥，戲曲故事等。第二類為絹紗燈，以竹條為骨架，糊上紗絹十分精美。第三類為紙燈，有反映農家五穀豐登、六畜興旺的雞燈、魚燈、瓜果燈等。

古時候女性多不出門，惟有元宵節允許姐妹們上街觀燈。有的借此機會去約情人，故元宵節也有「情人節」一說。

到了正月十八收燈，農家除吃爆米花外，多以高炬照亮四野四隅。老上海謂之「照田蠶」。照田蠶乃是為了祈求新年吉利，養蠶豐收。清代嘉定王鳴盛曾寫有〈竹枝詞〉：

新春愛嚼米花甘，聽鬧元宵興倍酣。
高照彩燈千百盞，年年此夕照田蠶。

老上海寸土寸金，因爲人多房少所以居住條件大多狹小，這樣洗衣服特別是晾衣就成問題。因爲大多數居民僅有一小間住房，洗了衣服找不到晾的地方，於是就向馬路上發展。

在上海灘，你隨時可在街頭巷尾見到晾衣服情景。有的用繩子拴在兩棵行道樹之間曬衣服，也有的乾脆用衣架一排排掛在電話線上晾衣。什麼三角褲、胸罩、小兒尿布掛滿大街小巷，就像輪船上紅紅綠綠的萬國旗，真可以說是上海灘一幅別有特色的風景。

爲此，浙江竹鄉和上海四郊有竹園的農戶就砍下自家的長長細竹，扛到上海來賣晾竿。這晾竿說來很派用處，有的人家因住在樓上無處晾衣，就用自來水管焊成晾衣架吊在自家的窗戶，把剛洗過的衣服穿在晾竿上，通過窗戶把晾竿伸向鐵管晾衣架，這樣晾衣服的難題也就解決了。

上海灘的石庫門房，在造房時設計者考慮到晾衣難題，因此特在二樓亭子間上面造上一個小曬臺。顧名思義也就是專門曬衣服之處。這個曬臺三面設有高高的鐵架，在這種曬臺曬衣服，沒有晾竿無法曬衣服，而要把晾竿架到鐵架上也少不了鐵叉。爲此賣晾竿者同時也賣叉竿。

叉竿爲一細竹，頂端裝有鐵製的U形叉頭，這樣可將晾竿叉起，架到較高的鐵架上，晴天時，早上曬衣傍晚即可乾。

晾竿價錢不貴，花不了多少錢買一根可用三、五年。現在上海還流行用竹竿曬衣服，只不過現在一根晾竿已漲到十幾元錢了。

賣氈帽

在老上海街頭，可經常看見頭戴氈帽的老翁或中年人在路上走過。戴氈帽者以紹興人為多，不知何故紹興人特別喜歡戴氈帽。如果你到紹興去，無論是茶館裡或是小酒店中，坐在那裡的人各個都戴氈帽，好似縣太爺下過命令，老百姓非戴氈帽不可。

紹興離上海較近，乘火車沒有幾站路，所以凡是從紹興到上海來經商打工者多數戴氈帽。故而上海灘就出現了賣氈帽的小販。

這氈帽從何而來呢？相傳古代有一獵人，偶然在山中虎穴裡發現一塊氈絨，它是老虎吃了山羊之後，剩下的羊毛無法吃，就用來墊在身體下面，也不知這羊毛墊了幾層，反正老虎吃飽了就睡在這羊毛上面，感到軟綿綿暖呼呼的十分舒服，於是久而久之老虎竟把羊毛壓成了氈子。

獵人自從意外得到這塊氈後感到很珍

貴，想來想去後便用氈做了一頂帽子，其形式為後簷向上反折，而前簷在額頭突出一點點，成為遮陽式之帽。因這位獵人為紹興人，他首先戴著向後翻邊的氈帽在紹興走街串巷，當地人見此帽子式樣新穎，特別是戴在頭上很簡便，工作時絲毫不受影響，所以紛紛效仿，尤其農民和漁民最喜歡戴氈帽。

氈帽製作並不複雜，先選好羊毛氈帽料，反覆錘上漿，然後染成黑色，再製成尖頂圓邊帽形。戴在頭上時可將後沿折成畚斗形。這不僅為了翻花樣，也為了方便，因在反邊裡面可放香煙、字條等小物件。因帽是黑色，故有「烏氈帽」之稱。

在上海電影製片廠拍攝的電影《阿Q正傳》中，不僅嚴順開演的阿Q戴氈帽，而且其他紹興男子無論老少都戴氈帽，特別是划烏篷船的紹興佬倌頭戴氈帽，以腳划船，更充滿著紹興水鄉的濃郁風情。

「夏日清風貴如金」。每逢夏至酷暑來臨時，扇兒一搖，清風徐來，令人身涼心爽。

老上海扇子品種多，但人的身份不同，所用的扇子也不同。坐寫字間的大老闆和寫文章畫畫的文人雅士愛用摺扇。青幫大亨黃金榮、張嘯林等斗大的字不識幾個，他們也愛用摺扇，扇面上都是名人題字、大畫家作畫，他們是附庸風雅，假充斯文。少奶奶、姨太太愛用檀香扇，妓女、舞女也愛用檀香扇，她們用香氣撲鼻的檀香扇是賣弄風情招蜂引蝶。而普通上海老百姓都用葵扇。

葵扇俗稱蒲扇，是以蒲葵的葉與枝製成。製法並不複雜，先選色澤淺且均勻、枝柄三十公分的葵葉，剪下後曬二十天，這時葉變白色，再以水洗、烘乾，並以重物壓平，然後再以葵葉的大小剪成不同尺寸的圓形，最後一道工序即以細篾絲沿葵葉邊緣縫牢，蒲扇即製成。

葵扇經濟實惠，也是中國最大眾化、使用最廣泛的扇種。每年初夏，只要街頭一出現賣葵扇的小販，老上海市民即紛紛選購。

葵扇經久耐用，不但可扇風驅暑，還可拿它拍蒼蠅、趕蚊子。此扇用了一個夏天一般不會壞，只要用濕布擦擦晾乾，用廢紙包好，明年夏天還可以再用。如果壞了也不必丟棄，可用來扇煤球爐子，也是物盡其用。

千萬不要看不起破葵扇，它還是寶物，破扇一揮「要金來金，要銀來銀」，再一扇，那些貪官汙吏就定在原處目瞪口呆，無法行動。不過這把寶扇是在舞臺上《濟公活佛》中濟公手中的寶扇，若不是濟公，破扇再扇也頂多是一陣清風，毫無其他用處。

葵扇還可以烙畫，烙人物、花鳥皆可。高級的葵扇還可裝上象牙柄、玳瑁柄，這種烙畫象牙柄或是玳瑁柄的葵扇倒真是一寶。

老上海街頭小販五花八門，他們投顧客所好以種種方法賺錢。兌碗擔的妙處就在於一個「兌」字。兌者，就是以家中廢棄的各種物品換碗。

上海人都愛精打細算，不用花錢即可得到新碗，這是一種很合算的事。故家庭主婦很樂意以家中廢物換碗，這樣兌換擔小販在心理上已贏得生意的機會。

兌換擔的碗，雖是新碗，多為次品，碗有些麻點、碗口不圓或釉色不均等等，但不影響使用。這種碗，小販進貨較為便宜，再加上收進破銅爛鐵、廢舊衣服傢俱之類時，小販更是壓低價錢，這樣一來兩頭賺錢，利潤就不低了。

那時老上海不像現在，收舊貨廢品者不多。而一般市民家中地方小，廢品沒地方放，丟掉又捨不得，如能換上幾隻新碗，一來可使房屋清潔不占地方，二來可得新碗何樂不為。

老上海街頭兌碗擔者，以江西人為多。江西景德鎮為全國著名瓷都，那裡有很多小窯，燒出的杯、碗、盤、碟價格低廉。江西小販即帶著這些家用瓷器乘船沿長江到上海，搭個小棚住下來，然後再挑擔上街進行兌碗的生意。

其實江西小販並不僅僅兌碗，碟子、瓷盤、湯匙、酒杯等皆可兌換。故當年有〈竹枝詞〉描繪道：

換碗兌碗街頭喊，五彩青花任你揀。
只換東西不賣錢，任爾錢多不入眼。
世上見錢眼開人，可歎不如一小販。
初看小販不為錢，其實手法多賺錢。

在老上海，買雞毛撣帚多爲小轎車的司機。主人新轎車買來後雇了司機，這位司機責任重大，這新轎車少則幾萬銀元，多則十萬銀元，主人把車交給你，你一定要保養好，車上有灰，司機捨不得用毛巾擦，多用雞毛撣帚撣灰。發明雞毛撣帚的人也眞聰明，用撣帚輕輕一揮，灰塵全被拂去，而新轎車無絲毫痕跡。這汽車司機用的撣帚長約一公尺，撣汽車很方便。

一般家中用的雞毛撣帚都是小號的，僅半公尺長。上面一半是用線紮著雞毛一圈圈捆在細藤條上，然後再用濃膠封牢，下端爲一根細藤條，便於手握住撣灰。家家戶戶買撣帚多是上半段紮雞毛處發揮作用，下半段沒什麼大作用。可是在爲數不多的人家，下半段的用處要多於上半段。有人不信，且聽道來。

發揮下半段雞毛撣帚作用者多爲暴發戶人家。他們從鄉間買來十五、六歲的小姑娘，清末年間稱爲「丫頭」。這種窮人賣身的丫頭，只是奴僕絲毫沒有社會地位。主人想打就打，想罵就罵。有個老爺看了丫頭越長越漂亮了，就動手動腳，丫頭無奈只得躲避，丫頭越躲避老爺越動心。一次湊巧丫頭被老爺捉住，又是親又是摸，眞是無巧不成書，這種鏡頭正巧被太太看見，於是雌老虎發威，順手握起雞毛撣帚對準丫頭就抽。

賣雞毛撣帚者，賣時多介紹撣帚上半部，雞毛如何長，雞毛如何厚，從不介紹下半段。而太太此時手握的正是雞毛處，而下半部藤條打起人來十分痛快、輕巧，所以太太從此十分喜愛雞毛撣帚，見了就買。醋意發作時就揮舞撣帚朝丫頭身上發洩怒氣，而丫頭見了雞毛撣帚條件反射渾身發抖。

還有妓院的老鴇也非常愛買雞毛撣帚，她的撣帚常常壞，不是撣灰塵壞的，而是打人打壞的。剛從鄉下買來的窮姑娘不願接客，對付的辦法就是用雞毛撣帚抽。同樣，手下的野雞半夜拉不到客人也是用雞毛撣帚抽。發明雞毛撣帚者根本沒有想到撣帚抽人的作用，要比撣灰塵的作用大得多。

賣臭蟲符

[攤販行]

臭蟲俗名臭虱，亦名蟲壁虱，其別名甚多，曰滑蟲、曰行夜、曰氣盤，曰蜚，這個名字起得好，夜間吸飽人血的臭蟲，肚子鼓得好似要爆開來，故稱其為「肥蟲」，真是符合形象。還有人稱其為「香娘子」，明明其臭無比卻稱其為香娘子，真是絕好的諷刺。

臭蟲為名副其實的吸血鬼。上海人喜愛睡棕棚，而白天臭蟲多躲藏在棕棚穿棕繩的洞眼中，到了晚上一群群地跑出來對你發動攻勢。夏天夜間老上海的日子十分難過，處於來自空中和陸地的「敵人」包圍之中。空中之敵為蚊子，一隻蚊子好似一架轟炸機；陸地之敵是臭蟲，一隻臭蟲好似一輛坦克車。它們一夜到天亮不斷向人們襲擊，把你咬得鼻青臉腫，渾身都是疙瘩。

對付臭蟲的窮方法有兩種。一種叫曬棕棚，那時一些窮苦人家，一遇大晴天的毒太陽，就把棕棚搬到弄堂裡去曬，曬了一、二鐘點就開始攢棕棚。所謂攢棕棚，就是把棕棚平放地上，然後拎起一隻角後突然鬆手，由於棕棚受到較大震動，原來被太陽曬得頭昏腦漲的臭蟲在孔洞中立不住腳，於是跌落在地上四處亂爬，棕棚主人恨得咬牙切齒，即用手指搣、用腳踏。攢了十幾下不見臭蟲後，並不等於臭蟲全部消滅。於是再用第二種方法，燒兩壺開水，澆在棕棚上以便把躲藏得更深更隱避的臭蟲燙死。

臭蟲的生殖力特別強。只要有一對臭蟲沒被燙死，幾天後就會生出幾十隻、幾百隻臭蟲，再次成群結隊地向你進攻。那時DDT還沒有發明，對臭蟲束手無策。這時一種賣臭蟲符的人應運而生。

賣臭蟲符者，先在牆上貼了「專除臭蟲」的廣告就開始賣臭蟲符，僅一包低檔香煙錢就可以買一小包臭蟲符。售者一再強調此包必須買回家後方可打開，若半路打開符就不靈了。於是買者乘車趕回家中忙打開紙包，此符並不是捉妖的張天師所畫，只見符上寫著兩個大字「勤捉」。這只是無本生意，賣的是海派噱頭。買符者大呼上當，哭笑不得只好將符棄之。

賣老鼠藥上海話稱「賣老蟲藥」。北京、河北稱「賣耗子藥」。北方人土語，把老鼠稱「耗子」。

老上海街頭賣老鼠藥者，大多來自北方，他們肩頭背著一串死耗子，意思是告訴大家，這些死老鼠全是買他「耗子藥」毒死的。他們手裡還拿著一副竹板，邊走邊敲邊喊：「賣耗子藥來！」

這些小販爲招徠行人買他自配的老鼠藥，有時還會唱上一段耗子歌謠：

快來瞧呀快來看，老鼠是個大壞蛋。
它東間跑西間竄，偷吃麻油又偷飯。
溜牆根來滿屋轉，又吃花生又吃麵。
東梁跳到西梁上，啥個壞事它都幹。
啃書本來啃箱子，皮鞋帽子都咬爛。
老鼠急了都要啃，小孩耳朵啃半邊。

賣老鼠藥者確實很會編，控訴老鼠罪行的順口溜越唱越長，這確實很有好處，消滅老鼠人人有責，因此他這麼一宣傳很快引起圍觀者共鳴。於是他見時機成熟，就從小布袋中掏出一包包老鼠藥，隨之又唱道：

老鼠藥，不值錢，一包只花一毛錢。
省吃一根小冰棍，少抽一根名牌煙。
藥下屋裡保安全，一夜老鼠就藥完。

這賣老鼠藥的小販，有時賣的藥滿靈光的眞能毒死老鼠。不過也有賣假藥的，你要說他的藥不靈，他會回答你：「你怎麼知道不靈，老鼠吃了我的藥全部死在洞裡邊，你看不見死老鼠就說藥不靈，眞是天地良心啊！」買藥的人想想他說的也有些道理也就不爭了。但到底靈不靈只有老鼠才知道。

210

老上海灘大街小巷，特別是熱鬧的馬路邊經常可見到賣洋肥皂的洋人，他們大多是白俄人，也就是前蘇聯十月革命後被趕出國土的俄羅斯貴族。因與前蘇聯紅軍作戰的隊伍稱白軍，這些人流浪到滬，上海人就稱之爲白俄。

前蘇聯十月革命後逃至上海的白俄多達三千多人，至三〇年代增加到兩萬餘人。他們無以爲生，變戲法、跳脫衣舞，樣樣都幹，在街頭賣洋肥皂也是他們混飯吃的行當。

早在歐洲發明肥皂以前，中國祖先已發明了用豬胰和豬油混以石城搗成塊，

用以洗滌污垢，當年這種土肥皂民間稱之爲胰子。到了十八世紀，歐洲製鹼工業興起，他們以動、植物油製成肥皂推廣到中國，效果當然比我們土胰子洗起來乾淨。

說來有趣，肥皂從國外傳入中國沒有名稱，不知叫它什麼好。在明、清時代中國婦女洗頭用的是皂角，也稱皂莢，它是皂莢樹上結的一種如同梳子式的扁莢，在土胰子沒發明前，大家都用皂莢搗碎洗澡、洗衣服。洋肥皂傳入中國時看上去像塊肥肉。於是有人把它與中國傳統洗滌物皂莢聯繫在一起，而稱之爲「肥皂」。這個名字起得好，又具象又富有民族性，而且叫起來順口，故很快流傳於全國。

說起白俄賣洋肥皂，他們身穿洋裝，敲著洋鼓，吹起洋號，等圍觀的人多了，就用生硬的中國話鼓吹洋肥皂是新發明效果好。邊說邊把污染的手絹、頭巾等用洋肥皂當場洗滌，洗時泡沫飛濺，隨之搓洗後用清水一漂，墨漬油垢果然不見蹤影。

舊上海人愛圖便宜貨，又有崇洋思想。洋肥皂不但效果好，價錢也便宜一半，於是大家爭著買所謂的洋肥皂。可是白俄賣的都是假肥皂，而表演洗油垢用的卻是上等眞肥皂。等大家發現上當，白俄已換了地方再去騙人。以後上海人大多去買上海生產的名牌「固本肥皂」，那才是貨眞價實。

老上海的雜貨攤，也稱之為舊貨攤。這種小販的貨源來自千家萬戶，小販上午挑著擔子在里弄裡收舊貨，收了舊衣服鞋帽、過期作廢的古錢銅板、烙鐵、熨斗、壞電器、銅臉盆、洋酒瓶等等。東西收多了，資金周轉不靈，於是下午即在街頭設攤賣舊貨。因為這種攤上雜七雜八樣樣有，故人們稱其為雜貨攤。

光顧雜貨攤的人，懷有種種目的。其中有一種是收藏愛好者，他們愛搜羅五花八門的舊物玩賞。

趙汝珍所著《古玩指南》說：「古玩舊稱骨董，零雜之義也。」別以為雜貨攤上都是垃圾貨，有時也有古董。一次有個專門收藏煙具的朋友，就在這種舊貨攤上買到一隻黑乎乎的金屬煙盒，只花了一元錢。回家用銅油擦一擦，原來是只銀煙盒，盒上還鑄有拿破崙坐像。後來向雜貨攤小販探聽到，因為一個洋人老太太要回國，就把無用的破爛賣給了小販，於是收藏家揀漏得到一隻十九世紀的法國古董銀煙盒，少說也值三、五百元。

老上海舊貨攤較為集中之地有多處，最熱鬧的為河南路橋北塊，原天后宮附近的空地上，最多曾有上百個攤位。還有五馬路（今廣東路），那裡原是上海灘古玩一條街。在沒有形成古玩市場前，首先是舊貨攤佔領了這塊風水寶地。在清代末年，廣東路河南路口有個「怡園茶館」，雜貨攤主每天在此茶館飲茶，隨後就在茶館店街道兩邊設攤，由此吸引了不少收藏者來此覓寶，也有不少洋人夾雜其間，多時茶館兩旁竟多達一百多個攤位。

1921年有一位名叫王漢良的古董大亨，看準了廣東路大有發展前途，於是集資籌款在五馬路江西路口大興土木，建造了「中國古玩商場」，隨之形成了上海灘廣東路古玩一條街。也可以說是雜貨攤、舊貨攤販帶動了上海灘的古玩市場發展。

賣蒲艾，可算端午節前生意最興隆的買賣。

據元代吳自牧《夢粱錄》記載：「杭都風俗，自初一至端午日，家家買桃、柳、葵、榴、蒲葉、伏道、又並市葵、粽、五色水團、時果、五色癀紙、專門供養。」

據《華夏民俗博覽‧端午節》一章載：「說端午節是『衛生節』，主要是指節日風俗內容很多是和防病驅毒緊緊相連的。端午日家家戶戶懸艾葉、掛菖蒲、泡雄黃酒是自古有之。上海市郊居民端午節都有洗帳撢灰，打掃庭院的習俗。」

早在七、八十年前，上海某報曾登過一首端午歌謠：

五月初五節臨門，喜聞蒲艾叫賣聲。
端午開宴斟艾酒，荔枝紅熟可嘗新。
龍船花共菖蒲草，每紮街前賣幾文。
艾葉買來齊裏粽，點燃艾草可驅蚊。

黃魚黃鱔黃豆芽，黃瓜雄黃可強身。

歌中唱的菖蒲和艾葉在上海、浙江、江蘇等廣大地區，乃是端午節必不可少的避邪物。家家在節日的清晨，門上都早早地掛上菖蒲和艾葉。菖蒲也是一種野生的中草藥，江南地區平時是不掛此類之物，只有在端午節才掛，一掛就要掛上好幾天，直到菖蒲等全部枯黃才取下來。

掛菖蒲也有講究，人們都把菖蒲繫在上端，中間紮艾草，下面將大蒜瓣連結穿起。菖蒲似劍、艾草似鞭，而穿成串的大蒜瓣似鎖鏈，家家戶戶祭起這些奇特的「武器」，主要是為了消滅「五毒」。端午時百姓常用彩色紙，剪成蠍子、蜈蚣、蜘蛛、毒蛇和壁虎此類五毒形象。民間認為這五毒會散佈瘟疫和毒汁，有害於人類，故用菖蒲「劍」、艾草「鞭」、蒜瓣「鎖鏈」鎮壓之。

賣挖耳勺的確是小生意。老上海街頭常常可以看見一些老頭、老嫗手中抱著小木箱，上面用鉛絲編成一層層的網架，網上插著一排排的挖耳勺。耳勺有長有短，有竹製的也有牛角製，一頭為耳勺，另一頭用雞毛紮了個小絨球，耳朵癢了可以塞進耳朵眼轉一轉，雞毛球轉過，耳朵不再癢，而且特別舒服。

明代小說《醒世恆言》中有句成語「挖耳當招」，這意思很明白，見別人舉手挖耳誤以為招呼自己。由此可知，四百多年前已有挖耳一說。

其實耳勺出現遠遠不止四百多年，據北宋陶谷《清異錄》記載，唐代宰相杜宗把「剜耳匙」稱為「鐵了事」。由此可說明唐代耳勺為鐵製，同時也說明早在一千多年前的唐代，耳勺已成為高官貴族的生活用品。

耳勺不僅有鐵製品還有金耳勺。此勺是考古工作者在江西南昌一座古墓中發現，長二十四公分，重九克。這支金耳勺特別長，如同筷子一般，當前普通耳勺約十公分左右。這金耳勺的主人名高榮，三國時代東吳人，看來他可能是皇親國戚，不然不可能打造金光閃閃的特長金耳勺。

中國擁有金耳勺者人數極少，而家藏銀耳勺、銅耳勺者較為多數。而普通人家只能用竹耳勺，因價廉物美。最豪華的是「殷墟婦好墓」出土的兩枚玉製耳勺，耳勺雕為魚形，魚耳勺雕工細膩，口、眼、背、胸、尾紋飾清晰，十分精美。

婦好生前是一位能征善戰、為商朝開疆辟土立下汗馬功勞，赫赫有名的女子，她也是商王武丁的王妃。婦好墓出土各種玉器七百五十五件，其中一枚魚形玉耳勺長15.5公分，魚尾端雕耳勺，此物距今已有三千二百年的歷史，彌足珍貴。

樣花賣

136

所謂「花樣」，即是一種民間剪紙。剪紙是深受民眾喜愛的一種手工藝美術品。它以紙爲材料，通過剪、刻、染等方法塑造各種形象，用於生活環境的裝飾及節日、喜慶活動的點綴。

中國剪紙歷史悠久。據唐代李商隱〈人日即事〉詩中說：「鏤金作勝傳荊俗，剪紙爲人起晉風。」由此可知剪紙起源於晉代。

剪紙如以用途來分，過年節裝飾的爲「窗花」，用於婚禮喜慶的爲「喜花」，另外還有「門箋」、「牆花」、「棚頂花」、「燈龍花」等，做刺繡用的爲「花樣」。

老上海街頭巷尾賣花樣者多爲揚州人。而中國剪紙有南派和北派之分。北派有天津剪紙、陝北剪紙、河北蔚縣剪紙、山東剪紙等；南方則有佛山剪紙、揚州剪紙等。

揚州剪紙題材多爲花鳥、草蟲等，形象清秀、線條明快、裝飾性強，有強烈的江南地方風格。揚州人所賣的花樣充滿著揚州的鄉土氣息。

揚州婦女特別愛穿繡花鞋，在上海又有大批揚州婦女來謀生，故揚州花樣十分受到歡迎。街頭所賣的花樣多用白紙剪成，有「喜鵲登梅」、「吉慶有餘」、「彩鳳雙飛」、「金玉滿堂」、「四季百花」、「萬事如意」、「福壽三多」等等。這些花樣構圖飽滿線條秀美，花中有花，象徵著吉祥如意。

婦女們從賣花樣攤上挑選自己喜愛的花樣後，回家貼在綢緞鞋料上，然後按照紋樣刺繡，千針萬線將鞋繡好後，花樣也就保留在繡線下面。用剪紙花樣繡成的紋飾，邊緣齊整，線條流暢。穿著自己繡的鞋，特別是新娘子穿自己做的繡花鞋拜花堂，心裡甜滋滋的特別高興。

揚州賣花樣者，自己多會剪花樣。買主可說出自己心中的花樣，賣者可當場剪出保你滿意，不過當然需要多付點工錢。

　　古代婦女和現代女性的髮型不同，現代婦女多以長波浪髮型為美，在頭上插金掛翠者不多，可古代女性穿長衣長裙，把肉體裹得嚴嚴實實，她們遵守「衣不露體，笑不露齒」的古訓，要想顯示女性美只能在頭上大做文章。

　　中國古代女性比阿拉伯婦女幸運，寬袍大袖雖然把身體完全遮蓋，但頭和臉還是公開外露的，不像阿拉伯婦女連頭也要用厚毛毯包緊，只准許把雙眼和鼻孔露在外面。

　　既然中國古代婦女獲有頭臉外露的權利，那麼就應該把頭部打扮得美一點，於是一些商人做出種種頭飾以博得太太、小姐的歡心。

　　清代末年，老上海婦女都梳巴巴頭、元寶頭，也就是將長髮向後梳，然後把長髮盤成一個元寶形的髻，故名。頭髮很滑，盤成髻後手一鬆就會散掉，為此需要頭飾幫忙。賣頭飾的小販來了，太太、小姐們要買很多髮釵插進元寶髻中，再套上一層黑絲網，這樣髮髻就不會散掉。

　　大戶人家婦女的頭飾有金釵、銀簪、玉簪等，可是賣頭飾的小販沒本錢做這種金、銀首飾的買賣，他們所賣的頭飾看起來也珠光寶氣，不過都是假貨，如銀光閃閃的銀釵，其實是鍍銀之物。所以在〈申紅竹枝詞〉中有人寫道：

　　洋翡翠呀出東洋，東洋近來化學昌。
　　製成洋翠似真翠，製出頭飾頗精良。
　　太太不識洋古董，插在頭上出洋相。
　　高價買來假頭飾，原來受騙上大當。

　　到了民國初年，有些年輕的女性剪掉元寶髻，長髮剪成短髮，也有的梳成兩條小辮。賣頭飾的也跟著翻新，他們不再賣簪、釵，而賣髮夾、頭箍、紮小辮的紅絲繩及蝴蝶結等。

　　老上海的製造商頭腦靈活，他們開發的產品總能跟上時代的步伐，所以賣頭飾的小販生意比較好，省吃儉用全家人餓不著肚子。

愛美是人之天性，而女性大多追求美。婦女最大的弱點生怕別人說自己醜，所以往往不惜一切代價要把自己打扮一番。特別是在花花世界舊上海，美女如潮，故而女性爲壓倒別人而拚命爲自己塗脂抹粉，爲此賣化妝品這一行十分興旺。

中國古代的化妝品並不豐富，當然無法和西方女性相比。如《紅樓夢》第九回寫道：「彼時黛玉才在窗下對鏡理妝，聽寶玉說上學去，因笑道：『好，這一去，可定是要蟾宮折桂去了！我不能送你了。』寶玉道：『好妹妹，等我下了學再吃飯，和胭脂膏子也等我來再製。』」由此可知即使是大觀園中的美女，所用的塗臉頰的紅胭脂也要靠自己動手製作。

清代陳作霖《炳燭墨談》載：「金陵市肆有設自前明者，如牛市口之肥皂香粉店。」老上海的香粉店，以賣鵝蛋粉爲主。「月中桂」香粉店爲揚州人所開，計同名者有三家。「戴春林」香粉店爲蘇州人所開，計同名者有十一家之多。上海灘的香粉店多開在天津路一帶。因香粉店較集中，街名即稱「香粉弄」。

舊上海過了南京路、二馬路（今九江路）、三馬路（今漢口路）近山西路畫錦里一帶，香粉店也很集中。因爲此處靠近妓院如林的四馬路（今福州路），所以香粉生意特別好。妓女們皆過著非人的生活，大多面黃肌瘦，營養不良。也有的人老珠黃，爲招徠顧客，只有靠塗脂抹粉來掩蓋自己的醜態。

從煙畫上來看，這位賣化妝品者身穿西服，這就不是在賣古式的鵝蛋粉和胭脂膏，而是在推銷洋化妝品。這從手推車上放的玻璃瓶也不難看出，所賣的是香水、花露水、雪花膏等。

上海人愛新鮮，這種新式化妝品當然受到時髦女性的歡迎，生意也越賣越旺。

清代時，有的地方商業並不發達，特別是鄉村裡商店極少，人們購物很不方便，有些零零碎碎的生活必需品，要跑幾十里路到鎮上才能買到，因此貨郎擔也就應運而生。

貨郎，這是婦女們對這種送貨上門者的美稱。所謂貨郎擔，賣貨的方式有多種，有的挑擔也有的肩背，還有的手提或是用小車推。不論用什麼方法送貨，貨郎手中總是握著一隻撥浪鼓，只要聽見撥浪鼓聲，婦女們即出門來買貨。

這撥浪鼓現在已成古董，也是收藏品，喜愛收藏者四處覓寶但難見蹤影。不過這種撥浪鼓做工的確精巧，基本上分兩種：一種是單鼓，另一種為一鼓一鑼。這種鑼很小，如茶杯口大，貨郎一搖，鼓鑼齊鳴，雙音清脆，聞聽此聲婦女們感到特別悅耳，紛紛出門選購自己等用的東西。

貨郎擔所賣之物品種類多，有胭脂花粉、襪子毛巾、零頭布料、鞋面布料、鞋墊手絹、木梳、刷子、鏡子、圍裙、圍巾等等。

還有的貨郎擔上的貨比較大，賣的是洗臉盆和熱水瓶。那時搪瓷臉盆是新鮮貨，在此之前貧窮人家多用木盆，而大戶人家用銅臉盆。不過木盆太寒磣，銅盆又太重，搪瓷臉盆又輕巧又美觀，面盆中還印有「和合二仙」、「金玉滿堂」、「年年有餘」等鮮豔吉祥圖案，所以特別受到歡迎。

貨郎以他們勤勞的雙腿贏得了顧客們的歡迎，也可以說是開拓老上海商業默默無聞的尖兵。

賣刨花

185

[攤販行]

　　現在的婦女已不知「刨花」為何物，即使把一條條的刨花送到她們手中，她們也不知怎麼用。

　　在清代至民國初年，刨花卻是婦女的寵物。當年婦女愛刨花，就好比現在女性喜愛「海飛絲」、「飛柔」、「潘婷」。

　　所謂刨花可以說是一種頭油，不過它不是油，而是一種有黏性的汁水，這種水即由刨花浸泡而成。「刨花」來自一種樹，把這種樹砍倒後剝去樹皮，鋸成一尺半長的樹段，接著用木工的長刨，刨出三、四指寬的長刨花，再用線十張一穿，穿上十多串扛上街即高喊：「賣刨花。」

　　婦女們從小販手中買來刨花後還不能抹頭。當年幾乎每個婦女的閨房中都有梳粧檯，檯上放著刨花缸，這是她們陪嫁物之一。刨花缸多為瓷製，有點像無把的茶杯，形狀像鼓，有蓋。刨花缸有青花、五彩、粉彩之分，極為秀雅，缸上紋飾有

「百子圖」、「和合二仙」、「花鳥」等圖案。

　　當年婦女都會泡刨花，把刨花買來後，放在刨花缸中，每次只泡一、二張，泡上幾天，缸中的清水即變成黏汁。

　　當年婦女流行抹頭油，在頭油尚未發明前，她們都抹刨花。抹法很簡單，早上起床後梳好頭，即對著鏡子用一種像今天牙刷似的骨製紅柄黑鬃長毛刷，沾刨花汁抹在頭上。婦女們認為這樣頭髮又黑又亮又光滑，很美。

　　其實抹刨花汁很不衛生，因刨花黏汁塗滿頭，上街風一吹灰塵落在刨花黏汁上洗也洗不掉，這樣灰塵越積越多頭癢難受，無奈只得常常洗頭，洗頭乾淨再抹刨花，這真是：

　　為了漂亮抹刨花，灰塵落滿也不怕。
　　又黏又髒我說美，哪管他人看笑話。

圖說360行

　　弓箭，是中國最古老的武器。我們的祖先發明弓箭是爲獵殺禽獸以充饑和改善生活。後來出現了部落及國家，弓箭也就用於戰爭成了一種武器。弓箭的特點是射程遠、速度快、攻擊力強、準確性佳。

　　弓箭雖有強大的威力，而它的構造非常簡單。最初以野獸的皮劃成條，縶在堅韌的樹枝兩端，左手握木弓，右手拉皮條，等D型弓拉成弧形，手一鬆利用弓的彈力，將裝在弦上削尖的樹枝射了出去。

　　弓至春秋戰國時，選材和製作皆有很大的改進。王弓和孤弓，弓長131.4公分，主要用於守城和戰車；夾弓、庾弓長度爲125.4公分，用於田野狩獵和弋躬飛鳥；唐弓119.46公分長，用於習射。

　　唐代之弓分爲長弓、角弓、稍弓、格子弓等，各有用途不同。宋代有黃樺弓、白樺弓和黑漆弓等。元代有馬克打、卡彎等大弓。明代有開元、小梢等弓。清代有樺皮弓等。

　　箭，古稱「矢」。初爲一根一頭削尖的樹枝或細竹，後爲了更具殺傷力，即在箭杆的頭部以尖石、尖骨、尖貝作箭鏃，並在箭杆尾部裝上羽毛，以保持飛行方向。商代的箭鏃爲銅製，還有的在箭端綁火球射向亂陣，古稱「火箭」。後又出現毒鏃，稱爲毒箭。唐代分竹、木、兵、弩四種，後兩種爲鋼製，可穿透鎧甲。

　　著名京劇《草船借箭》可謂家喻戶曉，而成語「百步穿楊」說的是楚國養由基是射箭能手，他能在百步外射中指定的小小柳葉，故古人留下「百步穿楊」和「百發百中」的成語。

　　自十九世紀中葉鳥槍發明後，弓箭在戰場上已無用武之地，後來轉而成了體育項目。老上海所賣的弓不用來射箭，它的弦上裝有一個小木碗，如同藥瓶蓋，碗內裝上泥彈射出，俗稱「彈弓」。上海灘善玩彈弓者用以射鳥。現在這種彈弓已淘汰，「勸君莫打三春鳥」，淘汰彈弓乃鳥之福音。

針線在商業中可算是最小最輕的商品，小到商店中因賺不到錢所以不願賣。為此，專賣針線的小販應運而生。

針線雖小，但也是生活必需品。特別在清代，婦女人人都要學會針線活，連出嫁的新衣都是新娘子自己縫製，所以婦女更離不開針線。

中國在舊石器時代，北方「山頂洞人」為了生存，即用獸骨磨成針，穿上獸筋縫的獸皮來禦寒。商周時代有了青銅針，鐵針約在西漢末年才出現。

清代時，中國針的生產皆土法手工製造。當年山西晉城縣和廣東佛山為中國兩大縫衣針的生產基地。老上海所用的針也是由這兩地供應。

鴉片戰爭後，洋針佔領了上海市場。中國手工製針的工廠和作坊便紛紛倒閉。直到1949年後，才有了國產的縫衣針和棉紗線。

在此順便說個針線的故事。在七、八十年前老上海鄉間有個農村姑娘，從城裡買了針線回家，路中遇上歹徒把她拉進樹林中欲行非禮。姑娘嘴被堵住無法叫喊，她急中生智，從身上摸出針線為武器。那天姑娘一共買了五根針，她利用歹徒不防之際，狠狠地把五根針刺向男人要害之處，只聽歹徒突然像狼嚎一樣鬆開摟著姑娘的雙手，忙捧著自己的下身痛得在地上打滾，姑娘趁機逃回家。五根針成了小姑娘的武器，保護了她自己。

氣球也是洋玩意兒。百年前在上海灘風靡一時，它最早由租界洋行傳入中國。上海人稱氣球爲「洋泡泡」，這種叫法很具象。

氣球有圓和長形兩種，長氣球除充氣使之成爲大絲瓜、大香蕉、大棍棒外，還可以用多種手法把它扭紮成長嘴狗、米老鼠、木馬、鵝等多種造型。

氣球造型遊戲的做法並不難。先把長形氣球拉鬆使之受力均勻，隨後用酒精棉花擦一擦氣球的進氣口，右手將進氣口貼近嘴，左手捏住氣球尾部將其拉直。長氣球有一個特點，吹氣時從自己嘴邊漲開，其餘部分不變形，如果不全部吹足氣，你可以用手把漲凸部分捏擠到任何部位停留。吹氣後速將吹氣口紮緊打結，防止氣體外溢。最常用的方法是左手握住需要部分，右手旋轉扭絞其餘部分，使之成爲相連的兩節。如此根據造型長短扭繞，即可成爲有趣的玩具造型。

吹氣球無法升空，你把它拋向空中，它也會慢慢降落，只有充以氫氣的五彩繽紛氣球，才會冉冉升起。我們現在舉辦大型運動會或老上海大公司吉日開張剪綵，多有放氣球的鏡頭。

每年春節、國慶日、兒童節，公園門口或熱鬧街頭，都有賣氣球的小販在做生意。小朋友最喜歡氣球，當父母的都會買幾個氣球給孩子玩兒，這也是節日一景。

小朋友買了氣球後，還可以看變魔術，表演者將十多枚大頭針插進氣球而氣球不會爆破。奧妙在於表演者事先在氣球上貼了透明膠帶，大頭針插在透明膠帶上氣球自然不會爆破，而透明膠帶也不易被人發覺。

現在上海熱鬧的街道爲防火災，不許燃放鞭炮，因此有人就以踩氣球的響聲來代替爆竹聲，這也可以算是一項發明。還有商店贈送氣球廣告來吸引顧客，這也是好主意。氣球還可以開拓出新意，越玩花樣越多。

清代捏麵人稱作「捏粉人」，俗稱「捏粉糰」，現在名稱較為文雅，稱之為「麵塑」，北京卻稱之為「捏江米人」，顧名思義其原料為江米麵，蒸熟後拌以紅、黃、藍、黑等各種顏色，用濕布包好待用。

清代捏麵人者多為農民藝人。在農閒時或春節即背上麵人箱，到上海來走街串巷獻藝。當時作品比較簡單，以一根小竹籤為架，將江米麵一一揉捏，其手法有搓、揉、貼、撚、刮等，兩三分鐘一個神態逼真、模樣滑稽的豬八戒，即在藝人的手指間飄然而出。其工具不過是一個上圓頭、下尖頭特製的小竹片，加一把小剪刀而已。

在民間藝人手中捏出的紅臉關公，頭插雉雞尾的穆桂英等雖然栩栩如生，僅屬於兒童玩具和節日湊興而已。民國初年北京有湯氏三兄弟，對麵人原料加以改進，去除容易裂開、發霉的缺點，故湯氏三兄弟在北京聲譽鵲起。他們曾在末代皇帝溥儀舉行婚禮時，特精心捏製「麻姑獻壽」、「旗裝宮服佳人」等麵塑作為大禮獻給皇上。至今這些取材豐富、色彩豔麗的麵塑珍藏於北京故宮博物院中。「麵人湯」（指湯氏三兄弟）的作品「十八羅漢朝如來」、「煙鬼歎」等曾參加巴拿馬萬國博覽會、朝鮮博覽會等，並多次在國際上獲獎。

北京除了這享有「麵人湯」美譽的三兄弟外，另外還有「麵人郎」郎紹安，「麵人曹」曹儀簡幾位麵人大家。

上海捏麵人最著名的是趙闊如，他的作品可以和「麵人湯」媲美，有「北湯南趙」之譽。趙闊如大師雖已去世，但他的傳人繼承了趙氏高超技藝，至今還在接待外賓並深受好評。

賣簫笛，就是賣簫和賣竹笛。不過老上海的小販，他肩頭背了一隻大布袋，前胸和後背的袋中各插了十多根簫和笛，故有人簡稱賣簫笛。

簫是竹製之管樂器，古屬竹類八音之一。古代的簫用許多竹管編成，現稱「排簫」。老上海街頭所賣之簫，單管，直吹。五代時李約〈觀祈雨〉詩云：「桑條無葉土生煙，簫管迎龍水廟前。」詩人描寫的是古代求雨場面。

簫很難吹，簫頂端只開一個小孔，吹奏時下嘴唇向內縮，氣通過上嘴唇吹向簫的微孔，故簫發出的音低沉，適於表演悲愴嗚咽的曲調。吹簫人的性格要很柔和，性情急躁者是無法吹簫的。

笛子是中國橫吹的管樂器。古時又稱「橫吹」，竹製，笛面上開有八個圓孔。一孔為吹氣孔，一孔蒙笛膜，其餘六孔以左右手各三個手指來調節聲調。傳說笛由西域羌族傳來，故最早稱羌笛。唐代岑參〈白雪歌送武判官歸京〉詩云：「中軍置酒飲歸客，胡琴琵琶與羌笛。」這三種樂器皆起源於西域。唐代王之渙〈涼州詞〉詩云：「羌笛何須怨楊柳，春風不度玉門關。」

老上海走街串巷賣竹簫和笛子的小販，所賣的皆是價錢最便宜、製作最簡單的簫笛，主要供窮朋友、小孩玩玩而已。可是有位踏三輪車的小夥子名叫陸春齡，他偶然買了這種竹笛自樂，一吹吹上癮，日吹夜吹，吹起小調十分動聽。於是夏天夜晚，踏三輪車歸來常在棚戶區吹給窮朋友聽，直吹到半夜也不肯散去。

後來陸春齡憑著一支無師自通的竹笛考取上海民族樂團。誰也沒想到陸春齡自學成才，隨團出訪東歐、前蘇聯、西歐等三十多個國家，他以笛子獨奏征服不少人，獲得「魔笛王」的美譽。

由於他一生愛笛，從在老上海花一、二角錢從小販手中買來三支最簡單的竹笛起，六十年來陸春齡收藏了中國最高級的曲笛、梆笛、日本「尺八笛」、法國「茄羅倍三孔笛」、印度的粗管無膜「葦笛」、印尼「亞沙林笛」等數百支名笛。他又成了笛子收藏家。

前身後裝滿了胡琴沿街叫賣，不過貨色很差。以二胡而言，其琴筒木料為雜木所製，筒上蒙的也是假蛇皮，故價錢比較便宜。京胡質也很差，購買這種大路貨的胡琴者，多為販夫走卒之類，生活十分枯燥，除了飲酒抽煙，還買把胡琴自我娛樂。如愛京戲者，就買京胡，愛申曲者買二胡，空閒時七拉八拉也能無師自通。在舊社會他們的溫飽尚無保障，哪有餘錢買高檔胡琴，能從身背胡琴沿街叫賣者那兒買把低檔胡琴玩玩，也已滿足了。

不過真正的二胡、京胡演奏員，不會去買街頭小販的胡琴。這些演奏家的二胡的琴筒皆紅木製成，中間的主桿也是紅木所製，桿的頂端有的雕有龍頭，有的鑲有象牙紋飾，那琴弓馬尾細密，任你多麼用勁也不會鬆散。當然，他們所奏出的琴聲十分悅耳，這種琴既有實用價值又有工藝價值。

上海二胡演奏家閔惠芬身患癌症，多次開刀死裡逃生，仍堅持握琴上臺演奏，她的琴聲贏得了無數聽眾喝彩和掌聲。還有陳潔冰在六歲時正遇文革，他父親看她無書可讀就買了一把廉價的二胡讓她學，就是這把破琴最後使她成為譽滿全球的二胡女演奏家，在香港、臺灣演奏時被稱為是「兩根弦上的交響詩」。上海的周冰倩也是著名的二胡演奏家，她用二胡在日本贏得聲譽，為中國爭光。

胡者，古代泛指居住在中國西部和北部的民族，也稱來自波斯、伊朗的物品為「胡」，如「胡椒」。

唐宋時，將來自西北各族的撥弦樂器統稱為胡琴。唐代段安節《樂府雜錄》中二弦琵琶也稱為胡琴。其實，胡琴和琵琶早有明確的區分。當今胡琴係指京胡、二胡、板胡等而言。其特點《元史·禮樂志》載：「胡琴制如火不思（形似琵琶，頸細），卷頸龍首，二弦、用弓捩之，弓之弦為馬尾。」

老上海街頭所賣之胡琴，以京胡、二胡為主。小販以一隻布袋搭在肩上，身

現代人也許不知「長錠」為何物？可是老上海的街頭巷尾常常可聽到「長錠要？！賣長錠──」的叫賣聲。

以前人相信在人的世界以外還有個鬼的世界。人死後即生活在鬼世界中，所有的鬼統一由閻王爺掌管。人在陽間身邊不能缺錢，俗話說「無錢寸步難行」。同樣在陰間更要用錢，陰間也和陽間一樣，「衙門朝南開，有理無錢莫進來」。迷信者認為親人死後，若身邊無錢，閻王就會派牛頭馬面把死後的親人押入十八層地獄，如果死者有錢即可賄賂牛頭馬面，不下地獄少吃苦頭。死者的錢從何處而來呢？這就要活在陽間的兒女孝敬死去的父母，只要買些長錠燒了，長輩就可得這筆金銀財寶，於是賣長錠者也就應運而生。

所謂長錠，即以錫箔糊成元寶狀，再以白線穿成串，每串十隻元寶。元寶古稱「銀錠」，所以紙糊的元寶穿成串就稱「賣長錠」或「賣紙錠」。

老上海賣長錠者多為浦東人。百年前的浦東皆為農田，為多賺點錢，人們白天種田，晚上糊長錠，然後挑到上海來賣。而賣長錠者多為中年農婦，她們用一根長竹竿，前後掛了很多串長錠邊喊邊賣。

農曆七月十五老上海皆要舉辦盂蘭盆會。七月半也稱中元節，俗稱鬼節，那時家家戶戶都要掃墓祭祖，也要大燒長錠。在鬼節頭幾天，賣長錠者紛紛上街叫賣。特別是在秋風掃落葉的夜晚，窗外傳來一聲聲浦東娘子的「長錠要？──長──錠！」這喊聲十分淒涼、悲切，令人毛骨悚然。

賣長錠也不限定在鬼節才賣，一年到頭都在賣。如每月農曆十四和三十晚間賣長錠者特別多，人們買後第二天，即農曆十五或初一，到寺廟中去敬香燒長錠。還有清明家家要掃墓和祭祖也要燒長錠。還有上海人口多，每天都有人病故，這又要燒長錠。

現在上海火葬場門口，已無人賣長錠而改賣冥鈔。因人間早已不用元寶而流行鈔票，所以陰間也要隨之改用冥鈔。

老上海的香燭攤，大多設在寺廟尼庵門口，哪裡香火旺哪裡的香燭攤就多。

老城廂城隍廟附近有個沉香閣，明萬曆二十八年（1600年）豫園主人潘允端任漕運使，偶然在淮河中撈到一塊沉香木雕的觀音，當晚潘氏夢見黎山老姆要他供奉觀音，於是潘允端即建閣。因觀音為沉香木所雕，故名沉香閣。閣建好後香火十分旺盛，為此短短一百多公尺的閣前小路，竟出現二、三十個香燭攤，大家搶生意熱鬧非凡。

又有天后宮，原宮在河南路橋北堍。宮內供奉的是福建莆田湄洲嶼林善人的第六個女兒林默娘。相傳她一次照鏡梳妝，鏡中出現一神道，送她一塊銅符，從此她身輕如飛燕，入水似遊魚，隨後林默娘羽化成仙，成了海神，凡海船遇有風暴，她即化為一盞紅燈導航救難，傳說她曾庇護明代三寶太監鄭和七次下西洋。後被多位皇上封為「惠靈夫人」、天后、天妃、媽祖等神號。

自從光緒五年天后宮建成後，蘇州河過往之船的漁民和船主、水手等，皆紛紛上岸向海神娘娘敬香，停在黃浦江的船隻人員也趕來頂禮膜拜。為此，沿蘇州河的宮門前，香燭攤一字排開幾十個，你爭我拉，弄得向天后敬香者，不知買何人的香燭為好。

玉佛寺和靜安寺、龍華寺、慶寧寺合稱老上海的四大名寺。相傳清光緒八年（1882年）普陀山慧根和尚取道西藏赴印度朝禮佛跡，返途經緬甸，見緬甸盛產美玉又善雕佛像，於是得到當地華僑陳君資助，從緬甸請回大小玉佛五尊。

1918年由商務大臣盛宣懷捐檳榔路土地十餘畝，歷時十年建造了玉佛禪寺（今安遠路170號），其中特造玉佛樓供奉由緬甸特雕的身高1.9公尺大玉佛。為此，玉佛寺香火特別旺盛，除沿街設立了十多個香燭攤，每逢初一、十五，還有幾十個流動的香燭小販，有的身背香燭布袋，有的手持香燭兜售。二十世紀五○年代取締了這些香燭遊擊「販」。致使玉佛寺山門前才有了安靜的秩序，使善男信女不受干擾。

現在去寺廟、道觀燒香拜佛的善男信女，只知道點線香敬神，他們不知檀香也可以敬神。檀香敬菩薩，看起來香爐裡只點燃幾根檀香，其實施主常常從檀香攤上稱一兩斤檀香，交給寺廟裡的和尚或香頭，請他們代為點燃敬佛。至於香頭接過數斤檀香，往往等施主走後，原封不動放在一邊，不知是香爐太少還是和尚忙於念經，沒時間焚香。總之這些檀香不知何時又回到檀香攤上，又重新賣錢。好在寺廟中的諸神皆泥塑木雕，不知道他們和施主都同樣上當受騙。

老上海檀香攤的攤主，其貨源主要來自兩處：一是從和尚手中低價收購回籠檀香，另外則從批發商處購回整段檀香，然後自己劈成小木條上市。

檀香木產於印度。檀香樹不僅生長期長，而且對環境的要求特別高，它喜愛生長在百花叢中，靠長年累月吸收四周名花奇葩的香氣深入樹質，故檀香的香氣經久不衰。檀香的品種有玫瑰香、地捫香、雪梨香、志山香等。檀香木的香味文雅純真，以色澤呈杏黃或蛋黃色為佳。

檀香木質紋理必須純淨、細密、平直，這樣便於劈剖。檀香焚香時清煙繚繞，但不會發生嗆鼻煙氣。

在老上海的大戶人家，有些富有的老太太皆在家中設有佛堂，供的多為觀音菩薩，因觀世音為女身，供在家中臥室的外間比較方便。這些佛堂雖不大但很清靜，一般香案上很少燒線香，焚的多是檀香。檀香價錢雖比線香高得多，可是香味清幽高雅，有一種肅穆之感，以檀香敬佛更顯得虔誠，故而在這種佛堂中檀香香火不斷日夜焚燒，賣檀香的小販生意當然也十分興旺。

這又是一行特殊的職業。七、八十年前老上海在每年的農曆十二月二十三或二十四皆要祭灶。祭灶乃春節的前奏，人們都很重視這一祭日。

相傳西漢時雄才大略的漢武帝曾親臨祭灶。堂堂一朝天子怎會去祭灶呢？因為他聽信了方士李少君的說法：「祀灶則致物，致物則丹沙可化為黃金，用黃金作飲食器皿，就可望延年益壽，長生不老。」於是，天子始親祭灶。

上海舊時風俗，臘月二十四家中拂塵大掃除。夜裡祭灶，供設糯米飯、米粉灶糰、果品、麥芽糖和酒糟等。供品為何如此豐盛？主要為討好灶君，麥芽糖為黏住灶君的嘴，酒糟為醉他的心，這樣灶君上了天就不會在玉皇大帝面前打小報告，說主人家的壞話了。

老上海都將麥芽糖製成元寶式樣祭灶，俗稱「元寶糖」。供品中還有茨菇，相傳灶君吃了茨菇（慈姑），可多說好話少說是非。故〈上海縣竹枝詞〉寫道：

「柏子冬青插遍簷，灶神果酒送朝天。膠牙買得糖元寶，再薦茨菰免奏愆。」

早先上海灘農家皆燒土灶頭。灶堂燒柴草，故土灶上砌有方灶煙囪通上屋頂。就在方灶煙囪前面離灶台三尺高處砌有一佛龕，裡面供著紙印的灶君神像，兩邊貼著「上天言好事，下界保平安」的對聯。送灶時，拜祭後即揭下灶君神像與紙元寶等一起焚化。但這種送灶多為貧窮人家，大戶人家則多買送灶轎來送灶君。

灶君上天要乘轎，為此，臘月十五左右街頭就有賣灶君轎的小販出現。他們用紅紅綠綠的花紙頭糊成一頂頂小轎，大戶人家買了紙轎後即把灶君紙像放在紙轎中焚燒，如此灶君即可乘轎升天了。

還有的人家，不買紙轎而買一根馬尾松，和灶君像一起焚之。這就叫：「一蓬青松一蓬煙，喜送灶君騎馬上西天。」原來馬尾松如同京戲中的馬鞭子，這樣一來，灶君騎馬當然比乘紙轎上天庭速度快多了。

清代逢春節，爲應年景，街頭紛紛設攤，有春聯攤、年畫攤、曆書攤等。光緒二十年（1894年）上海卻出現了月份牌攤。此前，每天每月的月大月小宜耕宜種的書，由朝廷欽天監頒發，稱爲皇曆。上海爲華洋雜居的都市，故於1894年由英商利華公司首先採用最新的銅版印刷技術，印製了《八仙上榜》的月曆。

這是一種將年畫、皇曆和廣告三者融爲一體的新產品。它如同今天的一張四開報紙大小，上部印著八仙的圖案，起著年畫的作用；兩邊印著利華公司的名號和經銷商品的品名，起著廣告作用；而下端即印著一個月每天的日期和星期等，因是每月一張，故名月份牌。

這種月份牌起初大多當成廣告品免費贈送顧客。1906年《滬江商業市景圖——月份牌》滬語唱道：「中西合曆製成牌，繪製精工交關嶄（好）；分送頻年交住戶，需招生意大發財。」

二十世紀月份牌越畫越精彩，內容除時髦女郎還有戲文《西遊記》、《紅樓夢》等等內容，於是逐漸發展爲商品。春節前只要專售月份牌的小販在街頭掛出一幅幅月份牌，立即就會被採辦年貨的顧客搶購一空。

隨著月份牌的發展，出現了一批著名的月份牌畫家，如吳友如、周慕橋、趙藕生、鄭曼陀、金梅生等都是當年上海紅極一時月份牌畫家。其中周慕橋爲畫古代美女盟主，鄭曼陀爲畫時髦仕女盟主，杭穉英爲畫旗袍豔女盟主。

月份牌出品最多的爲英美煙草公司和南洋兄弟煙草公司。漸漸地月份牌成了上海煙草公司的香煙專門廣告。

上海古玩市場如今又見月份牌攤。所賣的除了二十世紀三〇年代老貨外，尚有不少贗品。當見到這些老月份牌的美女畫，會立刻喚起老上海人的懷舊感。雖然老月份牌價格數百元一張，收藏者還是不斷收購珍藏。

賣聖書

賣《聖經》，即推銷《聖經》。賣《聖經》與賣「聖書」不同，「聖書」是指曆本，賣曆本就是賣皇曆本，小販是爲了賺錢。而賣《聖經》不是爲了營利，而是爲了傳教。

基督教與天主教、東正教並稱爲三大派別。基督教是脫離天主教的新教派，主張教會制度多樣化，反對教皇制，重視信徒直接與上帝相通，無須神父作仲介；不承認煉獄、聖餐變體論、尊聖母瑪利亞等天主教傳統教義。

十九世紀初，基督教傳入中國。清嘉慶十二年（1807年），馬禮遜受英國倫敦佈道會的派遣，首先來中國傳教。他是第一個來華的新教傳教士，馬禮遜也是第一個把《聖經》譯成中文的傳教士。

《聖經》爲基督教的正式經典，其中包括《舊約聖經》和《新約聖經》。《舊約聖經》即猶太教的聖經，是從猶太教傳承下來的。全書卷數和次序，基督教各派略有不同。《新約聖經》爲基督教經典，共二十七卷，包括記載耶穌生平、言行的《福音書》，敘述早期教會情況的《使徒行傳》，專爲使徒所寫的《書信》和《啓示錄》。

十六世紀宗教改革運動前後，《聖經》在歐洲逐漸譯成各國文字。說來很有意思，英國著名的收藏家斯隆曾通過東印度公司，自香港收藏了第一部中文《聖經》，現存於英國大不列顛博物館。

老上海賣《聖經》，有的爲傳教士一人在街頭設攤推銷，也有的三、四個人先唱聖歌，然後再推銷《聖經》。大多數的傳教士把《聖經》二十七卷分別印成單行本推銷，但價格較低，半賣半送，其目的不在於賣書而在於傳教。

「聖書」只是上海人的叫法，古稱「曆書」，也有的地方叫「通書」或「憲書」。明清朝代曆書是由皇帝頒發的，所以又稱「皇曆」。上海人叫「聖書」也有道理，因為皇帝下的詔書稱「聖旨」，故而皇帝頒發的曆書就尊稱為「聖書」。

宋代蘇東坡在接受皇帝賞賜的曆書後，上了〈謝賜曆日表〉，其中有「鳳頒溫詔，寵拜新書，史得承宣，民知早晚」之句。

所謂聖書，乃農曆正月至臘月一年三百六十天的季節表，一年中二十四節氣在某月某日一查即知。中國古代以農業立國，務農切不可誤了節氣，錯過節氣播種，輕則減產，重則顆粒無收。所以聖書在當年是家家戶戶必備之書，連不識字的農婦過年也會趕到上海買本聖書。

關於聖書的來歷，相傳很久以前天子下令善於觀察天文氣象的萬年制曆，於是萬年拿出他多年觀察研究的草曆云：「日出日落三百六，周而復始從頭來，草木榮枯分四時，一歲月有十二圓。」歷代皇帝都設有節令官，他們以萬年所制定的草曆為基礎逐步改進，而每年制定曆書下發。

據劉雅農《上海閒話》一書載，老上海春節有「兜喜神」的習俗，但喜神方向不定，如何才能兜到喜神呢？就要查聖書。據「時憲書」記載：「如甲戊喜神在東北，即出門向東北行，謂可遇佳運。遠近不拘，繞街一匝而返。」

聖書始於唐初，當時沒有印刷設備，只是用毛筆寫於紙上裝裱成軸掛於牆壁。到了唐代後期有了木版印刷曆書才裝訂成冊。至宋代聖書印數極少，成了珍貴之物。所以蘇東坡得到皇帝所賜聖書，即上書謝恩。

到了清代，聖書並不僅限於曆日、節令，更增添了占卜、財運、喜神等迷信內容，後來發展婚喪、造屋上樑及出門皆要看聖書，因書上寫有某日宜上樑，某日不宜出門，某日諸事不宜等，這樣就成了迷信的糟粕之作。故1949年後即停止編印。

　　說到鍋子，中國在三、四千年以前用的是陶鍋。殷商時代曾用過「鼎」，這是一種青銅器的大鍋。後來改用鐵鍋，民國初年用鋼精鍋，也就是鋁鍋，現在還有搪瓷燒鍋、不鏽鋼鍋，近年來用高壓鍋、電鍋等。不過用得最久的還是陶鍋。

　　老上海的砂鍋擔，所賣的也是陶鍋。不過所用的陶泥不同，製砂鍋的泥主要產自江蘇宜興。上等的陶泥用來製茶壺，現在通稱紫砂茶壺。如果挖出來的泥夠不上做紫砂茶壺的標準，則用來燒製砂鍋。

　　砂鍋的種類很多，家庭主婦從砂鍋擔上買來大砂鍋，大多用來燉雞湯。這種砂鍋往往正好放一隻整雞，加水後能蓋上蓋。這種蓋不是平板式的而是饅頭形的，中間高四面低，蓋頂有氣眼。砂鍋燉雞不漏氣，不去味，酥得快。砂鍋還可以直接端上餐桌，而其他鍋子端上餐桌則不雅觀，鐵鍋、鋁鍋按習俗皆不可上餐桌，砂鍋上桌則無影響。

　　還有一種帶柄的小砂鍋，在上海灘的老飯店是一道海派菜。飯店老闆從砂鍋擔小販手中買了大批小砂鍋，可以燒出「魚頭砂鍋」、「小蹄膀砂鍋」、「獅子頭砂鍋」端上桌讓吃客嘗鮮。二十世紀五○年代，在八仙橋黃金大戲院附近的酒樓吃一隻蹄膀砂鍋僅四角錢人民幣，現在再吃這種味美肉酥的小砂鍋，最少也要二、三十元。

　　砂鍋還有一種用途──熬藥。砂鍋擔上有一種老上海稱之為「藥罐頭」的砂鍋，家中有病人即購買一個熬中藥。病人喝藥汁後家人往往會把藥渣倒在馬路中間。相傳古代有戶人家偶然把藥渣倒在家門口的路邊，正巧神醫華佗路過，他低頭一看發現藥渣中有幾味中藥相剋，忙進門指出庸醫的錯誤而救了病人性命。從此形成了將藥渣倒在馬路上的習俗。傳說這樣做可得華佗仙氣，病會好得快。如果病人真的病好了，就把砂鍋敲碎丟掉，如留下藥罐還會患病，其實這完全是迷信，但如此一來，砂鍋擔的生意卻好做起來。

　　自古以來，開門七件事，柴米油鹽醬醋茶。中國還有句名言「民以食為天」。這家家戶戶開門的頭等大事，後六種皆屬「食為天」範圍，惟有柴無法入口，但卻排到首位，可見古人深知柴的重要性。

　　米、油、鹽等當然也極為重要，俗話說：「人是鐵，飯是鋼，一頓不吃餓得慌。」可是有米有油有鹽有茶皆無法進口，再餓，吃生米也不能充饑，只有米通過柴火燒成飯才能填飽肚子，所以柴對我們無比重要。

　　人類自從鑽木取火，即擺脫了茹毛飲血的野蠻生活。這話只對一半，火當然重要，但火無柴依然無法燃燒。我們的祖先對「柴」實在不公平，先祖造神時只造了火神菩薩，造了「財」神菩薩，卻沒有造「柴」神菩薩。世人的觀念只重財，老上海四處都供財神，惟獨找不到「柴神」，所以有人為柴鳴不平，說你錢再多，能用鈔票燒飯吃嗎？

　　賣柴者也是苦力，在山中砍柴無技術可言，只要有力氣就行，砍了柴挑到上海來賣，只要有腳力就行。那時老城廂的名宅大院都砌有大灶頭，無論是燒飯炒菜煮茶都用柴，家家必購數擔柴放在柴房中，以防無柴之炊。

　　柴，也稱柴草，有稻草、蘆柴、樹枝、雜草和劈柴。劈柴即是整根圓木段，以斧劈開燃燒，劈柴的火力足，燃燒時間長。賣柴者，多自砍自賣，以賣柴為生。文人稱賣柴者為樵夫，他們常為名家山水畫中的主角。出現在深山溪水國畫中的樵夫，看起來有點浪漫，但也十分危險。

　　老上海以前有個賣柴者為「獨眼龍」，問起他的左眼怎麼會失明？他說有次上山砍柴遇上野豬，樵夫與之搏鬥，誰知野豬力大無比，猛地用頭一頂，樵夫被頂倒跌在枯樹枝上，不巧戳瞎一隻眼，但他忍著痛用斧頭把野豬砍死，這才保住一條命。

　　現在上海多用煤氣、天然氣、煤餅與電，柴草已退出上海灶間。但我們數千年以柴草為生的歷史實在令人難忘。

箍桶匠

213

「箍桶師傅本領高，作刀一把篾幾條。彎板幾塊都散失，篾圈一個箍得牢。滴水不漏才付錢，漏水不算大好佬。如箍馬桶漏大糞，豈不急得阿嫂去上吊。」（第271頁）

西洋鏡

229

西洋鏡也稱拉洋片。攤主身背小木箱和趴腳架，到一熱鬧處便打開木箱，內裝八、九隻單筒畫片機，孩子們付錢後挑一隻機子一面喜滋滋地瞇起左眼，右眼貼上機孔向裡面看，一面不停地捲動轉軸變換畫面。（第287頁）

耍猴子
233

耍猴也和討飯的差不多，手拿根木棍，一手牽著猴，來到人家門口，這時往往圍著一大群小朋友。小孩子當然沒有錢給耍猴的，但他們口袋裡有些花生、糖果，甚至有水果，於是掏出來給猴子。（第292頁）

耍狗熊
234

耍狗熊是民間走江湖的傳統雜耍。狗熊腰繫圍裙，頭頂花頭巾，懷裡抱著個布娃娃，另一爪還挽著一個竹籃，搖搖晃晃地繞場一周，這個節目稱「熊媽媽回娘家」。（第293頁）

鼠戲
235

鼠戲藝人手中拿一隻木架，架中懸一根納鞋底的麻線，下有一個小竹筒。表演時只見老鼠爬上木架，將麻線拉到木架橫樑上將竹筒內的花生吃掉，隨又將竹筒放下，美其名曰：「老鼠上樑」、「老鼠汲水」。
（第294頁）

野雞灘簧
238

灘簧演出的內容，以男女愛情故事為主，特別是男女婚姻受到家長壓制而造成悲劇。清政府視灘簧為淫戲，嚴加取締。灘簧藝人也只好在無錫、常州、上海一帶流浪演出，故有人稱之為「野雞灘簧」。（第297頁）

群芳會唱
239

群芳會唱，也就是女子清唱，在夜間兩三小時內，一位姑娘接著一位姑娘上臺演出。男子唱得再好再出名也沒有資格登臺。（第298頁）

大鼓
245

唱大鼓的鼓不大，如同菜圓盤一般，約有兩寸厚，兩面蒙著皮。演唱時以三根半人高的細竹架上放著小圓鼓，演員左手執紅木搭板，右手拿細竹鼓棒，身後坐著三弦伴奏者，邊彈邊唱邊擊鼓。（第304頁）

八角鼓
246

八角鼓製成八角和清代八旗有關。相傳乾隆年間大軍征伐大小金川，兵戰日久，思念家鄉，於是有人造出一種象徵八旗的鼓來，擊鼓唱曲以安慰兵丁思鄉之情。因所唱多為凱旋曲，所以又名「凱歌詞」。（第305頁）

唱道情
248

「道情」是源於唐代道教的演唱，以漁鼓、簡板伴奏。漁鼓是二尺長、手臂粗的圓竹筒，下端蒙有蛇皮，而頂端空著，演唱時用手指敲擊底部，讓聲音發出。簡板乃兩根一尺半長竹片，以手指操縱兩片對擊而發出聲響。（第307頁）

變戲法
252

變戲法，古代稱「幻術」。民國後分為「古彩戲法」和「魔術」兩類。古彩戲法表演者身穿長袍，所要變的東西皆吊在褲襠裡，所以表演時無法走動，由助手拿來毯子半蓋在身上，然後暗自把吊在褲襠內的金魚缸、銅火盆等一一變出來。（第311頁）

耍碗

耍雜技
253

中國雜技俗稱雜耍，有兩千五百年的歷史。西元前108年，漢武帝為招待安息等國的使臣，在長安「平樂觀」舉行一場百戲會演。老上海雜技最出名者為大世界的潘家班，演出抖空竹、耍花壇、轉碟、頂碗、走鋼絲等節目。（第312頁）

倒馬桶
263
當時租界內，清晨就會聽見「拎出來，倒馬桶嘍！」的吆喝聲。這時，一些家庭主婦或傭人忙著從熱被窩中爬起來，睡眼惺忪地拎著沉重的馬桶把大糞倒在黑漆糞車中，每個馬桶收費兩角錢。（第324頁）

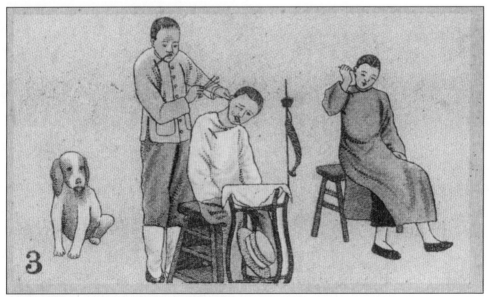

挖耳朵
266
挖耳朵算是剃頭中的一個專項服務。剃好頭、修好面，就挖耳朵。他的工具除耳勺外還有小刮刀、鑷子等。師傅幫客人挖過耳朵後，再剪剪鼻毛、捶捶背，那可真舒服極了，渾身輕鬆。（第327頁）

拔火罐
277

拔火罐又稱「拔罐」、「拔管子」或「吸筒」。據《肘後備急方》載，拔火罐古稱「角」。它利用熱力排出罐中的空氣，形成負壓使罐緊吸在治療的部位，造成充血現象從而產生治療作用。（第339頁）

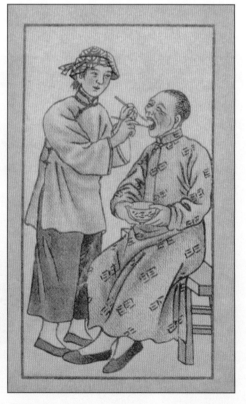

捉牙蟲
281

挑牙蟲的實乃江湖騙子。遇上牙痛病人，講好價錢就動手。其實，所挑出來的活牙蟲是一種米蟲，事先養好在瓶中，她用骨簪在一小瓶沾點黏液，再伸進另一瓶中黏上小米蟲，裝模作樣再將骨簪伸進病人口中。

（第343頁）

點痣
284

上海灘街頭點痣者很多，他們在牆上掛塊白布，布上畫了一男一女兩個頭像，頭像上有很多黑點並標明何處有痣不吉利等等，以此騙錢。（第346頁）

女招待
303

女招待也就是在娛樂場所和夜花園專管為顧客泡茶的時髦女郎。女招待有個綽號「玻璃杯」。原因是她們用玻璃杯泡茶的緣故；再者她們穿的衣服較薄，有的幾乎半透明，曲線畢露，猶如玻璃杯從外可以看到裡。
（第368頁）

關夢
330

關夢，就是舊上海為人說夢、解夢、以夢來預示夢者凶吉禍福為職業的一種行當。這種人多為四、五十歲的婦女，也可稱之為巫婆。（第397頁）

看香頭
331

舊上海的巫婆行騙術時，於廳堂中置一桌，上放香爐燭臺及敬祀物品，巫婆盤膝坐在桌邊凳上。焚香燒紙後，即請鬼神降臨，巫婆身體顫動，謂神靈已經附身。請神問鬼者，則可相對而談。（第398頁）

扶乩

333

扶乩雖是巫術，但非巫婆能勝任。扶乩要在沙上寫字或畫符，巫婆大多文盲。而扶乩者，稱為壇主，這種人雖為江湖術士，肚內沒點文墨無法扮演主角。

（第400頁）

測字算命

335

測字，也稱拆字。測字算命乃是一種文字遊戲，簡單地說就是把一個字拆開來為人算命，相傳早在明朝就有測字攤。（第402頁）

銜牌算命
337

銜牌算命時，算命先生把攤上的小竹籠門打開，一隻可愛的小鳥從籠中跳出來，停在鳥籠前的一排紙牌中，用尖嘴銜出一張牌後，又心甘情願地回到籠中。
（第404頁）

相面
338

相面者善於觀顏察色、隨機應變、口若懸河。為招徠顧客，出攤時都要精心打扮一番，有的頭戴瓜皮小帽，身穿藍布長衫，腳蹬千層底布鞋，給人以知書達禮、學問深奧、文人雅士的印象。（第405頁）

背老小乞討

341

背老小乞討，就是乞討者身背老人懷抱小孩討飯。這種一搭一檔，或背老或抱小的行乞方法，很容易喚起人們的憐憫之心，不論是真是假都會得到人們的同情。

（第409頁）

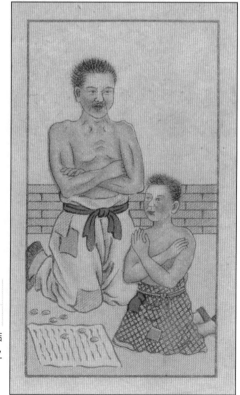

賣凍乞討

342

賣凍乞討就就是大冷天，甚至大雪天，一老一小跪在結冰的馬路邊，博得路人的同情討錢。其實這也是騙術之一，由於他們吃了微量砒霜，肚內作熱，是不怕凍的。

（第410頁）

弄蛇乞討
344

舊上海有弄蛇的乞討，雙手盤弄著一條大花蛇。當他來到商店門口，你不給錢他不走，這樣生意也做不成了。因顧客看見叫花子的蛇，不斷張口吐出長長紅紅的蛇信，誰還敢走進店門購物？（第412頁）

押骨牌
349

骨牌就是用獸骨製成的牌，牌面為骨製，上刻各種圓點，背面為竹子鑲成。押骨牌在舊上海灘是一般小流氓所做的生意，專門欺騙下等社會的朋友。（第417頁）

舞女
354

舞女大多是為生活所迫而走上這條賣舞不賣身、比妓女高一檔的含羞受辱之路。幹舞女這一行的，有失學女大學生、失業女職員、丈夫患病要養家餬口的良家婦女等。她們當年有個刺耳而時髦的代名詞——腰貨女郎。

（第422頁）

野雞
355

煙畫中畫著小娘子緊緊拉著男人不鬆手，這種妓女叫「野雞」。野雞拉客靠本事和運氣，有的一夜能拉三五個，如果一夜拉不到一個，那麼就要被老鴇用鞭子抽。

（第423頁）

背娘舅
357

舊上海有盜匪在夜間路人稀少處，見行人身穿皮袍、手套金戒指，即悄悄跟在背後，趁其不備即以一根電線或繩索，套在他的頸項上背起就走。受害人窒息而死，再將死人身上值錢之物搶竊一空。（第425頁）

刀刺手腕
360

刀刺手腕者，並非在施展道術，而是為討錢，這與以磚頭把自己的頭砸破討錢其手法完全一樣。假道士手臂流著鮮血來到你的店門前，不給五元十元他決不離開，所以一天收入很可觀。（第428頁）

美容院

118

花鳥行

圖說

360

行

糖菜担

現在上海小朋友放學回家，多坐在電視機旁或在電腦遊戲機房消磨時間。又有誰知道蟬是啥模樣？可七、八十年前，上海小朋友雖然沒有電視機、電腦、電動玩具，但他們的童年同樣充滿樂趣，而遊戲的方式多沉浸在大自然中，捉蜻蜓、摸泥鰍、捉蟋蟀，黏知了等等。

知了，本名蟬，北京俗稱「既鳥」。其實它雖然會飛會叫，但不是鳥。蟬的壽命很短，可是在幾個月的夏季時間裡，它卻是一個不知疲倦的歌手，整天在高高的樹上唱個不停。雖然它唱的曲調並不悅耳，可能令愛午休的人聽其嘶叫有些煩惱，但小朋友對這種小蟲卻很感興趣。

黏蟬的黏劑有兩種。賣知了者大多用蘇子油（以紫蘇的種子所炸的油）熬成膠，塗在長長的竹竿頂端。這種膠很黏，連麻雀也可黏住。黏蟬眼力要好，在茂密的樹叢中發現一個小黑點，即將下面粗而頂端極細的竹竿輕輕地、慢慢地伸向目標，靠近後來個突襲，蟬即被黏住。然後取下被黏之蟬，放在養鳥的方竹籠中，籠內再放幾枝綠樹葉，即可拎著沿街出售。

小朋友也可自己黏知了，不過他們沒有條件熬蘇子油，而是把和好的麵粉在水中洗去粉質，最後剩下了黏性的麵筋，也可黏在細竹竿上，午後或清晨去黏知了。

現在上海市區內，夏天很少發現知了，因為園林工人常在人行道樹上噴殺蟲劑，使知了無法生存。即使發現知了，為保護自然生態環境，也不應再玩黏知了的遊戲。

老上海愛養籠鳥的人很多，有很多花鳥市場，老城隍廟、新城隍廟、江陰路等處皆百鳥雲集等待出售。上海鳥販子主要賣的有畫眉、雲雀、芙蓉、百靈、八哥、鸚鵡等。

畫眉擅長鳴唱，音調高昂，宛轉悠揚，十分動聽。選養畫眉應選一年生的「軟毛」幼鳥為好，成鳥性情急躁，不易馴養。買畫眉挑選標準重在鳴唱，好鳥啼聲嘹亮多變，能長時間鳴叫，鳴時頭部高昂，尾部下垂，身體不搖晃，顯得穩重而精神者為上品。

雲雀，又名叫天子、小百靈。牠有一副得天獨厚的歌喉，音色優美宛轉流暢。雲雀鳴詠時有邊飛邊唱的習性，故飼養雲雀要用圓高籠，籠高一公尺以上為佳。因雲雀不善在樹上棲息，籠中也不必設置棲木，只設圓臺供鳥兒停息鳴唱即可。鳥籠底部要帶有底板，可放一層細砂，供鳥兒砂浴。雲雀成鳥野性大，難養，購鳥以雛鳥為好。

芙蓉鳥，又名金絲雀，也稱白玉鳥。

老上海鳥販子所售的芙蓉以揚州、山東和德國羅娜種為主。羅娜種以歌聲甜潤為特色，此鳥口張得很小，但聲音柔和並富有顫音。口張得較大而鳴，不是羅娜純種。

山東種，體格優美，毛色純白如一鉤銀月。揚州種比山東種體形略小，鳴聲雖也宛轉動聽，但不如山東雲雀聲音嘹亮。

百靈鳥羽毛雖不及芙蓉、鸚鵡豔麗，但由於其鳴聲甜美又善學雞鳴、犬叫、嬰兒啼哭等聲音，而深受上海灘鳥迷所歡迎。買鳥不要買「過露百靈」，過了白露而捕到的百靈難馴。但鳥販子往往隱瞞這一點，故購鳥時應仔細辨別幼鳥還是成鳥免得上當。

八哥是一種能夠模仿人言的鳥，先要將其舌尖剪去，再用鹽或香灰碾去舌面表皮，然後反覆訓練，日久便能學話。

此外鳥市上還有鸚鵡、鶉哥、秀眼、蒼鷹等鳥出售。上海灘著名京劇表演藝術家蓋叫天就馴養過一對蒼鷹，主要為調劑精神自得其樂。

老上海最有特色的賣花卉者，為街頭巷尾賣珠珠花、白蘭花。賣花者以蘇州年輕婦女為多，她們賣花時拎著一種無邊的小竹籃一邊走一邊兜生意。她們不像磨剪刀、修鞋那樣粗聲粗氣直叫，而是走到你的面前輕聲慢語說：「白蘭花要？」聽到賣花女的吳儂軟語，聞到白蘭花的撲鼻幽香，你不想買花也得掏錢買花。

老上海人大多愛花，逢年過節當然會買時令花，即使平常家庭主婦也會在小菜場花攤頭，或挑擔賣花的小販手中買花。魯迅一生愛花，年幼讀私塾之餘，還在紹興家中種了月季花、石竹、文竹、映山紅等。他還在花盆中插上寫有花名的竹簽，以便向親友同學推廣種花。每當花籽成熟，魯迅就把收下的籽包好並寫下花名，以備明年再種。

多年居住在老上海的文學家、藝術家也都愛花。著名小說家張恨水愛養花，寫字臺上冬季插有臘梅，秋季則換上盆栽菊花，他的案頭可說鮮花豔麗春常在。京劇大師梅蘭芳特別愛種牽牛花，他種牽牛花是為了早起健身練功。因牽牛花只有在早晨才綻放，太陽升起不久即閉花，所以梅蘭芳養成早起看花練功的好習慣。

眾所周知朱德總司令終身喜愛蘭花，但是朱老總把從井岡山採集來的「井岡蘭」贈送給上海龍華苗圃卻鮮為人知。劉少奇也愛花，最愛荷花，他說：「荷花出污泥而不染，象徵著天真無邪。」他到各地視察，看見荷花總要稱讚幾句，他還提倡各地公園多種荷花。

周恩來總理對馬蹄蓮情有獨鍾。1964年11月周恩來出訪前蘇聯歸來，毛澤東等到機場迎接時，並將一束盛開的馬蹄蓮送到周恩來手中。馬蹄蓮潔白如玉象徵純潔，周恩來從此愛上馬蹄蓮，他的辦公室花瓶中常常插著馬蹄蓮。

上海繁花似錦，花人花事令人難忘。

春節是中國最隆重的節日。節前，家家戶戶都要買花插在瓶中增添新年氣氛。

春節正值寒冬，開的花不多，最受歡迎的為臘梅、銀柳、水仙和天竺子。

天竺，為常綠多年生灌木，又名南天竺或天竺葵。天竺子令人喜愛之處在於它所結的紅果，果如豌豆般大小，一粒粒赤紅，逗人喜愛。俗話說紅花還要綠色襯，天竺子葉葉相對，雖經寒風吹、嚴霜打，葉兒卻碧綠如翡翠。

天竺子春花穗生，花色白中帶紅，花後結籽，枝頭結籽不多，稀少零落者俗稱「滿天星」，是較差的品種。上品結果成串，如同豐收稻穗，小紅果密密麻麻，因分量重而壓彎枝幹，行家稱此為「狐狸尾巴」。

老上海賣天竺子的多為農村婦女和青年姑娘。當天竺子結滿枝頭時，為防鳥啄蟲咬和狂風侵襲，農民即糊紙袋將嫩果一串串套牢，這樣可保護天竺子籽多豔麗，剪下後運到上海市區可賣個好價錢。

中國人喜紅色，特別是春節門上貼大紅春聯，桌上燃大紅蠟燭，小孩放大紅鞭炮，老奶奶發壓歲錢也是用大紅紙包好。新年所買來的花缺少紅顏色，將天竺子插在瓶中，真可謂天竺串串美如丹，碩果粒粒迎春紅。

著名小說家張恨水也很愛天竺子，他叫天竺子為「珊瑚子」。每年春節前後，他總愛把串串天竺子插在瓶中放在案頭，寫作之餘作為欣賞消閒之用。

天竺子也是畫家筆下的題材。著名畫家陳師曾為魯迅好友，他曾畫《冬花》四幅贈送魯迅。畫家揮毫畫了牡丹、紅梅、水仙，還畫了一幅天竺子，並題有「雪海探驪珠錯落，冰天吐火焰參差」詩句，落款「甲寅·十二月寫寒天景物四幀」。此畫現藏於北京魯迅博物館。魯迅愛此畫，也愛天竺子。

上海春節家家戶戶都愛養上幾盆水仙花，春節未到，水仙花攤頭的生意卻興隆起來。

二十世紀三〇年代，有一老翁擺水仙攤，生意卻很清淡。一位少奶奶走進花市見到別的攤頭生意興旺，獨有此攤無人問津，於是好奇地問老翁賣的是什麼水仙？老翁答是崇明水仙。少奶奶說：「誰人不知『天下水仙數漳州』這句名言，漳州水仙莖肥花繁，色美香郁，你賣的卻是崇明水仙，當然沒有生意了。」誰知老人說：「我這崇明水仙並不比漳州的差，我先送妳幾株，如果春節開花能和漳州水仙比美，妳替我揚揚名，我就感恩不盡了。」

為什麼這老翁對崇明水仙一往情深呢？原來這裡有個動人的故事。在辛亥革命前，崇明有個叫阿海的漁民在海上捉魚時，發現海灘有一艘船，帆破舵斷船底朝天，一旁還趴著一個半死不活的老人。阿海忙將他救回家中，老人甦醒後只說自己是從福建運送水仙去北京，在海上遇風暴。說完不久即死去。阿海將老人葬在海邊，並立一塊石碑，因死者沒有留下姓名，碑上只刻了「福建水仙老翁之墓」。阿海還將從海中撈上來的二十多頭水仙種在墳墓旁。

第二年冬天，一位姑娘來到崇明，她東找西尋，終於在一座孤墳邊發現一片潔白嫩黃的水仙花，當她看見碑上「福建水仙老翁之墓」時，即撲到墳頭痛哭流涕，原來她是老翁的女兒。姑娘便決定在老翁墳前守孝三年。阿海幫她用蘆葦搭一個小棚，送吃送穿照顧她。姑娘在守孝期間培育父親帶來的水仙。等姑娘守孝期滿，簇簇水仙已香飄數里。這一年春節時，姑娘挑了一擔水仙到鎮上賣錢，又買回不少年貨送到阿海家中謝恩。鄉親見他們倆很匹配，就撮合他們成親。多少年過去了，阿海年老打不動魚了，這才把崇明水仙挑到上海來賣。

水仙，俗稱天蔥、雅蒜，唐代已有栽培。單瓣稱金盞、銀台，複瓣稱玉玲瓏。有詩讚美水仙云：

早於桃李晚於梅，冰雪肌膚姑射來。
明月寒窗中夜靜，素娥青女共徘徊。

　　民國初年，上海街頭巷尾可以看到不少賣金魚的小販。他們挑著一種淺淺的木盆，約一尺高，口徑如同圓洗澡盆，木盆裡放著清水，游著色彩斑斕的金魚，沿街叫賣。每逢春節、端午節生意特別好。

　　金魚實為中國鯽魚的變種。野生鯽魚怎麼會變成色彩鮮豔、奇形各異的金魚呢？說起來這跟佛教有一定的關係。佛教自古以來提倡不殺生和放生，許多寺廟古剎都設有放生池。每逢廟會，善男信女和居士都會買些鯽魚放生，也有人將龜鱉放生。佛門傳言，放生者可長壽和得到菩薩保佑。早在北宋時，皇帝就下令杭州西湖為放生池，任何人不得在西湖捕魚。蘇東坡在杭州西湖曾寫下「望湖樓下水如天，放生魚鱉逐人來」的詩句，可見當年放生的人極多。

　　放生池一般水較淺，放生者和香客又常來投食，池中鯽魚常浮在水面爭食，故比野生魚日照量多。由於受陽光紫外線的不斷照射，池中之魚「初白如銀，次漸黃，久則金矣」。古人的記載說明了鯽魚變金魚的過程。

　　金魚由水池轉為盆養或缸養，大約起源於南宋。1163年前後，宋高宗趙構首先在杭州德壽宮內養金魚觀賞。到了明代後期，富豪和官吏人家幾乎家家都有盆養和缸養金魚。因為原來的單尾魚生活在極小的範圍內，水又淺，魚無法暢遊，遊的速度為適應環境而減慢，這樣天長日久尾鰭退化，逐漸由單尾而變成雙尾，而魚身也慢慢由扁長而變短、變胖。再經過古代人工進行品種改良，到了明代據《帝京景物略》一書記載，當時金魚的品種已有「金瑩」、「銀雪」、「鶴頂」、「銀鞍」、「七星」、「八卦」等品種。清代詩人王立禎詩：「端陽笑柳足歡娛，霧谷新裁勝六銖；愛傍橫塘不歸去，拔釵親市七星魚。」這說明當年文人雅士，喜遊金魚市場樂而忘返。

　　二十世紀三〇年代，上海灘金魚品種多達四、五十種。那時金魚多養在大肚圓口的玻璃缸，放在桌案上供人欣賞。

釣魚可追溯自中國遠古時代就有。在考古出土的文物中，曾發現新石器時代的骨質魚鈎，在當時釣魚是我們祖先賴以求生的一種手段。「姜太公釣魚，願者上鈎」是人們常說的歇後語，姜太公就是殷商末期的姜子牙，以此推算，中國釣魚最少也有三千多年的歷史。

隨著漁業生產方式不斷改進，釣魚退出生產目的。但釣魚作為一項有益於人們身心健康的娛樂活動而被繼承下來，它可以陶冶人們性格、增進人們身體健康，所以被越來越多的人們所喜愛。

中國古代，釣魚常常是詩人墨客筆下的題材。唐代詩人儲光義在〈釣魚灣〉中寫道：「垂釣綠漂春，春深杏花亂，潭清疑水淺，荷動知魚散。」詩人不但寫了釣魚的美景，也寫了釣魚的經驗。東漢嚴子陵不願為官，寧願垂釣富春江，而不「吞」榮華富貴之「鈎」，至今留下釣台遺跡。這反映了釣魚不單單是娛樂，也表示了一個人的氣節。

老上海以前市區熱鬧，郊區乃一片田園風光，上海也屬江南水鄉，河塘多，釣魚很方便。一個漁簍一根釣竿，平心靜氣在河邊蹲一天，釣三、五斤魚不成問題。可是在1960年三年自然災害的年月，吃魚要憑票供應，有些釣魚能手自以為有一套釣魚經驗，為解饞，即去郊區釣魚，結果有的被農民抓到打得鼻青眼腫，也有的被民兵抓住罰款。因為那時所有河濱皆屬人民公社所有，你釣魚即成了偷魚賊，因此有些釣魚客吃了不少苦頭。

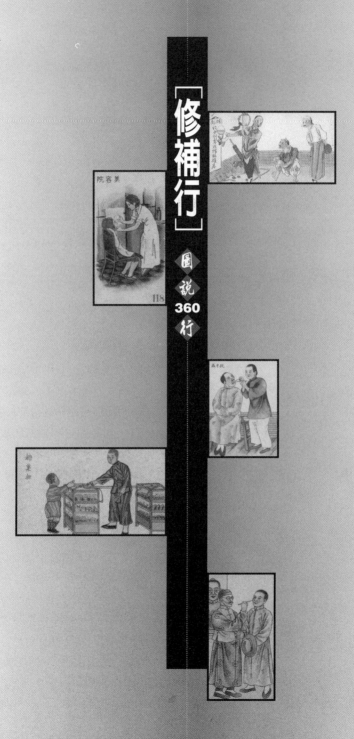

修補行

圖說 360 行

現在的青年人，說起「縫窮」都不知怎麼回事。其實就是舊上海馬路邊替人縫補衣服的婦女。她們和裁縫不同，裁縫師傅所做的全是新衣服，而坐在馬路邊所縫的都是舊衣服、破衣服，也就是窮人穿的衣服，所以稱縫窮。

舊上海幹縫窮這一行的有老太婆也有中年婦女，還有十八、九歲的大姑娘和二十來歲的小媳婦。她們從蘇北、安徽等地逃荒到上海，擺小攤無本錢，進工廠無人介紹，為了混飯吃就拾個竹籃子，籃裡放把剪刀、幾枚針、幾隻線團、幾塊破布和一個小木凳，這樣「縫窮公司」就算開張了。不用放鞭炮，不用掛招牌，顧客自己會找上門來。

所謂顧客，也就是那些拉踏車的、碼頭工人、修傘補鞋的小販等。他們在上海沒有家，有的有個小草棚，棚裡沒有女人，衣服破了怎麼辦？只好找縫窮的。

二十世紀三〇年代，上海有部電影是韓蘭根主演的，韓蘭根演王老五，電影中有歌唱道：「王老五呀王老五，說你命苦真命苦，白白活了三十五，衣裳破了沒人補。」這電影插曲就是當年上海灘賣苦力的最好寫照。

說到縫窮還有個故事：賣苦力者多為單身漢，而縫窮者當中有個年輕的寡婦。一天有個三輪車夫送了件破棉襖去縫補，這時有人叫三輪車，他就拉著客人走了，說是下午來取衣服。誰知縫窮的寡婦拆開破棉襖換夾裡時，發現棉絮中夾了五十元錢，寡婦開始有點動心，想拿了錢一走了之，回鄉下用這錢也可以買幾頭小豬飼養過日子。可她再一想，沒良心的事不能幹，於是補好衣服不收工，直等到天黑三輪車夫才來。原來這是車夫五年來的積蓄，是為了討老婆準備的，縫在棉襖中過了夏天秋天，日子長了一時忘記了。這樣一來車夫認為寡婦良心好，有意娶其為妻。而那個寡婦正想再嫁，兩人一拍即合。真是千里姻緣一線牽，這也是縫窮這根線牽來個好姻緣。

鑊子乃上海方言，用普通話說就是鍋子，或稱鐵鍋。所謂補鑊子就是補鍋。

辛亥革命前後，上海尚無煤氣，一般老戶人家或郊縣農村大多砌灶頭，灶臺上砌有一口大鐵鍋、一口小鐵鍋，大鍋燒飯，小鍋炒菜。那時鐵鍋質量不夠好，生鐵鍋又脆，鏟鍋巴有時就把鐵鍋鏟個小洞。中國人以勤儉爲美德，鍋漏了捨不得買新鍋，就找補鍋匠來修補。

補鍋匠都是挑擔走街串巷的，走三五步就要喊一聲：「補鑊子囉！」這一喊，老太太、小媳婦等就會把壞鍋子拿出來，以洞孔大小討價還價，講好價錢就開工。

補鑊匠先把鍋灰、鐵鏽做一番清理，這樣可以焊得牢固。補鑊擔上最主要的工具是小小的坩鍋。這時先安放好煤爐和風箱，等火旺了坩鍋內的鐵片化成紅紅的鐵水，於是開始補鍋。

壞鍋這時架在三角鐵撐上，補鍋匠右手用鐵鉗夾著一隻小鐵勺，從坩鍋中舀出一勺鐵水，左手托著一塊厚厚的多層布墊，布墊上放著一些灰來隔熱。補鍋匠動作要快，只見他把鐵水倒在托墊上，很熟練地把這粒紅鐵珠伸到鍋底下，迅速堵住漏鍋的小洞孔，右手再用卷成大炮仗形的圓卷，從上面壓住那補鍋的鐵水珠，等冷卻後破鍋就焊牢了。如果洞大，要用這種方法焊兩三次才能把洞完全補好，最後再用小銼刀把補處銼平弄光滑，破鐵鍋又可以炒菜煮飯了。

上海人愛精打細算，補鑊子收費低廉，有時一個鑊子補了幾次還捨不得買新鍋。就是買了新鍋，破鑊子還要送到廢品收購站賣上幾個錢。破鍋敲碎也是補鑊子的原料。

清代末年，上海流行的帽子式樣有好幾種。

瓜皮帽，又名玄緞帽。玄為黑色，黑緞製成，故名。製帽時將黑緞料剪成三角形而縫製，因係六瓣，下端有一圓箍，清朝為圖吉利，美名為「江山一統，六合同春」。雖然辛亥革命推翻了清朝，而這種瓜皮帽卻大受剪了辮子的遺老遺少歡迎，隨之流行了數十年。此帽有紅、黑水晶、瑪瑙帽頂，帽沿正前方又縫有寶石、翡翠等帽飾，每當帽頂、帽飾等脫落必請修帽者修理。

女帽，老式女帽形如一魚剖為二，頭相連接沒有帽頂，只是平箍在額際。面料分為緞子和絲絨兩種，天熱戴緞子帽，冬天用絲絨帽。此帽多為中老年小腳婦女戴，俗稱「女勒子」。富貴人家老太太多在帽上綴有寶石、翠玉、珍珠等，脫落時也必須修整一新，不然有失身份。

童帽，有新式老式兩大類。老式童帽有狗頭帽、虎頭帽等，冬天戴的多為披風式，為防冷後面有很長的披肩，並鑲有羊毛、兔毛花邊。而帽沿上多釘有何仙姑、鐵拐李等吉祥銀飾。新式童帽有航空帽、海軍帽、歐美洋式帽。這些帽子價格不菲，兒童又比較頑皮，常把新帽弄壞，所以常得去修帽。

呢帽，也稱禮帽。這種英國紳士帽首先由上海洋行向義大利和日本訂製呢帽坯，然後再以木帽胎墊進帽坯燙製而成。這種禮帽不能壓，一壓就變形，所以顧客常常送禮帽去整形。

上海帽子花樣特別多，草帽、雨帽、銅盆帽、僧帽、道帽、尼姑帽，還有各種戲劇帽和軍帽，真是五花八門講不清有多少種，故老上海修帽這一行生意很好。

　　說起修鐘錶，上海「亨達利」和「亨得利」兩家鐘錶行可謂家喻戶曉，就是在全國大城市也是赫赫有名。

　　亨得利鐘錶店，原名「二妙春」，經營鐘錶修理。清同治十一年（1872年）原開設在寧波東門街。光緒年間，老闆看德商「亨達利鐘錶行」生意興隆，就決定集資到上海和洋人一爭高低。這店名叫什麼好呢？幾個股東多次商量總找不到滿意的店名。大股東於是說，既然德國人財運「亨」通而「達利」，那我們就來個旗開得勝，叫「得利」如何？於是1928年「亨得利鐘錶行」在南京路（現址）開張，即註冊環球商標。店開張後生意果然興隆。

　　1914年第一次世界大戰爆發，德國商人將亨達利的產權轉讓給該洋行的中國買辦，但每年必須向德商繳納八百兩白銀的招牌使用費。若干年後，中國買辦想既然用亨達利招牌要交錢，那麼這招牌就應自己獨佔。於是洋行出面，向地方法院控告亨得利冒用招牌。

　　這時亨得利因經營有方，已在全國各地開了六十多家分號，成了鐘錶大王，於是高價聘用著名律師應戰。最後因亨得利事先已向當地有關部門註冊登記。為此，這場官司以亨達利敗訴而告終。

　　亨達利官司失敗後不甘示弱，隨以十萬元在滬甬、滬杭鐵路沿線及報紙電臺大做廣告，希望先聲奪人與對手一爭高低。

　　但亨得利更懂得心理戰。他們認為顧客高價買鐘錶有後顧之憂，如果能讓顧客買鐘錶放心，即能爭奪大批顧客。於是亨得利採取了三項措施：第一，實行保單制。根據鐘錶的高低檔實行一、二、三年保修期。第二，高薪聘請上海高級技師，負責對外修理鐘錶。如修出來的鐘錶顧客不滿意即解聘。這一來修鐘錶師不敢馬虎大意而兢兢業業。第三，為方便顧客，實行「聯保制」。只要顧客持有亨得利保單，即可在北京、天津、南京、杭州等全國六十多家分號免費修理。因為亨得利十分守信譽，所以至今皆立於不敗之地。

在一個世紀前，老上海的市民家中都有水缸。大水缸放在天井中，小水缸放在灶間（廚房）。那時，上海還沒有自來水，有的吃井水，有的吃雨水。不管吃何種水都離不開水缸。

那時，人們從井中、河邊挑水倒滿水缸後，就用一塊明礬敲碎放入水缸，再用一根棍子攪一攪，水中不潔之物即沉底，這樣水缸裡的水清潔乾淨，即可煮飯燒茶。後來上海有了自來水公司，也不是家家都裝得起自來水，不少棚戶區直到1949年後，也還無法家家裝自來水，而是要到弄堂口的總龍頭去買水券，再把水拎回家倒在水缸內備用。還有的家庭有了自來水，水缸也捨不得丟，而是用來醃鹹菜。總之老上海人離不開水缸。

那麼水缸壞了怎麼辦？老上海也有一種手藝人專門補缸。他們在缸上用鑽子打眼，然後再用一種ㄩ形的鐵釘，把缸補好，這樣破水缸還是可以用。

老上海人都知道，大世界遊樂場常常上演一齣小演唱叫《王大娘補缸》。這齣以男旦反串王大娘，而以小丑來演補缸匠的節目，沒有什麼重要的內容，只是一種調情，唱的也是民間小調，僅是逗人樂一樂而已。可是這個簡稱「大補缸」的節目，卻紅極一時久演不衰，當年可謂家喻戶曉。

由此也可知道補缸匠在當年老上海也是一種十分熱門的手藝。

百年前的上海，日常用品多爲木製。水桶、馬桶、腳盆、臉盆、吊桶，還有鍋蓋都是木製品。這邊說的鍋蓋不是平面的，而是七、八寸高的鍋蓋。所謂吊桶，以前多用井水，這吊桶較小，剛好能放入井圈口，吊桶不能大，太大從很深的井底提水上來很費勁，故吊桶小巧玲瓏。

如果以上這些木桶、木盆壞了怎麼辦？只要聽見沿街喊：「箍桶囉」的喊聲，即可喚來箍桶匠。

箍桶匠的工具很怪，他用的鉋子與木匠不同，木匠鉋子小巧，鉋子放在木料上推刨。而箍桶匠的鉋子特別大，約有八十公分長，二十公分寬，像一條長條凳。奇怪的是只裝兩條腿，一頭高來一頭低，更怪的是刨刀口朝上。這種大鉋子無法推，箍桶匠用起來把木板放在刨上，推的是木板，高的一頭在箍桶匠身前，低的一頭放在地上，這樣刨起來很省力。

無論是木桶或是木盆，皆用十公分寬的薄木板一片片組成，這樣便於圍成圓形。木桶大多是上下兩頭小而中間肚子大，木盆卻底小口大，這爲的是便於箍桶匠下箍。箍桶的圓篾箍是從桶的上面放進去的，而箍盆的篾箍是從盆底小口放進去的，然後用一根四方的木條慢慢向下敲。讀者可從煙畫上看到敲箍的情形。因爲越往下敲盆體越大，故而無論是桶或盆箍也就越敲越緊。修好的桶或盆放入水後木板發脹，這樣桶或盆都不會漏水。箍桶匠修好木桶木盆後，主人要放水試過，不漏水才付工錢，漏水就要返工。

老上海有〈竹枝詞〉稱讚箍桶匠：

箍桶師傅本領高，作刀一把篾幾條。
彎板幾塊都散失，篾圈一個箍得牢。
滴水不漏才付錢，漏水不算大好佬。
如箍馬桶漏大糞，豈不急得阿嫂去上吊。

老上海的銅匠擔爲「冷作」。何爲冷作呢？這是和補鍋的銅匠相對而言。補鍋爲熱作，他們擔子上有火爐風箱，因補鍋只有把鐵片燒成鐵水才能補，而銅匠擔沒有爐子，不生火而修銅器，故而稱冷作。

這種銅匠擔，一頭挑的有抽屜的木櫃，抽屜裡放有榔頭、鑽子、銼刀等；另一頭小木櫃中放有鉚釘、銅釘、銅皮等修補的原料。有些修補工匠上街高喊「修補套鞋」、「修陽傘」等，而銅匠擔從來不吆喝。不過人們也知道銅匠擔來了，原來他的挑子上竹架之間串了十多塊長方形的鐵皮，邊走邊搖，鐵皮經撞擊而發出「哐啷、哐啷」的響聲。人們聽見這熟悉的聲響就知道銅匠擔來了。

銅匠擔接得最多的生意是修鎖配鑰匙，因爲上海是最早用洋鎖的城市。所以老上海的銅匠就要具有兩種手藝，既要會修老式的古代鎖，也要會修洋鎖。還有老式的箱子多用銅襻（圈把），而箱的四角也以銅皮包角，箱蓋則用銅鉸鏈，這些東西壞了都要銅匠擔修。

還有銅腳爐、手爐等，拎襻脫落也要銅匠敲上鉚釘修好。二十世紀三〇年代前後，上海開始用搪瓷臉盆。這種面盆比木盆、銅盆輕巧得多，但不能碰撞，如不小心跌在地上搪瓷就會脫落，盆內鐵皮也就會生鏽穿孔，這就要找銅匠修補。他們會用兩塊小鐵皮穿進孔內，再分兩邊敲平，盆底也如此敲平，再抹上桐油石灰，面盆也就不漏了。

上海人各個都會精打細算，日常用品壞了修修補補不花多少錢，這也算是勤儉持家，故銅匠擔很受老上海人的歡迎。故有人寫〈竹枝詞〉稱讚銅匠擔：

銅匠師傅真玲瓏，修舊如新真好用。
妙手回春如醫生，銅匠擔來鬧哄哄。

上海人很愛面子，出門都要換新衣服。但在家中處處都要精打細算，特別是舊上海小職員、工人一個月辛辛苦苦領來的工薪入不敷出，所以即使碗跌破了也捨不得買新碗，而是等補碗匠鋦補後再用。

碗，古稱盌。因古代多為木製，故也稱椀。可現在的碗皆瓷碗，碗一破兩半怎麼釘起來呢？

俗話說得好：「沒有金剛鑽，不敢攬這瓷器活。」這話即是指鋦碗盤而言。老上海幹鋦碗這一行者即稱釘碗擔，因為他們總是挑著一副擔子走街串巷，遇到人家來補碗先看貨，根據碗的破裂情況，看要釘十個或八個鋦子，講好價錢即開工。

補碗師傅落座後，即從碗擔小抽屜中取出一根細長繩子，先將繩頭的鉤子鉤住碗邊，再將破裂的碗拼接好用繩子反覆紮緊，然後將碗夾在雙膝間。釘碗先要打孔，這鑽孔的工具如拉胡琴的弓，弓弦上再繞上一個十公分長，下端鑲有金剛鑽鑽頭的細圓軸。這時補碗匠不緊不慢地來回拉動竹弓，隨著金剛鑽頭的不斷旋轉，裂縫的兩邊即出現兩排極細的小孔，這時工匠再從擔子的小抽屜中取出十多個銅製扁平兩腳釘，一個個輕輕釘入小孔中，每個釘跨越裂縫的中間。隨後再在裂縫處塗抹一種黏性強的白瓷膏，這碗就算鋦好了。看上去碗上像爬了一條蜈蚣，但並不妨礙使用。從碗內看到的只是一條裂縫，其他地方皆很平整光滑，放菜放飯毫無影響。不過洗碗時要當心，輕拿輕放，這樣可延長使用壽命。

補碗者大多為江西人，由於補碗鑽孔時發出「絲咕、絲咕」的磨擦聲，所以上海人據此創造出一條歇後語：「江西人釘碗，自顧自。」（即鑽孔聲音絲咕、絲咕）。

這種釘碗擔直到1949年後上海街頭還有出現。近年來人民的生活越來越好，碗破了丟掉再買新碗，這釘碗擔也就進了博物館。

　　老上海的皮匠攤特別多，因爲十里洋場穿西裝、皮鞋引爲時髦，所以專修皮鞋的皮匠攤也就應運而生。

　　在老上海謀生不易，如在洋行或寫字間工作，不穿西裝會被人看不起，這種小職員工薪不高還要養家活口，所以買雙皮鞋價格不菲，皮鞋壞了再買雙新的買不起，只能找皮匠修修補補。故而皮匠攤的生意，在舊上海灘也算得上是一種熱門的手藝。

剪刀為中國古代所發明，最早的剪刀為U形，稱鉸刀，上端兩面打成薄片並開口，剪時捏下端，利用熟鐵柄的彈性即可發揮剪的作用。

唐代時，太原（古稱并州）剪刀很有名。杜甫詩云：「焉得并州快剪刀，剪取吳淞半江水。」從考古證實，北宋熙寧五年出土之剪刀，已和現在剪刀式樣相仿。

舊上海以磨剪刀為業的人不少。因為幹這一行既不要很高的技術，又不要很大的本錢，你只要喊一聲「削刀──磨剪刀」生意就會來了。上海喊「削刀──磨剪刀」聲音很短促，很乾脆，而北方喊「磨剪子來──戧菜刀」聲音很長，有節奏感，聲音又脆亮，富有北方人的豪氣。

上海磨剪刀磨起來十分認真。生意來時，他們即放下肩上扛的一頭高一頭低的長板凳。這低的一頭釘有木條固定磨刀磚和磨刀石，當粗磨時放在石上磨，細磨時即在磚上磨。磨時還要不斷淋水，以降低磨擦產生的溫度。磨把剪刀雖然沒幾文錢，但他們卻很認真，如果發現鉚釘鬆了還會用小榔頭敲緊。

雖說磨剪刀技術極為簡單，但也必須懂行。因為上海灘的剪刀品種繁多，有長剪、尖頭剪、圓頭剪、闊頭剪、空口剪、繡花剪、修樹剪、裁衣剪，還有什麼羊毛剪、鐵皮剪、理髮剪等等，最大的料剪長三尺六寸，七斤多重；最小的花色剪只有一寸長，四錢重。所以你要知道各種剪刀的用途，這才能根據不同性能磨好剪刀。

舊上海磨剪刀者除多數為蘇北人外，尚有十月革命後從前蘇聯逃亡到上海來的白俄，他們踏著或推著一輛小車，車上裝有腳踏砂輪等工具，邊走邊用帶白俄腔的中國話吆喝：「磨剪刀？」有時也用俄語叫幾聲，也別有風趣。但上海人不大相信他們，又怕用砂輪磨剪刀會把刀刃的鋼磨掉，影響使用壽命，所以去磨者甚少。可是他們的出現卻往往引來一群小孩，好奇地看著高鼻子、藍眼睛的白俄磨刀師傅，白俄磨刀人此時也往往對小孩擠眼弄眉地，引發出小孩陣陣的歡笑。

修電燈

電燈司務

現在不要說上海，即使邊遠山寨農戶也普遍以電燈照明。可是在一百多年前不要說修電燈，聽見「電」字就害怕。

光緒八年（1882年）9月30日的《申報》上，曾刊登一則新聞，標題竟然是〈禁止電燈〉。那時上海僅有少數洋行用電燈。上海市民還不知電燈為何物，夜間普遍以玻璃罩煤油燈照明。現在讓我們來看一看〈禁止電燈〉的具體內容：

「本埠點用電燈，經道憲邵觀察箚飭英會審員陳太守，查明中國商人點用者共有幾家，稟候核辦。茲悉太守已飭差協同地保，按戶知照，禁止電燈，以免不測，聞名鋪戶亦以電燈不適於用，故皆遵渝

云」。

由此可知，當年堂堂太守，對電燈的驚怕竟到如此程度，不但自己不敢用電，對商戶用電燈也絕對禁止，實在令人啼笑皆非。

不過太守的疑慮也不是沒有一點道理，直到現在還強調安全用電。不懂用電常識者除了觸電身亡還會引起火災，為此修電燈也成了三百六十行的新行當。即使民國初年電燈在上海灘普遍推廣後，一般市民遇上電燈出了故障還是要請專業電工修電燈。

百年前的上海人，易於接受新事物。開始時對電有些怕，但一經對電有了認識，對電燈即表示讚揚。「電氣為燈奇化工，夜來照得滿街紅。初來遊子驚疑甚，皓月如何在雨中？」由這首當年的〈申江雜詠〉竹枝詞來看，市民對電燈既感到新奇也極為欣賞。

百年前的老上海也發生過電燈笑話，一位外地老農民初到上海，第一次看見電燈很希奇，吸旱煙時竟把旱煙桿湊在電燈泡上點煙，引起一屋人哄笑。

在〈滬上新竹枝詞〉中有人唱道：

**勝地無須秉燭行，圓珠替月倍分明。
何須浪擲金錢買，海上天開不夜城。**

上海從此獲得「不夜城」之美譽。

美容院

118

文化・娛樂行

圖
說
360
行

　　前清時因照相技術尚未傳入中國，人們要留影只好靠畫像，故上海靠畫人像爲職業的畫師應運而生。

　　所謂畫像，多以西洋畫法爲主。想學畫像者爲數不少，早在清同治年間，徐家匯天主堂即創辦了西洋美術畫館，教授水彩畫、鉛筆畫、木炭畫、油畫等。這些西洋美術技法皆擅長畫人像。

　　爲培養中國的西洋畫美術人才，1912年由張聿光、劉海粟等人創辦了上海圖畫美術院。先由張任校長，後改爲劉任校長。因學校爲提高學生畫藝採用人體畫教學，而引起了十年的「模特兒風波」。

　　1915年劉海粟校長組織西洋畫科三年級學生描繪少年模特兒，後又以健壯成年人爲模特兒。1917年夏，男子人體素描作品在張園展出，不料城東女校校長楊白民觀展後火冒三丈，不但大罵傷風敗俗，還撰寫譴責「崇拜生殖」的文稿投寄時報，但報社並未採用。這位楊校長又上書江蘇教育廳，要求查封畫展，但被婉言拒絕，隨之第一次模特兒風波不了了之。

　　1920年夏，美專雇用中國女子和白俄少婦爲模特兒，這又引起風波。鬧得最凶的是1925年，因上海一些煙紙店和茶館有春宮畫、沐浴圖出售，此事又怪到劉海粟頭上。市議員姜懷素9月在上海一些報刊發表文章，稱禁淫畫必先查禁模特兒，「尤須嚴懲作俑禍首之上海美專校長劉海粟」。10月9日上海正俗社特別指名劉海粟爲「名教叛徒」。此時，劉海粟以「口仁義而心盜蹠，言夷狄而行媚外」來反擊「僞君子們」。一來社會輿論同情和支持美專師生；二來江蘇教育廳表態，也只是讓學校愼重行事，故這一次風波也平息了下來。

　　1926年新上任的上海縣長危道豐，聽信姜懷素的謬論，下令嚴禁美專裸體課。軍閥孫傳芳也下令通緝劉海粟。因美專地處法租界，法國駐滬總領事本著尊重藝術而出面調解，最後劉海粟在法庭上處以罰款五十元。由此可知，即使十里洋場要實現西洋先進美術教學，保守勢力依然非常頑固。但劉海粟是眞正的美術教育家，他的藝術開明思想值得敬佩。

中國以象棋、圍棋最著名。但象棋因棋子少，玩起來方便更為普及，故老上海街頭擺棋攤以象棋為主。

中國象棋起源何時眾說紛紜。相傳舜創造棋戲，用以教育狂妄驕橫的弟弟——象，故名「象棋」。另一說法，象棋是漢初名將韓信所發明。這位統帥以象鍛鍊士兵和將校作戰智力，故在棋盤上寫有「楚河」、「漢界」。

真正提到棋子對局的文字根據，是唐代牛僧孺寫的《玄怪錄》，其中提到唐肅宗寶應元年（762年），汝南人岑順旅居於呂氏山中，夜夢有「將、馬、車、卒」兩軍混戰，將軍和士兵均是幾寸長的小矮人，其夢境之戰極似後來的象棋遊戲。由於這個故事發生在寶應年間，所以至今日本還有人稱中國象棋為「寶應象棋」。

中國象棋不但受中國人喜愛，在世界上也有其他國家的愛好者。1938年，中國前輩象棋名手謝俠遜，在南洋檳榔嶼一帶表演象棋。當地華僑中亦有數不清的棋迷，他們自動化裝成「棋子」，讓謝俠遜大走「人棋」，使異國他鄉的華僑象棋愛好者和洋先生們大開眼界。

在老上海擺棋攤者，大多是落魄的文人或是失業的棋迷，他們按棋譜上的殘局在街頭設棋攤，路人圍觀者看到一方棋勢瀕危轉眼即成敗局，於是掏錢賭棋。其錢數不定，十元、五十元、一百元皆有。贏棋，攤主可一賠一，也可一賠兩，事先講好後即開戰，攤主總是百戰百勝。因為他們熟讀棋譜，掌握多種勝棋的套路，而路人匆忙上陣，當然三五步棋後即輸。於是攤主贏了錢，得以混口飯吃。

象棋有無窮的魅力，只要棋攤一擺，總有許多的棋迷圍觀，心動手癢與攤主一爭高低，輸而無怨，更多的觀棋者圍觀久久不願離去。

清初李笠翁《閑情偶寄》說弈棋不如觀棋，因觀者無得失心，所以說觀棋是一種享受。其實觀棋不是享受是難受，觀棋不語是痛苦。俗話說旁觀者清，見人家要入陷阱不指出，渾身難忍，喉癢出奇，想一吐為快。於是情不自禁發出指示，以示自己高明。故往往有人在棋盤上寫下「河邊無青草，不養多嘴驢」。

賣報紙的人，俗稱報販，簡稱「賣報的」。上海賣報有兩種方式。一種設報攤，也就是在馬路邊或弄堂口放上一塊門板，擺上幾份報，這生意就算開張了，這種賣報每天出攤風雨無阻。還有一種為沿街叫賣的報販，他們每天天不亮都聚集在望平街（今山東中路），當時上海兩家最大的「申報館」和「新聞報館」都設在這條街上，附近還有不少小報館。等報販批到剛出版的報紙後即背起報袋，一邊喊著：「新聞報」、「老申報」，一面滿街跑著兜售。

當年賣報者以十三、四歲的孩子為多，因為他們年紀小，幹不動重活，賣報生意簡單，這一行適合小孩子幹。著名音樂家聶耳曾寫過一首《賣報歌》：「啦啦啦！啦啦啦！我是賣報的小行家，大風大雨滿街跑，一邊跑，一邊叫，今天的新聞真正好，七個銅板就買兩份報。」

這首〈賣報歌〉立即在上海街頭流行，有很多小報童就是唱著這首歌天天在街頭賣報的。直到現在還有很多人會唱這首歌。

1946年11月29日，三千多攤販擁到了金陵路黃浦員警分局門前，眾人揮舞拳頭高呼：「撤銷取締攤販的決定！」，「我們要吃飯！」在這些抗議者中，有不少是報販。原來1946年7月，上海市政當局以「有礙觀瞻，有礙交通」為由，宣佈自8月1日起取締黃浦、老閘兩區的所有攤販。攤販們為了生計於是組織了抗議示威遊行。12月1日凌晨，員警大批出動，開槍打死示威攤販十餘人，打傷一百多人，其中就有十多位是賣報攤販。

在舊上海賣報的小販生活十分艱苦，凡出售宣傳抗日、宣傳反對內戰的報販都受到特務暗殺逮捕的威脅。在抗戰期間的重慶，凡是賣《新華日報》的報童有不少被關押。周恩來為此親自上街賣《新華日報》，以示對國民黨的抗議。

凡是五、六十歲的老上海人小時候大多光顧過小書攤。所謂小書攤，即是兩塊如同門板一樣的薄木架，四面有框框，中間釘著一格格橫木條，架上一排排放滿「小人書」。白天出租時攤開來放在弄堂口，向牆上一靠即有人來租書了。晚上收攤，只要把大木架像一本書似的合攏，扛回家即可。

上海的小書攤在二十世紀二〇年代最早出現在楊樹浦一帶。那裡既是工廠區也是棚戶區。工人多從江、浙、皖等省逃荒到上海，拖家帶口的在楊樹浦荒涼地帶搭個小草棚住下來，再到工廠找工做。放工後很無聊，沒文化又看不懂書報，但看小人書還是滿有興趣的，於是三百六十行中又多了出租小人書這一行。

租小人書很便宜，一個銅板看兩本書，兩個銅板看五本。架上的書隨你挑，《七俠五義》、《火燒紅蓮寺》、《杜十娘怒沉百寶箱》等等五花八門應有盡有。租好書坐在書架邊的矮長凳上，即可盡情地享受書中的樂趣，也可用錢抵押帶回家裡去看，倘是熟人也無須押金了。筆者抗戰時逃難到上海租界年僅七、八歲，投親靠友而無錢租書，就可憐巴巴的立在租書人的背後，揩油偷看不花錢的小人書。

小人書乃俗名，正名稱連環圖畫。最早出現「連環圖畫」四字是1927年，世界書局請陳丹旭畫了一部《三國志》，起初不知此書應屬於哪一類為好，後經多次商量出版時稱名為《連環圖畫三國志》。從此「連環圖畫」書類正式問世。

現在雖然再也看不見老上海的小書攤，但老連環畫已成為全國熱門的收藏品。一套《三國演義》拍賣價數千元。老上海是連環畫發源地，收藏連環畫的人也特別多。

中國自古以來，每逢春節來臨時家家戶戶都有貼春聯的習俗。據《宋史・蜀世家》載，後蜀主孟昶除夕所寫的「新年納餘慶，嘉節號長春」為中國最早的春聯。

時至宋代，貼春聯已蔚然成風。蘇東坡寫了「春風春雨春色，新年新歲新景」，此聯剛貼出，路人見此聯書法好詞也好，不到半夜即被人偷偷揭去。第二天他又寫了一聯，晚間又被人偷去。蘇東坡隨後寫了上聯「福無雙至」下聯「禍不單行」貼在大門上。這回沒人偷了，書法雖好但不吉利。轉天是大年初一，天剛亮蘇夫人就吵著撕去此聯免得晦氣。可蘇東坡

說慢來，隨後他又補寫了六個字貼在門上。拜年者一看春聯是「福無雙至今日至，禍不單行昨夜行」。這是蘇東坡怕人偷聯而想的絕妙辦法。

明代朱元璋特別愛寫春聯。一年春節他微服出訪，見一老者在市上賣春聯，當場寫當場賣。朱元璋聽老人是四川口音便寫道「千里為重、重山重水重慶府」。這聯很難對，因為「重」字為「千里」兩字所組成。賣聯老人有學問，隨對出下聯，「一人成大，大邦大國大明君」。這「大」字乃「一人」組成，所以朱元璋認為此人有學問即封他為官，並命他把春聯貼在大門上。

以後，春節時賣春聯的攤子即應運而生。《光緒都門紀略・書春》載：「教書先生臘月時，書春報貼日臨池。要知借紙原虛語，只為些許潤筆資。」此詩是對窮文人春節賣聯的生動寫照。同樣，還有一首〈竹枝詞〉也說明這一點：

一聯賣得幾文錢，度歲莫怨儒生窮。
烏盆底內墨磨濃，裁幅朱砂片紙紅。
只要祝詞多吉利，不諧平仄不求通。

老上海春節賣春聯的攤頭很多，貼對聯的也很多。春節賞春聯為老上海的一道風景。

現在各報社都有攝影記者,他們都很忙,遇車禍、火災、大商廈開張剪綵、新輪船下水、國家元首出訪、歌星演唱登臺,五花八門千頭萬緒的新聞都要攝影記者到場。

你知道在中國成千上萬的攝影記者中,誰是第一位攝影記者?中國新聞史上第一位專業攝影記者大名郎靜山。1905年,十三歲的郎靜山就讀上海育才中學,該校圖畫老師李靖蘭喜愛攝影,家中有自設的暗房,學生對攝影有興趣者都可以得到李老師的指點。郎靜山讀小學時,住地開有兩家照相館,他常去玩,耳濡目染之下,郎靜山成了小攝影迷。1912年郎靜山二十歲,進了上海申報館廣告部工作,雖然也拍了一些照片,但還不是專業攝影記者。

當時上海出版了《上海時報》,發行人黃伯惠也是個攝影迷。1926年,他從海外進口中國第一部捲筒印報機,並設立了照相製版部,還籌備出版攝影畫刊。郎靜山得此消息欣喜萬分,即請他的好友文學家翻譯家戈寶權,通過他叔父新聞界前輩戈公振引薦,他從此轉入上海時報工作,終於成了中國第一位專職的攝影記者。

郎靜山以攝影記者的身份拍了很多新聞照、風景照、人物照、老上海風情照。他當時發起組織中華攝影學社。1928年3月,郎靜山發動社員,選擇了一百多幅攝影作品,在上海時報大廳舉辦中國第一次大規模的攝影展,吸引了一萬多人參觀。不但轟動上海灘也影響了各省市,從而推動了中國新聞攝影事業的發展。

中國最著名的攝影記者還有吳印威,他是抗戰期間延安最活躍的攝影記者之一。當時延安各方面條件都極差,沒有好的照相機,他就用一架老爺相機拍了很多戰地照片,現在看來這些照片非常珍貴,可謂經典之作。

共產黨執政後,也有兩位專門為毛主席拍照的攝影記者徐肖冰和侯波,他們在中南海和天安門為毛澤東拍的照片現已成為珍貴的檔案資料。

說起電臺播音這一行，全中國第一座播音電臺就誕生在上海。

1922年底，美商奧斯邦偕同一位旅日張姓華僑，在上海創辦了中國無線電公司，發售收音機，同時開設了中國第一座廣播電臺，臺址設在廣東路大來洋行屋頂。1923年1月23日開始播音，發射功率為五百瓦。每天晚上八時至九時播音一小時，廣播內容有新聞、音樂、演說，著重推銷他們公司所出售的收音機。特別值得

一提的是，這家稱為奧斯邦電臺在開播第三天，即1月25日，播出了孫中山先生的〈和平統一宣言〉，孫先生並對廣播電臺開播表示祝賀。

可是好景不長，這家沒有強硬後臺老闆支持的民營電臺，不久受到英國公使的排擠和軍閥的壓力，播音才剛兩個多月即關閉。

1924年，外商開洛公司在上海江西路開設公司，經營電話機和無線電器材，為了打開銷路，該公司在福開森路（今武康路）建造了一百瓦的廣播電臺。1927年夏，南京路新新公司開張，並在該公司六樓屋頂花園開辦了廣播電臺，主要推銷該公司生產109式礦石收音機等商品。這家商業電臺1927年3月18日開播，發射功率五十瓦，每天播音六小時。除新聞和商業廣告外，還有蘇灘、音樂、廣東戲、京劇等。該臺由公司電器部長鄺贊設計，此乃上海第一座由中國人自建的電臺。

1935年3月9日，由當時的政府交通部建立的電臺正式播音。發射功率四百瓦，頻率1300千赫，播音室設在仁記路（現滇池路）沙遜大廈（今和平飯店）。這是抗戰前上海規模最大的電臺。

拍電影爲洋人發明。拍一部電影是非常複雜的工程，除了要有攝影機還要有編劇、導演、演員、美工、音樂、照明、洗影等各種專業人才，還需要大量資金。

上海由中國人攝製的第一部情節影片，製作者爲但杜宇。他於1918年創立了「上海影戲公司」，拍攝了一部《海誓》愛情片。但杜宇原是著名的油畫家，在上海設有畫室，以售畫爲業。畫與電影都是視覺藝術，因此但杜宇也非常喜愛電影。他先籌集了一筆資金，隨後向某洋行購買了一部半舊的電影攝影機和附設工具一整套，繼而又邀請了十幾位親朋好友爲上海影戲公司職員，另約請劇作家編寫《海誓》劇本，再動員中西女塾校花殷明珠出任女主角，一切準備就緒，即開拍《海誓》。

但杜宇多才多藝，他集導演、攝影、美工、沖洗、剪接、複印等於一身，不分日夜進行工作。拍電影光線很重要，一般都要有水銀燈設備。但杜宇無錢購買價格昂貴的燈光設備，只能靠天吃飯，太陽一出就抓緊時間拍戲，陰天或下雨天只好停工。後經數月努力《海誓》總算拍攝完成。當《海誓》在上海各影院放映時，因爲是中國第一部有情節的愛情故事片，所以深受觀眾好評。

中國早期影片女主角多爲男演員反

拍影戲

串。第一位大膽登上銀幕的女演員爲嚴珊珊。她於1913年在華美影片公司拍攝的《莊子試妻》短片中出任女主角。導演爲黎民偉，嚴珊珊是黎民偉的妻子。當年願意讓妻子公開拍電影，思想也算得上十分開放了。

此片爲《蝴蝶夢》中〈扇墳〉一段，嚴珊珊大膽潑辣的表演深爲動人。後來此片被洋老闆布拉斯基帶到美國放映，因此嚴珊珊又是中國第一位在銀幕上與外國觀眾見面的女演員。

「小堂茗」，也就是小樂隊。這種樂隊也稱「清音班」。少則七、八人，多則十餘人。他們所使用的全部爲中國的絲絃樂器。

早年的小堂茗一般演奏崑曲，近代由於京劇盛行也演奏京劇音樂。因此有「崑堂茗」、「京堂茗」之分。在老上海也有演奏江南絲竹音樂的。

小堂茗以參加民間紅白喜事爲生。老上海的一些大戶人家辦喜事，小堂茗班的成員皆穿紅紅綠綠的長袍，腰紮彩帶掛著樂器吹吹打打，走在花轎前後將新娘子送到結婚禮堂，然後坐在禮堂或天井中演奏。此時演奏人員多圍著兩張八仙桌而坐，根據婚禮的儀式不斷吹奏各種樂曲，以造成熱鬧的婚事氣氛。

小堂茗所用的樂器有二胡、三弦、琵琶、笛、笙等，沒有大鑼大鼓，而用鐵絲穿成的長方框中懸掛著五、六面如同飯碗口大小的小鑼，另有板鼓，演奏的樂曲幽雅悅耳，似流水行雲潺潺而鳴，聽起來十分舒服而不煩人，故有「清音班」之稱。

如果人家辦喪事，小堂茗演奏人員即穿素服，腰紮黑綢帶或白綢帶隨著出殯送葬的隊伍沿街演奏。有時他們也穿道袍出場，按主人家的需要而定。

「寶和堂清音班」，在蘇州稱堂茗擔，堂茗擔始用於民國初年，紅木質地的擔上鏤雕了梅竹花鳥，鑲以玉石、珍珠、珊瑚等，頂部四周懸掛蓮花玻璃彩燈十餘盞。這一小堂茗的珍貴文物，已於二十世紀八〇年代由寶和堂的後人捐贈給蘇州戲曲博物館。

老上海的多家小堂茗也有不少寶貝，歲月滄桑，現在不知流落何方？

　　軍樂原產生歐洲，十四世紀奧斯曼（鄂圖曼土耳其）帝國烏爾汗王最早建立軍樂隊。十八世紀，波蘭、德國、奧地利、俄羅斯等國也建立了軍樂隊。

　　軍樂被引進中國是在清朝末年，大約在1896至1898年之間，在「興洋務，建新軍」的時期，袁世凱在天津小站操辦新軍，爲壯軍威、鼓士氣，袁世凱同時建立了一支軍樂隊。但清代官員極爲保守，對這洋玩意兒不夠重視，軍樂隊雖建立但吹不出名堂，連五線譜也不識。

　　不過在七、八十年前的老上海，所謂的軍樂隊並不是由軍人吹奏的眞正軍樂隊，而是由一些會吹奏西洋樂器的人員組成。他們有的穿著仿北洋軍閥式樣的軍服，也有的穿著仿英國、法國的軍服，排著整齊的隊伍敲打著洋鼓、吹著洋號招搖過市。這些不中不西、不軍不民的所謂軍樂隊，大多爲上海灘大亨辦喜事和送葬所雇用。當年這種軍樂隊的情景在趙丹、周璇主演的電影《馬路天使》中可見到。趙丹在影片中就扮演樂隊中的小號手。

西洋鏡也稱「拉洋片」。在舊上海到處可見西洋鏡攤，尤其在學校附近、各大遊樂場所等。攤主將各種畫片置於箱中，觀眾通過凸鏡觀看箱中畫片。攤主一邊拉動畫片，一邊唱誦畫片內容，唱詞通俗易懂，多為七字句，如：「往裡瞧來往裡看，小寡婦上墳在裡邊，頭戴白布身穿孝，小嘴一撇哭得歡。」唱腔多為山東當地民歌小調。

舊上海西洋鏡有兩種，一種是大箱子，攤主身背或用自行車馱，箱子上裝有二至四個觀視窗，小朋友付錢後，便可到觀視窗前觀看。這時，攤主打開視窗捲動起裡面的畫片，順口或唱或講畫片內容，把畫片串成一個故事。沒錢觀看的小孩看不到箱內的畫片，在旁邊聽攤主講述故事或聽唱詞倒也樂陶陶。

另一種是小西洋鏡。攤主身背小木箱和趴腳架，到一熱鬧處便打開木箱，內裝八、九隻單筒畫片機，孩子們付錢後挑一隻機子一面喜滋滋地瞇起左眼，右眼貼上機孔向裡面看，一面不停地捲動轉軸變換畫面。拉洋片者不僅收錢還收牙膏皮、破銅爛鐵和玻璃瓶等物。因為有些小朋友向家長討不到現錢，他們就把家中的廢品拿來過西洋鏡癮。

上海有句俗語：「拆穿西洋鏡。」其含義是某人的騙局被識破或秘密暴露。因為一些山東人到老上海來拉洋片，開始人們對西洋鏡都感到很神秘，因好奇便花錢看西洋鏡，看過後發現僅僅是幾張死畫片而已，並沒什麼希奇之處，故而「拆穿西洋鏡」這句上海方言在十里洋場不脛而走，十分流行。

當年有人寫〈竹枝詞〉描寫西洋鏡：

西洋鏡致勿啥好，此等畫工最粗糙。
惟有顯微鏡發光，鄉人一見稱奇妙。
看了一張又一張，畫面單板瞎胡鬧。
西洋鏡兒來拆穿，分文不值氣厥倒。

木人頭戲，又稱「木偶戲」，古稱「傀儡戲」，臺灣稱「掌中戲」、「布袋戲」，其材料多用木頭製作而成，由藝人操縱動作表演節目。

木偶係民間戲劇，主產於福建泉州。木偶用樟木刻製頭坯，經裱褙塗上膠土，磨光再施彩繪，配以服飾。木偶分兩種，一種為提線木偶，也叫傀儡戲；另一種掌中木偶，也叫布袋戲。表演時採用提線或手指撥弄的方法，使木偶活動如生。泉州木偶頭像的雕刻、技藝，以藝人江加克（1871～1954年）的表演最為盛名，俗稱「江氏木偶頭」。

木人頭戲即布袋戲。布袋木偶形體較小頭部連在布袋裡，這布袋實際上也是戲服。民間木人頭戲的演出者都很窮，做不起漂亮的蟒袍大靠，但用些花布縫的小媳婦、老媒婆經過藝人伸入布袋靈活的手指操縱，原來的木偶立即變成活龍活現的戲劇人物。如演《豬八戒背媳婦》，圍在布幔中的藝人，一會兒嗡聲嗡氣地扮豬八戒，一會兒又尖聲怪氣地裝小媳婦。如此一來站在布幔外的觀眾，特別是小朋友，便看得入迷，以為布幔中有好幾個演員。豈知等藝人出來討錢時，原來才知道無論是武松還是老虎，無論是薛仁貴還是王寶釧，無論是男女老少皆由藝人獨自裝扮表演。其實這種藝人也可說是多才多藝了。

嘴裡要唱，左右手分別要操縱兩個不同的木頭人物，腳還要敲鑼打鼓，這真是渾身皆有功夫。可是表演完討錢時，大多圍觀者是看白戲，故表演者能混飽肚子也算不幸中之大幸了。

1949年4月，宋慶齡發起主持「中國福利基金會」，會裡還組織一個兒童劇團，募捐演出時節目中有個木偶戲《快樂的日子》，內容以張樂平的三毛為主角，為了演得逼真，這個三毛木人頭就請漫畫大師張樂平親自動手製作，演出時受到廣大觀眾的歡迎。

子獅跳

24

舞獅子是中國傳統的民間藝術，每逢新春佳節、集會慶典、商店開張，民間都會舞獅子以助興。

相傳，獅子是漢武帝派張騫出使西域後，和孔雀等一同帶回國的貢品。而舞獅的技藝卻是引自西涼「假面戲」，這在唐代詩人白居易的〈西涼使〉詩中有生動的描繪。「西涼伎西涼伎，假面胡人假獅子，刻木爲頭絲作尾。金鍍眼睛銀貼齒，奮迅毛衣擺雙耳，如從流沙來萬里。紫髯深目兩胡兒，鼓舞跳梁前致辭，應似涼州未陷日，安西都護進來時。」

舞獅引入中原後，漸漸分成「北獅」和「南獅」兩派。北獅即魏武帝欽定的北魏「瑞獅」，小獅一人舞，大獅雙人舞。一人站立舞獅頭，一人彎腰舞獅身和獅尾。舞獅者全身披包獅皮，下穿和獅身相同毛色的綠毛褲和金爪蹄靴，觀看者無法辨認舞獅人的形體。引獅人以古代武士裝

扮，手握旋轉繡球，配以鑼鼓逗引瑞獅。

南獅以廣東爲中心，並風行港澳東南亞僑鄉。南獅也是雙人舞，但舞獅人下穿燈籠褲，上面僅僅披一塊彩色的獅皮而舞。和北獅不同的是，引獅人頭帶大頭佛面具，身穿長袍，腰束彩帶，手握葵扇而逗引獅子。

老上海大批廣東人多集中居住在虹口四川北路橫濱橋一帶。每逢春節或廣東店號開張，皆以舞南獅爲主要內容。南獅以攀高爲其特點，有些廣東老闆往往豎一根長木桿，桿頂吊個紅包，下面搭幾張八仙桌，等春節舞獅隊來拜年時，南獅可邊舞邊登一直爬到桿頂，這時只見舞獅頭的人，從獅頭血盆大嘴中伸出手臂摘下紅包。這時觀眾即放爆竹和鼓掌，一是讚揚舞獅者技藝高超，二是慶賀南獅英勇，鎮邪驅魔，祈保百姓平安，生意興隆。

　　龍是中華民族的象徵，龍舞也是中國民間最喜愛最流行的一種舞蹈。古代舞龍燈不僅僅是娛樂，我們的祖先也常以舞龍參加祭祀儀式，直到現在，不少地區還有舞龍求雨的信仰。以前杭州每月正月十二上燈，四郊鄉民多紮草龍上吳山龍王廟拜祭，祈求風調雨順，五穀豐登。一條條草龍還要求老龍王「點睛」。俗傳「畫龍點睛」後，龍可騰空而舞。草龍求龍王「開光」後，相傳下山和群龍比試高低，定能旗開得勝，舞而奪魁。

　　舞龍燈又叫「掉龍燈」、「滾龍燈」。開始先在草龍身上覆蓋青色或黃色的「龍衣布」進行滾舞，後為適應藝術表演，又改用竹、木為骨架，少至九節、十二節，多至十八節、二十四節，由繪有龍鱗的長布聯綴。龍頭繪製逼眞，龍角、龍眼、龍鬚俱全但很重，舞龍以龍頭為主角。龍分紅、黃、青、白、黑等五色。舞時有一紅球（龍球）領先引發龍舞，一龍爭球為單龍搶珠，兩龍戲球為雙龍搶球。其表演形式豐富多彩、變化多端，有盤、滾、遊、翻、跳、戲等幾十種套路。再伴以鑼鼓更顯歡快熱鬧。晚上舞龍燈必在龍身內點燃紅燭。

　　舊上海舞龍燈每到一處先放鞭炮，各家爭相迎龍入內，俗稱「接青龍」或稱「發利市」。舞龍者持龍燈在空地上滾舞，以示吉祥。主人要給賞錢和招待點心，如吝嗇者不給錢，舞龍者就倒退而出，俗稱「倒拔龍」，謂不吉利。各商店門口擺設香案，懸掛彩旗、陳列果品糕點、蠟燭等物品，舞燈畢，舞龍燈者吃過糕點得了錢，然後再去他處表演。一般都在春節、元宵節等喜慶節日中表演。

耍猴子

猴戲是無論男女老少都愛看的雜技節目。說來奇怪，猴子多產於南方的山林中，而耍猴者卻都是北方的老漢。

上海人看猴戲大多在家門口，說起來耍猴也和討飯的差不多。有些北方老漢在上海街頭討錢都是手拿根木棍，一手牽著猴，來到人家門口，這時往往圍著一大群小朋友。小孩子當然沒有錢給耍猴的，但他們口袋裡有些花生、糖果，甚至有水果，於是紛紛掏出來給猴子吃。但小猴子很可憐，接過一隻香蕉自己想吃而不敢吃，立即上交給耍猴者。耍猴的也不吃，而是收進肩頭的布袋中。這時猴子雖然沒吃到香蕉，耍猴的還要猴子致謝，於是猴子或作揖或敬禮，模樣滑稽逗得小朋友哈哈大笑。

老實說，看這種耍猴不過癮，要看就到廣場上看耍猴。在上海街頭逢年過節能看到山東或河北來的耍把戲班子。只聽鑼鼓一響，總是猴子戲打頭陣。最初猴子從一個小箱中拿出一件小花袍穿在身上，隨後又拿頂官帽套在頭上，最後又從箱中拿出一面「齊天大聖」的小旗，再跳到箱蓋上裝扮成孫悟空。這時耍猴者拿著鑼討錢，猴子也會學樣拿個搪瓷碗也跟著討錢，並把觀眾丟在地上的錢拾起來交給耍猴者。最精彩的是小猴子站在羊背上，搖搖晃晃好像要跌下來，可是跑了兩圈卻保持平衡，你不能不稱讚猴子聰明。

中國早在唐代就開始馴猴。據《太平廣記》載，一位著名的馴猴藝人楊于度，他馴有十多隻猴子，可表演騎狗雙方作戰，勝者自己穿靴戴帽，好似凱旋而歸。而且還會表演醉酒之態引得人們捧腹大笑。唐昭宗時，有隻猴子很會戲耍，活潑可愛，皇帝很寵愛這隻頑皮猴子，封牠為「孫供奉」，還賜牠官服繡袍。馴猴者也跟著沾光，因為皇帝也封他為官。

狗熊戲，由人們對狗熊的不斷訓練而成。相傳宋朝就有人馴熊進行表演。著名的馴熊大師李三，他馴的狗熊會表演翻跟斗、耍叉、摔跤等把戲。

熊有多種，有北極熊、棕熊、黑熊等，會耍把戲的大多為黑狗熊。

黑熊全身毛色漆黑而得名。其實黑熊也有白毛，牠不站立人們不易發覺牠的白毛之處。牠耍把戲時常站立用後腳行走，此時觀眾會發現狗熊的前胸有一道Ｖ字形的白色帶斑。黑熊的面部有點像狗，所以民間俗稱狗熊。

狗熊在人們的印象中很笨，故而父母或老師批評孩子或學生時往往會說：「看你笨得像狗熊。」其實狗熊並不笨，不過因為肥胖走起路來搖搖晃晃，故而從外形看給人的印象很笨，實際上牠非但不笨還很聰明。比如狗熊表演雜技晃板，這是一個難度很高的節目。

表演晃板之所以難，因為桌上先放一節比熱水瓶粗一些的鋼管，鋼管上再放一塊三十公分寬，六十公分長的木板。因為鋼管放在木板下面的中部，人根本無法站立，因人一上木板圓筒就滾動，而狗熊經過艱苦馴練，可站立在板上任鋼管滾動，也可隨之左右搖晃保持平衡，故稱「狗熊晃板」。還有狗熊站立頭頂扁擔，再以前爪撥動扁擔使其旋轉。再有就是狗熊四腳朝天仰倒在地上，以四爪盤弄一把鋼叉，稱為「胖熊舞鋼叉」。最妙者狗熊腰繫圍裙，頭頂花頭巾，懷裡抱著個布娃娃，另一爪還挽著一個竹籃，搖搖晃晃地繞場一周，這個節目稱「熊媽媽回娘家」。肥胖的狗熊憨態可掬，模樣滑稽，逗得觀看的小朋友哈哈大笑，還為牠熱烈鼓掌。

狗熊體重食量大，馴熊者就用餓的方法來對付牠。乖乖地表演就給牠吃一種很厚很硬、用平底鐵鍋烙出來的羌餅。餵熊用的是一種長柄鐵勺，羌餅放在鐵勺中伸到牠的嘴邊，用手餵不安全，這樣可防牠咬人。

耍狗熊是中國民間走江湖的傳統雜耍，老上海街頭巷尾常有表演，但現在已由馬戲團專門馴練演出了。目前上海馬路上再也見不到耍狗熊的表演。

293

老上海春節有幅著名的年畫《老鼠招親》，這只是個民間故事，誰也沒親眼看到過老鼠拜花堂。但老鼠演戲，老上海倒有人見過，不過這種表演極爲稀少，難得一見。

所謂鼠戲，民間藝人手中拿一隻木架，架中懸一根納鞋底的麻線，下有一個小竹筒。表演時只見老鼠爬上木架，將麻線拉到木架橫樑上將竹筒內的花生吃掉，隨又將竹筒放下，美其名曰「老鼠上樑」、「老鼠汲水」。另一籠中有幾隻懸空的白鐵皮焊成的小西瓜空心球。表演時

只見一群小白鼠爭著鑽進空心球中，用小爪子一格格扒球，懸空球即滾動。此即名曰：「洋鼠滾球」。其實這稱不上是鼠戲，只不過利用老鼠的本能動作來向圍觀者乞討而已。

看過《聊齋志異》者，總記得書中有一回說到老鼠演戲。書中說到有個民間藝人背著布口袋，內有十幾隻小老鼠，藝人拿小木架放在肩上作爲戲臺，他敲起鼓板唱起古代雜劇，小老鼠就從口袋裡鑽出來表演了。老鼠們戴著假面具，穿著特製小衣服，從藝人肩頭跳到舞臺上，像人一樣站起來舞蹈，表演男女悲歡離合，情節很有戲劇性。這也不是眞正的鼠戲，因《聊齋》這部書，本身就是寫鬼怪神仙的。所以說作者蒲松齡所寫的只能是被神化的老鼠精，而不是眞正的老鼠。

清人富察敦崇《燕京歲時記》載：「京師謂鼠爲耗子，耍耗子者，水箱之上，縛以橫架，將小鼠調熟，有汲水鑽圈之技，均以鑼聲爲起止。」

清代北京有〈馴鼠〉竹枝詞一首：

貓與同眠昔已曾，養馴更不避人行。
嶺南始信稱家鹿，賦點何因玉局生。

由此可見，清代眞有馴鼠的藝人，能馴鼠與貓同眠，又不怕人，這也相當不容易了。

所謂歌舞團，就是有歌有舞的文藝演出團體。跳舞的現在稱舞蹈演員，老上海則稱舞女；唱歌的現在稱歌唱演員，那時稱歌女。

中國最出名的歌舞團為黎錦暉在上海創辦的「明月歌舞團」。此團受左翼戲劇家田漢等影響，演出節目也較為健康。

1928年明月歌舞團應邀到國外演出，因為它是中國第一個出國的歌舞團，故改名為「中華歌舞團」。由團長黎錦暉率領，於當年5月從上海啟程乘海輪先赴香港，田漢、鄭振鐸等左翼文藝界領導特趕到碼頭送行。

歌舞團在「香港大舞臺」一共演出五場。參加演出的有後來成為電影明星的王人美、黎莉莉等，演出效果極好，場場客滿。演出節目有《小小畫家》、《可憐的秋香》等二十多個精彩節目。特別值得一提的是，由八位穿著國產白紡綢長衫長裙的演員合唱《總理紀念歌》時，觀眾自動肅立，因為歌中的「總理」乃孫中山先生，他當時稱為「國父」，所以香港同胞表示對這位偉人的尊重，故全場肅立聽歌。這在當時英國統治下的香港可謂破天荒之事。

歌舞團離港又去新加坡、吉隆坡、檳榔嶼演出，後又乘火車直達泰國曼谷再轉麻六甲。演出歷時近十個月，最後劇團經越南西貢，回到香港再到上海。在二十世紀二〇年代，這可說是中國歌舞團一次史無前例的出國演出。

在十里洋場老上海，大世界遊樂場也有歌舞團演出，所演的節目皆污七八糟、烏煙瘴氣。只見舞臺上十個女演員穿著超短裙，舞蹈姿勢簡單粗糙，不斷把肥腿踢得老高，故上海人稱之為「大腿舞」。最不能容忍的是跳大腿舞時所唱的伴奏曲卻是聶耳的《畢業歌》和《義勇軍進行曲》。所以當年有人評論說：「如果當時聶耳還活著，看見用他的詞曲來跳大腿舞，非衝上臺把這些扭扭捏捏的舞女趕跑不可！」可那時黃金榮是大世界的老闆，比這更下流的節目有的是，有的還大跳脫衣舞，而台下卻坐滿了軍政大員。

雙簧

雙簧的內容五花八門，演出者都是滑稽戲的演員，以逗笑為主，這一點南北都一樣。

中國本沒有雙簧這種曲藝形式，直到慈禧太后當太上皇時才偶然出現。那是光緒年間，北京藝人中有兄弟二人合演相聲節目。哥哥藝名黃大笑，弟弟名為黃二笑，演出的節目也和他們名字一樣逗得觀眾哈哈大笑。此事傳到宮中，他倆常被召進紫禁城為慈禧演出，老佛爺第一次看了黃大笑兄弟的表演，那從來不笑的老臉竟然也露出笑容。

黃大笑兄弟為多賺錢，一天要演好幾場戲，因為太忙太累，黃大笑突然啞嗓。這天正逢慈禧太后大壽，老佛爺親自點名召黃大笑進宮演出。嗓子啞了怎麼演？老佛爺金口玉言，嗓子啞了也要演，不演有欺君之罪要殺頭的。

黃大笑苦思冥想，終於想出妙法。黃二笑嗓子好就蹲在椅子後面光說不演，黃大笑嗓子不行就坐在椅子上光演不說。由於他倆技藝高超，舞臺功底精湛，兄弟配合默契。這一啞巴戲竟然逗得慈禧放聲大笑。黃大笑兄弟憑著急中生智的妙法不但躲過一劫，還因禍得福領了賞，更為中國曲藝創造了「雙簧」這一新劇種。

二十世紀三〇年代演出雙簧時，前面只演不說話者，在臺上當場化裝。頭戴瓜皮小帽並在眼窩內抹兩塊粉，扮成小丑模樣；後面只說不演者，往往捉弄前面的小丑。如開始說我王小二拾到一隻元寶，為此可以娶新媳婦了，開心得不得了。不料半路上元寶失落，後悔萬分即講「我該死」，說一聲打自己一記耳光。後面的演員說十幾句「我該死」，前面演員就不斷打自己耳光，他打急了突然從椅子上站起來，一把將椅後的演員拉出來說：「我求你，別說了，再說我的臉就打腫了。」此時台下觀眾哈哈大笑，雙簧演員也就鞠躬下場。

當年雙簧不但風靡上海灘，全國也不斷上演此類節目，常盛不衰，很受歡迎。

灘簧發源地乃無錫東鄉一帶，原以當地農民流行的小調爲基礎，後漸漸發展爲民間曲藝。因其形式多爲一生一旦兩人演出，而雙簧也是兩人表演，於是原來稱之爲東鄉調的曲藝表演改稱爲「灘簧」。

灘簧演出的內容，以男女愛情故事爲主，特別是男女婚姻受到家長守舊思想的壓制而造成悲劇，更是灘簧所表現的主題。爲此，清政府視灘簧爲淫戲，嚴加取締。在灘簧得不到官方承認的情況下，灘簧藝人也只好在無錫、常州、上海一帶流浪演出，故有人稱這種街頭賣唱式的灘簧演出爲「野雞灘簧」。

清光緒三十四年（1908年）滬寧鐵路修通，常州、無錫、蘇州等地商人紛紛到上海這塊風水寶地來求發展，爲此灘簧贏得了家鄉的大批觀眾。1913年灘簧藝人袁仁義也流浪到上海，孤身一人在東新橋荒地上唱灘簧。說來也巧，後來成爲上海灘大亨的黃楚九，那時尚未發跡，在設攤賣草藥當江湖郎中時與賣唱的袁仁義結識。不久，黃楚九因賣假藥走紅上海灘。1916年黃楚九開辦天外天遊樂場，一天正巧在路上遇見袁仁義，即介紹他進天外天演唱灘簧。

袁仁義有了發揮演藝的陣地，但孤掌難鳴，於是忙趕回無錫招來男花旦李庭秀、金德祥和徒弟邢長發搭班趕回天外天，推出「灘簧龍鳳班」的牌子，又購買戲服並化妝，正規演出。當時，灘簧在上海是新劇種，上海人愛新鮮，再加上無錫、常州人紛紛來看家鄉戲，於是灘簧龍鳳班在上海一炮走紅。

1921年天外天遊樂場失火，灘簧借黃楚九之路進入大世界遊樂場。袁仁義這時又請羅禹卿編排《珍珠塔》，他自己演姑母，李庭秀飾陳翠娥，金德祥演方卿，此戲連演七本場場客滿，轟動上海。從此，灘簧在上海站穩了腳根，後來還發展爲今日的錫劇。

就是看誰本事大。

北伐戰爭後，上海四馬路新開一家「青蓮閣茶樓」，三樓劇場名「小廣寒」，即是每晚舉行群芳會唱專場。那時座位是酒樓式的，一張張八仙桌，聽客圍桌而坐，既可品茗又可聽唱。臺上清唱者全是花枝招展的女性，而台下聽客全是男子。群芳會唱有一特點，台下可點唱。台下點唱一點就是「一打」，一打乃洋人的計數量。群芳會唱也趕時髦，點唱以打計數，一打就要唱十二段。有的客人可能點某小姐唱三打或五打，這一夜怎麼能唱完呢？不要緊，點唱者允許只點不唱，但台口掛的大木牌上必須寫上「某先生點唱某小姐多少打」。掛了牌後，可以象徵性地唱一段，但錢必須照付。一打十二元，點五打是六十元，錢由劇場老闆和演唱者對半分。

當年小廣寒有個歌女，芳名小玲瓏，先唱京戲老生，後改唱小調哭七七，因嗓頭好，一鳴驚人。她不但美貌豔麗，又善於交際，不久台前紅牌高掛，一場點唱者幾百打，技壓群芳風頭出足。小玲瓏藉此廣告，不久即在會樂里掛牌落戶。後來幾位高官迷上她，常從南京趕到上海點唱。在上海舉行最後一次「花選」時，她被選為「花國大總統」。後小玲瓏改名丁寶麟，拜孟小冬為師。隨之成為某大亨的姨太太，抗戰爆發即隨夫君去美國定居。

所謂群芳會唱，也就是女子清唱，在夜間二、三小時內，一位姑娘接著一位姑娘上臺演出。男子唱得再好再出名也沒有資格登臺，所以稱「群芳會唱」。

1917年大世界遊樂場開幕後，樓下共和廳每晚都有群芳會唱演出。這群芳何來呢？一種是由遊樂場雇來的專業歌女，她們由大世界付包銀；另外特邀上海灘各「書寓」的名花登臺獻藝。這些所謂賣唱不賣身的高級妓女，她們到大世界參加群芳會唱，並不計較報酬，而是為了別苗頭，以滿足虛榮心。上海話「別苗頭」，

　　街頭說唱，也就是街頭賣唱。老上海街頭賣唱者十分多。這些所謂藝人大多不是科班出身，有的自小愛唱小調，也有的會唱幾段戲曲，他們多由男的拉琴、女的演唱，而組成拼檔上街賣唱。

　　所謂男女組合，關係各不相同。有父女檔、夫妻檔、兄妹檔、師徒檔、同鄉檔、義父義女檔等等，有的也說不清關係，反正只要能賺到錢就行。

　　也有街頭賣唱者，原來本是名角，夫妻二人臺上受到廣大觀眾喝彩紅過半邊天。但他們抽鴉片抽得所有行頭全部賣光，鴉片煙抽到最後嗓子也啞了，臉上滿面煙容，人也毫無精神，被戲班子一腳踢開後，只好流落街頭賣唱餬口。

　　在百年前的舊社會，大戶人家的太太、小姐很少出門，因家長不願女流之輩外出拋頭露面，整天在家也悶得無聊，見了街頭賣唱者就讓傭人喊進門來聽唱解悶。賣唱者手中都有一個寫滿了劇目的摺子。賣唱者等在客廳或天井坐定後，等太太點了幾個段子後，即拉琴開唱。摺子上寫了點唱價錢，唱幾段就付幾段的錢。

　　賣唱的唱各種戲曲者都有，揚州戲、花鼓戲、申曲、蘇灘、甬劇、的篤板（越劇）、灘簧、小調等，有的年輕姑娘還唱流行歌曲。不過唱流行歌曲多在茶館酒樓裡唱，聽者也是花花公子、少爺之流，他們醉翁之意不在酒，少爺們在聽完演唱後，往往會在唱歌的姑娘身上扭一把摸一下，說些下流話調情。姑娘無奈，為了討賞錢也只得忍受性騷擾。

　　街頭賣唱，在二十世紀三○年代的《馬路天使》電影中有很生動的表演。著名影星周璇在影片中所扮演的就是一個可憐的街頭賣唱女。

　　街頭賣唱者身世都很悲慘，是最下層、最瘸腳的藝人，有的幾乎是乞討了。

評彈和評話可稱姐妹藝術，皆以蘇州話表演。評話稱大書，評彈稱小書。評彈這一藝術形式源於明代嘉靖年間的「彈唱詞話」（彈詞）和「彈唱說詞」。「蘇州彈詞」則形成於明末清初，開始以唱為主，後逐漸發展為以說為主，並加強了敘事情節和「起角色」的表演方法。

清乾隆年間所演唱的節目有《古本新編白蛇傳》、《珍珠塔》等。蘇州彈詞原多在沿太湖的小鎮上演出。自從進入上海灘後，隨著藝人的出名，評彈也得以發展和普及。

1924年，沈儉安和薛筱卿並檔由蘇州初到上海，於城隍廟四美軒茶館書場演出。結果沈、薛合說《珍珠塔》受到上海聽眾好評，漸漸蜚聲滬上。那時上海剛有電臺，評彈很適合在播音室演出，於是他倆獲得「塔中之王」美譽，除忙於書場演出還要趕去電臺播音。為了不誤場他倆購買一輛奧斯汀轎車自己駕駛趕場子。說《珍珠塔》能說到有錢買名牌汽車，這在評彈界是空前的。

二十世紀四○年代老上海還出了一位評彈皇后。范雪君十五歲在上海啟秀女子中學畢業後，其父母即請著名藝人在家中教她學評彈《楊乃武》。她僅學了一年多就登臺演出，由於范年輕秀美、口齒伶俐、嗓音甜潤，把小白菜演得楚楚動人，由此初露鋒芒。

後來范雪君演出《啼笑姻緣》、《秋海棠》和《雷雨》等新劇目，所塑造的角色生動傳神，深獲好評。特別是她演《秋海棠》時，一口帶有蘇州音的北京話，把話劇藝術融於評彈中。還有《秋海棠》劇中要唱京劇《羅成叫關》及教梅寶學唱崑曲《思凡》，范不用京劇和竹笛伴奏，而以琵琶和三弦自彈自唱，獨樹一幟令人叫絕。於是被滬上各報和聽眾捧為「評彈皇后」。

評彈界人才極多。僅上海評彈團就有楊振雄、嚴雪亭、蔣月泉、張鑒庭、徐麗仙、劉韻若、石文磊等等著名演員。「蔣調」、「琴調」紛呈，使評彈藝術更趨多彩多姿。

評話和評彈都是江南的曲藝劇種。但評彈的特點是又說又唱，而評話則只說不唱。評話俗稱「說大書」，最早流傳於上海、江蘇、浙江等地。

評話源於唐宋時的「講史」、「說話」等民間技藝。明末評話名家柳敬亭，曾多次到蘇州、常熟等地演出，對蘇州、揚州評話有很大的影響。自清嘉慶年間起，江南評話蓬勃發展，蘇州出了姚豫章、姚士章、章漢民等十多位評話名家。

評話，以一人演出為主。一張桌子、一塊醒木、一把摺扇、一張嘴巴就可以讓聽眾聽得津津有味。

評話演出因無佈景、音樂伴奏烘托氣氛，所以主要靠「說」、「噱」和借助醒木及摺扇來抓聽眾。在老上海唐耿良、吳君玉等都擁有大量聽眾。他們一上臺，先說幾句閒話，行家稱為「放噱」，等把聽眾逗笑了，然後才說「正書」。因為書場剛開場，聽眾亂哄哄，演員說正書吃力不討好，先放噱吸引聽客後再說正書，台下聽客就不會走神。

唐耿良善於說《三國》，他能把曹操、諸葛亮、劉關張三兄弟等說得栩栩如生。所以老聽客稱讚：「這位說書先生能把死人說活了。」

老上海評話演員以說長篇書目為主。他們說的傳統書目有《隋唐》、《水滸》、《金槍傳》、《封神榜》、《包公》、《三國》和《七俠五義》等。有些名演員說《七俠五義》每天說一回，可連說幾個月甚至說一年不換書目，老聽客天天來聽，聽得入迷一天可以不睡覺。這真可謂聽書聽得廢寢忘食。

揚州評話也很出名，著名評話演員王少堂曾多次到上海大世界來說揚州評話。老上海的洗澡堂、理髮店的服務性行業有許多揚州和鎮江人，所以王少堂在上海灘十分走紅。但近年來揚州評話在上海跌入低谷，蘇州評話尚有一些老年聽眾。

圖說360行

拉戲，這又是一門行當。它不同於街頭賣唱，雖然也是流落街頭走江湖，可拉戲比街頭賣唱更苦，苦就苦在他們找不到女搭檔，只好孤身一人單槍匹馬上街拉戲討錢。

拉戲者以瞎子為多，他們不會算命只會拉琴，於是拿把胡琴帶個小板凳坐在街頭，面前放個碗，不斷拉琴請過路行人慷慨解囊賞幾個錢，以便養家餬口。

街頭拉戲者，其實算不上藝人，他們所拉的戲既無聽眾更無知音，路人之所以給錢不是因他琴拉得好，而是同情他的生活遭遇，故而給些零錢。其實這只能算乞討，不應劃入藝人之列。

還有一種「拉戲」，同樣是坐在街頭自拉自唱自娛自樂。他們並不向人討錢，拉琴只是一種消遣。如大畫家齊白石，自幼就喜愛拉胡琴，雖然在家鄉既學木匠、又學畫畫，生活很窮，但他坐在村頭拉胡琴就是為了自樂。

再說一位拉戲乞討的名人。他是老上海著名金嗓子影星周璇的小兒子，由影星趙丹的夫人黃宗英扶養長大。文革後出國鍍金，結果沒能發上洋財，落得在美國地鐵口拉提琴吹笛子乞討為生。現在不知這位老上海名人，是否還在異國他鄉拉戲？

女子蘇灘

蘇灘，即「蘇州灘簧」的簡稱。蘇灘原名南詞，約形成於明末清初，由五人或七人圍桌而坐，各自分生、旦、淨、末、丑。自拉自唱也如同評彈，一人可扮數種角色。

蘇灘是一種坐唱的曲藝形式，有「前灘」與「後灘」之分。前灘代表正宗的蘇灘，其劇目多根據崑曲改編，代表劇目有《琵琶記》、《白兔記》、《西廂記》等。也許前灘太嚴肅，所以在上海並不受歡迎。

而後灘以一些玩笑和時事的節目為主，如《馬浪蕩》、《賣橄欖》等，通俗易懂。素有蘇灘大王美譽的林步青提倡後灘，他在上海大世界演唱後灘，以輕鬆詼諧取勝，深受上海觀眾的喜愛。

《馬浪蕩》由丑角扮演馬浪蕩，旦角扮演大姐，一男一女對唱。他們敘唱馬浪蕩如何幹一行丟棄一行的浪蕩行為，由此而出噱。起初有十段，故此節目有《馬浪蕩十棄行》之名。後來的《馬浪蕩》經編劇不斷豐富，越棄行當越多。俗話說「幹一行愛一行。」而馬浪蕩是「幹一行怨一行」，棄到後來此劇的別名也和本書同名，竟也稱「三百六十行」。可惜現在找不到七、八十年前的《馬浪蕩三百六十行》劇本。

所謂「女子蘇灘」，就是所有的演員全部由女子擔任。這是由於女子越劇在上海非常吃香。昔日上海灘十里洋場畸形發展，世風日下，什麼都是女子當先，女招待、女書記、按摩女、舞女、歌女紛紛出籠。上海有大批無聊的男觀眾，他們到劇場來並不是欣賞戲曲藝術，而以「眼睛吃冰淇淋」為樂，故女子蘇灘應運而生。

民國初年，蘇灘藝人陳安蓀等向崑劇戲班借來戲服粉墨登場，稱為「化妝蘇灘」。劇目有《馬浪蕩》、《蕩湖船》、《賣橄欖》等，但萬變不離其宗，最後蘇灘為「蘇劇」所取代。

其實唱大鼓的鼓不大，如同圓茶盤一般，約有兩寸厚，兩面蒙著皮。演唱時以三根半人高的細竹架上放著小圓鼓，演員左手執紅木搭板，右手拿細竹鼓棒，身後坐著三弦伴奏者，邊彈邊唱邊擊鼓，這大鼓演唱就開場了。

大鼓屬北方曲藝，分京韻大鼓、梨花大鼓、西河大鼓、樂亭大鼓等。其中以京韻大鼓最著名。

大鼓雖是北方曲藝，可在上海聽眾卻很多。駱玉笙藝名小彩舞，十多年前，在上海聽眾幾乎忘記她時，她卻在老舍原著的《四世同堂》電視劇中，以京韻大鼓唱片頭曲而又喚起了老聽眾的回憶。小彩舞初來上海在大世界演唱時還是個小姑娘。但她口齒伶俐，唱腔圓潤，身段優美，表演聲情並茂而走紅上海。

當年唱京韻大鼓者有男也有女。小彩舞是女演員，而劉寶全是男演員。當年張學良少帥特別愛聽劉寶全的京韻大鼓。他不願帶著衛隊到戲園聽演唱，而是把劉寶全請到少帥府。每次劉到場他即和夫人趙四小姐坐在沙發上，閉著眼睛欣賞劉迷人的唱腔。劉在表演前先遞上寫著曲目的摺扇，而張學良點唱後就把二百元鈔票夾在扇中遞還劉寶全。少帥最愛聽《大西廂》和《關王廟》，這是劉氏的拿手曲段。張聽得起勁時，還會用奉天口音和著琴弦和鼓聲，也跟著唱上幾句。

《老殘遊記》書中有老殘在濟南明湖居聽白妞說書的情節。白妞真有其人，本名王小玉，河南人，十六歲跟父親在山東說書，其實她不是說書，而是唱梨花大鼓。梨花大鼓除了以三弦、板鼓伴奏外，演員一手拿鼓鍵子，一手在手指間夾兩塊半圓形的鐵黎鏵片而得名。白妞和她的妹妹黑妞在清光緒二十年前後，以唱腔清脆婉轉，儀容大方，眼光明媚，光彩照人而聞名。曾任兩江、直隸總督兼北洋大臣的端方曾有詩句歎曰：「黑妞已死白妞嫁，腸斷揚州杜牧之。」

　　八角鼓是一種北京特有的曲藝節目，因演員表演時手中拿著八角鼓而得名。

　　這八角鼓如同荼盤一般大小，有五公分厚，框架多為紅木製，八隻角，一面蒙蛇皮，木框中鑲有二十四個小銅鈸，下綴雙穗，象徵「穀秀雙穗」之意。八角鼓乃演員自己伴奏的樂器，演員唱好一段，弦子在拉過門時，演員左手執鼓，右手以指擊鼓以合節拍。至於唱曲時則只搖鼓，使鼓邊的二十四只小銅片發出陣陣潤耳之聲，也等於打鼓板以伴奏。特別是在演員唱一段快節奏的曲調後，接著彈鼓和弦也能引起觀眾的喝彩掌聲。

　　八角鼓何以製成八角？這和清代八旗有關。相傳乾隆年間大軍征伐大小金川，兵戰日久，思念家鄉，於是有人造出一種象徵八旗的鼓來，擊鼓唱曲以安慰兵丁的思鄉之情。凱旋後，官署奏請給以「龍票」（清政府頒發的執照，上有龍形圖紋，相當於今天的演出證。）乾隆下旨准許演唱，但不許收費。所以稱為「玩票」。因所唱多為凱旋曲，所以八角鼓又名「凱歌詞」。因八旗弟子以唱八角鼓消遣，皆玩票性質，多名業餘唱戲者聚在一起唱戲，稱為「票房」，這「票」字也是從龍票而來。

　　老上海為全國文化中心，可容納全國各個劇種在上海演唱。所以北京特有的清代特產八角鼓在上海灘大世界演唱時，也很受廣大觀眾的歡迎。總之，八角鼓的演唱不僅北方人愛聽，上海觀眾也很愛聽。

老上海各地戲曲樣樣都有，京劇、越劇、崑曲、滬劇、錫劇、粵劇、評彈、大鼓、說書等，不僅有專場演出，還有大世界、大新公司遊樂場等演出場子。但上海在十九世紀中葉只有評彈和崑曲，而且向無有規模的演出場子，戲目也只有折子戲，形式很簡單。直到1865年上海才出現第一家京劇戲館，取名「滿庭芳」，是由英籍廣東人羅四虎所辦。羅老闆親赴天津請來京戲班子演出，轟動上海，京劇從此落戶上海。

不久清朝武官四品都使劉維忠，在滿庭芳戲館對面也開辦了一家戲館，取名「丹桂茶園」。劉維忠也親赴北京邀請京劇名角老生夏奎章、景四寶、周長春、熊

金桂；青衣李棣香、王桂芳；架子花臉寧天吉、董三雄；小生杜蝶雲；花旦馮三喜等來丹桂茶園演出。於是大大地壓倒了滿庭芳戲館，不久，滿庭芳只好關門大吉。

說起上海演出京劇連臺本戲而聞名京滬的「共舞臺」，不得不提上世紀初的何慶寶，他在金陵東路鄭家木橋開了一家「仙仙鳳舞臺」，因沒有黑道上的強硬後臺而受到當地流氓的搗亂，故戲館營業一直不佳。有人向何提議，邀請青幫大亨黃金榮入股，這樣就有了靠山。黃金榮入股後，由於戲館屬於何寶慶與黃金榮共有，故把仙仙舞臺改名為「共舞臺」。從此，當地流氓再也不敢進戲館鬧事，共舞臺的生意就興隆發達。後由於上海房地產大王沙遜要在共舞臺旁翻造住宅，經過兩方協商，共舞臺就搬遷至延安東路大世界的隔壁重建。

1939年，當時老藝人為了培養京崑劇使其後繼有人，在上海馬當路大華劇場創辦了上海最早的「上海戲劇學校」，校長是社會名流陳承蔭。可惜，不久該校因經費不足，不得不解散。

上海是京戲出名角兒的城市，海派京劇的創始人麒麟童（周信芳），著名武生蓋叫天等，都是在上海唱紅的京劇演員。

唱道情是一種很古老的演唱方式，會唱的人不多，即使七、八十歲的老上海人也很少見到唱道情者登臺表演。

所謂「道情」，源於唐代道教的演唱，其唱詞多爲七言的詩贊體，後吸收了部分曲牌，從而豐富了唱腔。自宋代起，演唱者開始以漁鼓、簡板伴奏。說起漁鼓，其形狀也不大像鼓，而是一個二尺長、手臂粗的圓竹筒，下端蒙有蛇皮，而頂端不蒙任何物體讓其空著。演唱時演員用手指從下面敲擊底部，讓聲音通過竹筒從頂端傳出而引起共鳴。所謂簡板，乃兩根一尺半長的竹片，一片彎頭朝上，一片彎頭朝下，以手指操縱兩片簡板對擊而發出聲響。

元代雜劇中採用了道情，而明清兩代道情演唱流傳甚廣。北方的道情以曲牌爲主，演唱者通過吸收其他劇種的營養，使原來較爲單調的道教唱腔，逐漸得以豐富多變。其後，有的演員大膽發展，使單人演唱至清末時成爲多人演唱，有情節、有人物，通過劇本的悲歡離合而成爲一種道情戲。

流傳於南方的道情，仍以七言唱句爲主。以後經過各地演員分別吸收本地區劇種的曲調，而發展成爲各自的流派。如浙江有義烏道情、金華道情；江西有寧都道情、南昌道情。而有的地方不稱道情而改名「漁鼓」。如湖南漁鼓、湖北漁鼓、廣西漁鼓、陝南漁鼓等。

老上海有一齣名劇叫《珍珠塔》，在其中一段〈方卿見姑〉戲中，方卿就扮成唱道情者，他手捧漁鼓、簡板登臺。又有《八仙過海》中張果老手中的法器也就是漁鼓和簡板。

　　唱新聞這種文藝形式以前也有，不過唱的不是新聞，而是瞎編的奇聞，什麼尼姑偷和尚，大姑娘下河洗澡等下流的玩意兒。眞正唱新聞出現在東北三省淪陷後。

　　自從1931年日軍佔領東北三省，百姓開始對時局特別關心。文人憂國憂民多看書報，報刊上的社論常分析時局的發展和日本的動態等等。可是鄉間的百姓交通不便，根本看不到報紙。而淪陷區的百姓，所看到的都是敵僞報刊，這些報刊多是站在日本侵略者的立場進行反宣傳。所以百姓非常想聽到抗戰的消息，爲此唱新聞這個行當也就應運而生。

　　眞正唱新聞者不多，而說新聞者卻不斷出現。他們基本爲兩類人：一種原來就是說書藝人，他們出於愛國心敢於出來說新聞，傳播抗戰消息，給淪陷區人民鼓舞。還有一種原是文人，在淪陷區不願爲敵僞機關幹事，失業在家就出來說新聞，既可宣傳抗日鼓舞鬥志，又可混口飯吃。

　　不過，說新聞這一行不好幹，大多屬打遊擊式的說唱。說了一段立即轉移陣地，不然給日本憲兵隊或汪僞政權特務捉住性命難保。

　　在電視劇《燕子李三》中，就有以說新聞的藝人貫穿全劇的描寫。在老上海也有個說新聞者，以「楊樂郎空談」而聞名上海灘。在1942年日軍佔領下的上海灘，說實話者多被扣上私通八路關進日本憲兵隊牢中，故而只能「空談」。

　　楊樂郎原名程天程，曾爲《飛報》、《羅賓漢》報撰稿，筆名爲樂郎，應邀進福州路中國文化電臺主持「空談」節目時，即以楊樂郎爲名。他談的不是國家形勢新聞，而是生活新聞。當時有愛國心的百姓都很苦悶，聽聽楊樂郎穿插噱頭，繪聲繪色說點海派生活新聞，也可樂一樂，解解悶。

　　打蓮湘，古稱「打蓮廂」。據清翟灝《通俗編》引《清河詞話》：「金作清樂，仿遼時大樂之制，有所謂連廂詞者，帶唱帶演。」由此可證。打蓮湘，為漢族的民間歌舞，又稱打花棍，亦稱霸王鞭。

　　所謂「打花棍」，因為演出時其道具是花棍。這種花棍以圓竹棒製成，長度約一公尺左右，棒上挖有五小段槽孔，每個槽孔內分別裝有一、二枚古銅錢，棍兒一動鄲鄲作響，故又稱「金錢棍」。

　　老上海打蓮湘者多在廣場演出，演出以安徽或蘇北人為多。打蓮湘因舞蹈動作簡單難登舞臺表演，但露天賣藝還是很受歡迎。一排四、五個大姑娘，村姑打扮身穿大襟花衣褲，頭上戴著花頭巾，腰間紮著紅綢帶。她們邊唱邊打邊跳，每人手中一根花棍，一會兒以棍擊肩，一會兒以腳踢棍，忽上忽下，手搖棍，花棍上古錢嘩嘩作響，節奏明快，舞姿健壯，大眾觀看後，雖然腰中沒幾個銅板，卻也會傾囊而出周濟藝人。

　　打蓮湘本是江南鄉間自娛自樂的節目，但兵荒馬亂或旱澇成災，鄉民紛紛逃難，逃到上海無以為生，鄉親人多的就組織起來在街頭打蓮棍賣藝，如果父女倆或母女倆出逃者，只好以打蓮湘挨門挨戶乞討過活。

　　在抗戰期間，打蓮湘、秧歌舞等也成為部隊文工團的演出節目。唱詞全部改為宣傳抗日戰爭的新內容。雖然跳的還是花棍擊四肢的老舞蹈，可舊瓶裝新酒，藝術效果也大有不同。

　　現在雲南白族、苗族逢年過節依然以打蓮湘為樂，載歌載舞，棍錢聲脆，十分熱鬧。

　　打花鼓乃安徽一種民間小調，其表演形式為一男一女，一人持板一人擊鼓進行對唱。內容多採自民間愛情故事。清代初年流傳到上海，上海人稱之為「花鼓戲」。

　　就因為打花鼓是男女合演，又因唱的多為郎才女貌、情哥情妹的內容，所以被認為有傷風化而加以禁演。如寶山《月浦志》稱：「近有無恥之徒，糾率少婦，演出種種俚歌淫態，謂之花鼓戲，乘鬧設寶場，抽頭分用，淫奔扒竊，雜出其間，為害其烈。」打花鼓為何被稱為淫戲？就是因為男女合演。清代時，其他各劇種沒有女演員，且旦角皆由男子反串，直到辛亥革命時，一些中國留學生在日本演文明戲，他們思想進步追求新潮，那時即使是在日本演戲，也是男子扮演女角，著名的戲劇家歐陽予倩就反串過女角。所以當民間大膽公開男女同台合演時，官方為維持男女授受不親的守舊教條，故而禁演花鼓。

　　最早出佈告取締花鼓戲是在清嘉慶十一年（1806年），青浦知縣武韻清首先貼出禁花鼓戲告示：「本縣蒞任以來，訪有各路流娼，四方遊手，借雍門之名，作曲巷生意，纏頭獻媚，爭為半面之妝，執板臨風，慣擊細腰之鼓，甚且按戶斂錢，登臺演曲，招妓船以共泊。」此後，花鼓戲只得流落到偏僻農村小鎮去演出謀生。

　　二十世紀三〇年代上海街頭尚可看到打花鼓的鏡頭，他們有的一男一女，也有的為兩個女子，身背花鼓四處演唱：「說鳳陽呀道鳳陽，鳳陽本是好地方，自從出了朱元璋，十年倒有九年荒。七個隆咚鏘……」。「說鳳陽呀道鳳陽，災民無數遭禍秧，奴家沒有兒郎賣，身背花鼓走四方。七個隆咚鏘……」。

　　鳳陽在安徽省，也是明代開國皇帝朱元璋的故鄉。打花鼓後來因名聲不好，在租界也難有立足之地，演員們只得沿街演唱乞討為生。但他們所唱的淒涼之曲，至今還在老上海人的耳邊迴響。

　　變戲法，中國古代稱「幻術」，而外國稱「魔術」。

　　這種變幻莫測的遊戲，據古書記載，係漢代時西域的幻術流傳到中原。

　　其實中國的古代戲法並非全學自西域，有些幻術為古人自己所創。如三國曹魏有位幻術家，就和曹操開了個玩笑。據《後漢書・左慈傳》載，左慈，字元放，廬江（今安徽）人，自小研習幻術。一次曹操舉辦宴會，邀請左慈表演幻術助興。左慈登場，曹操有意考他的技能，說：「今日酒宴雖然豐富，但缺少松江鱸魚。」左慈聽後答道：「魚兒在此。」說著，便持釣竿來個「空中釣魚」，當眾一連釣得數條魚。然後又表演「金盆種薑」。如此即送入廚房烹調，送上餐桌。曹操又說：「菜肴雖好，無酒美中不足。」於是左慈又變了酒，令百官一醉方休。當曹操發覺左慈所變之酒全是自己原先準備的，感到上當，要捉左慈問罪，左慈立即「卻入壁中，霍然不知所在。」

　　唐代出了三位幻術師，即八仙過海中的三位。張果道士，即張果老，他的幻術很神秘。相傳唐玄宗被他迷住，要招他為駙馬。呂洞賓更是神乎其神，老上海變戲法者皆尊他為祖師爺。還有一位韓湘，也就是韓湘子，他善於變「頃刻釀酒」、「火缸栽蓮」等。這三位皆可稱中國古代的戲法大師。

　　辛亥革命後，中國幻術分為「古彩戲法」和「魔術」兩類。古彩戲法表演者皆穿長袍，所要變的東西皆吊在褲襠裡，所以表演時無法走動，只能由助手拿來毯子半蓋在身上，然後暗自把吊在褲襠內的金魚缸、銅火盆等一一變出來，然後脫去長袍以示自己表演無假。

　　變魔術則全靠道具，如「大變活人」、「腰鋸美女」等，機關全在特製的大木箱中。

　　老上海最出名的魔術師為張慧沖，人特別聰明。有一次，外國魔術師尼古拉在夏令配克戲院（今新華電影院舊址）演出，揚言說：華人如能表演「活鋸美人」當酬謝銀元若干。不料張慧沖挺身上臺，且表演成功。尼古拉無銀應酬，只好不辭而別。

雜技是一項古老的綜合性傳統藝術。狹義來講是指手技、蹬技、頂技、車技、踩技、口技而言；廣義則泛指則包括武術、馴獸、魔術、戲法、滑稽小丑、舞龍舞獅等。

雜技俗稱雜耍，有兩千五百年的歷史。西元前108年，漢武帝為招待安息等國的使臣，在長安「平樂觀」舉行一場百戲會演。雜技最大的好處在於不受語言、地域、民族、國界的限制，不用說、不用唱，人人都能欣賞。

這次演出是中國第一次舉辦的全國雜技大會串，規模盛大，周圍三百里內的老百姓都聞訊趕來觀看。所表演的節目有幻術「魚龍曼衍」，武術「飛劍舞槍」，雜技「走大索」和從東南亞學來的「頂竿」、「弄蛇」等，安息國使團帶來的吞刀、吐火、種瓜、縛人等節目也同時登臺獻藝。

隋、唐時，雜技藝術有了很大發展。大業二年（606年）正月，隋煬帝在洛陽舉辦了一次雜技盛會，演出「黃龍變」——也就是魚變龍，繩上舞蹈、扛鼎、跳弄車輪、戴竿、幻人吐火等。

雜技，漢代稱「百戲」。「雜技」這個名稱最早見於《晉書》。

老上海的雜技最出名者為大世界的潘家班。他們演出抖空竹、耍花壇、轉碟、頂碗、走鋼絲等節目，久演不衰，深獲觀眾好評。

上海人民雜技團成立於1951年，至今有五十多年歷史。成立時吸收了老上海的一部分民間雜技藝人。該團代表性節目有馴熊貓、馴狗、馴猩猩、大跳板、頂碗、車技、溜冰、鑽桶等。多次出國演出，深獲好評。其中老演員孫泰的口技等節目曾多次獲獎。1957年，前蘇聯大馬戲團來上海演出，其中有馴虎節目，隨後，上海雜技團也購進老虎加以訓練，演出時驚險萬分，獲得了眾多觀眾的喝彩。

現上海已建立了馬戲城，並建立馬戲訓練中心，培養了大批雜技人才。

露天賣枝

36

賣拳頭

所謂「賣拳頭」，這是老上海的叫法，其實就是走江湖賣武藝的俗稱。在舊上海賣拳頭者多爲河北幫、山東幫。這些武林漢子從小就愛拳腳，有些領班的老者還在鏢行裡混過。辛亥革命後，鏢行漸漸失寵，在無鏢可保的情況下，也就帶著幾個徒弟或者兒女，靠走江湖耍刀槍賣藝混口飯吃。

他們千里迢迢來到上海，在街頭找塊空地先敲一陣鑼鼓，再翻幾個跟斗，見一些行人漸漸圍攏來，於是班主雙手一拱開了腔道：「諸位鄉親，小的一家老小從河北來到貴寶地，初來乍到，人地生疏。俗語說得好，在家靠父母，出外靠朋友。現在先由小徒弟表演幾套，有錢的幫個錢場，沒錢的幫個人場。光說不練沒有勁，我說徒弟們……」這時眾人「哎」的一聲，眾徒弟全部隨著聲音跑到場中央，接著班主一聲令下，一陣鑼鼓聲，一個漢子耍了一套鋼叉。

這鋼叉在叉頭下面有兩塊圓銅片，舞叉者將銀光閃閃的鋼叉拋向半空，等落下沿著他的雙臂和胸部來回滾動，銅片發出陣陣聲響，十分悅耳。鋼叉舞罷隨著觀眾掌聲，兩個小兄妹出場了，兩人向觀眾一鞠躬，接著「嘿」的一聲，一跺腳立即對

打起來，你一拳我一腳，你來個「黑虎掏心」，我來個「白鶴亮翅」，這眞是地道的「賣拳頭」。正打得難解難分之時，小妹飛起一個「橫掃千鈞」，大哥卻栽倒在地，只有十來歲的小妹妹卻有如此高超的武藝，情不自禁的令觀眾喝一個滿堂彩。緊接著小妹妹捧著銅鑼向觀眾討賞錢。

當年賣拳頭的有很多心酸事，值得我們同情和幫助。

戲馬平北

116

北平馬戲

［文化‧娛樂行］

　　北京，辛亥革命後稱「北平」。馬戲，原來指藝人在馬上做各種表演而言。現代馬戲範圍較廣，馴一切動物演出皆稱為馬戲。

　　馬戲是中國的傳統百戲之一。早在三千年前的《周禮》一書中就提到了馬戲表演。到了漢代《鹽鐵論‧散不足篇》和張衡的《西京賦》裡，都有關於馬戲表演場面的記載。在遼陽北郊棒臺子出土的漢代古墓墓室的彩繪壁畫上，可以清楚地看到女藝人在馬背上，手執鞭繩、站立飛馳的英姿。

　　唐代的馬戲更精彩。相傳唐玄宗李隆基非常喜愛馬戲，他下令在皇宮中訓練一批御馬進行表演。唐代大詩人杜甫詩云：「鬥雞初賜錦，舞馬既登床。」現代我們想像不出唐代馬戲中馬如何「登床」？也許這種「床」是一個特製的高臺，馬可隨著音樂的節拍躍上而舞。

　　唐玄宗對這些伶俐會舞蹈的御馬特別珍愛，他下旨做了大批綴滿寶玉的織錦彩衣來裝扮舞馬，使牠們與藝人表演時更為精彩奪目。

　　所謂「北平馬戲」，就是七、八十年前從北平來老上海表演的馬戲班子。這種班子裡並非全是北平人，其中以滿族、蒙族人為多，他們本來就是遊牧民族，善於騎馬。

　　北平馬戲班來上海灘表演的節目有「獨站雙馬」、「馬上倒立」等，這些節目大多為女藝人表演。「馬鑽火圈」更為驚險刺激，當紅鬃烈馬躍過火圈後，觀眾情不自禁為其鼓掌。

　　馬戲班子還有個精彩節目，稱之為「猿騎」，也就是猴子騎馬。當猴子戰戰兢兢立於馬背上來個金雞獨立時，牠那滑稽的模樣逗得觀眾笑顏逐開。

　　總之，北平馬戲既驚險又精彩，使當時很少與馬接觸的上海人大開眼界，一飽眼福。

　　在老上海，最時髦的音響設備即留聲機。留聲機也稱「唱機」，是以唱片播放聲音的機器。

　　留聲機起源於法國，1857年法國人考斯特對錄音技術進行研究，製造一架聲波記振儀，機器為漏斗狀，其實就是一隻大喇叭。窄的一端蒙著彈性薄膜，膜中央鑲一根豬鬃，替代錄音用的鋼針。他設計了一個圓筒，筒面裹著熏黑的紙，圓筒一端裝了手搖曲柄，隨著搖動曲柄，圓筒一面轉動一面轉移，豬鬃環繞圓筒不斷振動掃描，並在煙熏的紙上留下一道波形的痕跡。但他的儀器只能留下聲音，不能播出原來的聲音。

　　1877年美國發明家愛迪生利用電話送話器的原理，在送話器上裝一個喇叭，在鐵盤上裝一枚鋼針，針尖頂著浸過石蠟的薄膜，當把聲音收集起來傳到鋼針固定處向喇叭發出聲音，就使鐵盤振動，從而帶動鋼針迂迴移動，在紙上留下深淺不等的凹痕。由於愛迪生在發音上的突破，又加上吸取前人的長處，留聲機終於問世。

　　愛迪生發明的留聲機並不完善，以後二十多年又經過好幾位科學家的改進，終於使留聲機成為商品，於清代末年引進上海灘。留聲機基本上由兩部分組成：一是唱機，外殼是一個約二尺長、一尺寬、八寸厚的木箱。掀開上蓋，下部是一個圓盤，蓋內裝有一隻音筒，木殼的右部有一小圓孔，可插搖手柄，搖手柄經過搖動，發動了箱內的發條從而使面上的圓盤旋轉。另一部分是唱片，將唱片放在圓盤上，圓盤旋轉後，再把裝著唱針的圓筒輕輕放在唱片上，不斷旋轉的唱片通過唱針磨擦，經過圓筒傳至蓋上的喇叭，留聲機就發出聲音。

　　老上海的唱片除京戲四大名旦，還有海派京戲創始人麒麟童的《追韓信》、《徐策跑城》等，金嗓子周璇的《天涯歌女》、《四季歌》。另外還有評彈、越劇、滬劇等唱片，也因為留聲機帶給聽眾藝術的享受。

　　如今這種古董留聲機已成為上海收藏家的新寵，售價不菲，彌足珍貴。

露天舞臺在二十世紀三〇年代前後，在上海非常吃香，也可算是一個時髦的新名詞。所謂露天舞臺，就是高高的舞臺和觀眾席設在露天，不過下雨和冬天無法演出，到夏天才是看戲的理想時間。

七、八十年前，劇院不像現在有空調，有的劇院甚至連電風扇都沒有，所以京劇團在夏天多封箱停演。京劇演員上臺要穿蟒袍、長靠等，從頭到腳穿著很厚的戲服，不要說是上臺演戲又唱又舞，就是穿上戲服不動也會汗如雨下。汗流下來就算不擦，臉上的粉妝也會被汗水沖得模糊不清，所以當時夏天根本無法演戲，只好「封箱」。

老上海最早出現的露天舞臺為大世界遊樂場的中央舞臺。從大世界正門入場後，穿過一排哈哈鏡，再向前走上十幾步即是露天舞臺。春夏秋三季，這裡常常上演歌舞和雜技。特別是夏天，歌舞演員穿著短袖衣裙，唱上一段跳上一段，晚上涼風颼颼根本不會出汗。雜技演員穿的服裝也極薄，所以在露天舞臺演出對演員和觀眾都舒服多了。

老上海先施公司、永安公司樓上當年還有一種屋頂花園，實際上也是露天舞臺，有的上演「群芳會唱」，有的放露天電影。屋頂花園風更大，夏天夜晚在屋頂花園看露天舞臺的演唱，真可以說是一種享受。

現在上海也經常舉辦露天大型文藝演出，這當然不是為了解決風涼問題，而是為了容納更多的市民免費同歡。不過現在不稱露天舞臺，它的新名詞為「廣場文化」。

戲館案目是清末一種特殊的行當，主要工作是替戲館招徠觀眾，用現代的話說就是戲院的公關，或稱爲戲票推銷員。

清代的戲院門口不賣票，不賣票當然不能白看戲。一種是大棚式的劇場，門口站著人高喊：「戲快開場了，快來看戲，一角錢一位啦！」行人聽見高喊，進場看戲時交一角錢給門口站著的人，即可入內找個空位子坐下看戲。

比較正規一點的戲院，雇有專人送票上門，此人稱「案目」。案目沒有薪水，凡推銷一張票可拿九五折回扣。百年前沒有紙印的戲票，但有竹籌，竹籌上用燒紅的鐵印烙上戲館的名稱，憑竹籌入場。戲開場前，案目多在劇場門口恭候老觀眾、老爺、太太等有錢的觀客，免費送上說明書，並把這些太太、老爺、小姐領進場，安排事先留好的座位讓他們坐下。因那時沒有對號入座那一套，但案目有權事先圈定好座位。如果這些老爺、太太看得滿意，除了下回上門多買戲票外，還會給案目小費，故而案目千方百計討好那些有錢的老主顧。

當時戲院裡看戲流行一邊看戲，一邊吃點心、零食，不像現在看戲必須安靜，劇場要保持清潔，不准吃零食，不准吸煙，以免影響演出效果。那時老爺、少爺、太太、小姐要吃東西即喚案目到外面買來，爲此案目也可以撈外快，向有關店家討九五折回扣。

但吃案目這碗飯要八面玲瓏，能說會道，善於交際。也就是上海人說的「頭子活絡」，不然你票子無法推銷，就難吃這行飯。

清光緒三十四年（1908年），上海新舞臺開張，老闆曾廢除案目並在劇場門口設票房賣票。但等客上門買票，客不來，票賣不出去，因觀眾不習慣上門買票，故開張多日生意清淡，老闆事出無奈只好重新聘用案目，還是照舊由案目送票上門，這樣觀眾又漸漸多起來。當然，案目也因此更爲神氣了。

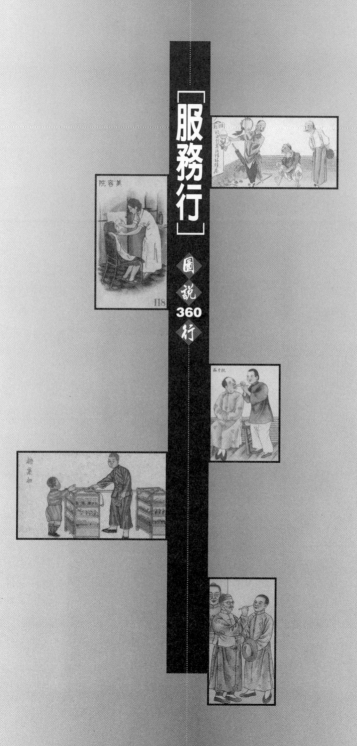

服務行

圖說360行

在老上海有一種不開飯店卻辦宴席的廚行，他們應辦喜事或辦喪事人家的約請，為主人承辦酒宴。辦三桌五桌也行，辦十桌八桌也可。講好價錢，講了規格，付好訂金，到辦喜事那一天，廚行會按照主人的要求辦好午宴和晚宴。

老上海大戶人家，自家有花園也有廳堂。有些一般市民住在三進的老式房子裡，也有天井和客堂間，他們舉辦婚事、壽誕、嬰兒滿月或吃豆腐飯，多喜愛在自己家中辦酒席。特別是辦喜事，吃完晚宴可接著鬧新房。如在飯店吃喜酒，席散客人都走了，再趕去鬧新房不方便。這樣，廚行也就應運而生。

廚行如約定辦五桌酒宴，他們會派人事先把碗、碟、酒壺、酒杯挑到辦喜事的家中，廚師也會把燒菜的鍋碗瓢勺隨身帶來。廚行有兩種承辦方式：一種是全包，即所有的雞鴨魚肉、蔬菜調料全由廚行採購；還有一種半包，即菜蔬調料等均由主人自家按廚行所開清單採購提供。

辦喜酒或壽席，主要根據事主的經濟條件來辦。一般為四個冷盆，八個熱炒，兩道甜點心，兩個大菜，一道湯，最後一個水果盤。所謂大菜，大多是整雞和紅燒蹄膀。

老上海之所以請廚行代辦酒席，主要還有個好處，即菜的量比飯店酒樓多，賀客可放開肚皮吃，不會出現飯店中搶菜吃的尷尬局面。

舊上海赴喜宴多送現金禮，三十元、五十元不等。那時客人都有舊思想，送了禮不多吃點不合算。而同桌者往往不認識，如果一道菜的量太少，三筷子就夾完了，有的人還沒吃到就會不愉快。客人並不說飯店菜的數量少，而是怪主人收了紅包捨不得花錢怠慢了客人，故而請廚行代辦酒宴可以避免客人說閒話之嫌。

代辦酒宴，菜量多且價錢便宜，何樂而不為。

所謂邊爐，即是我們現在說的火鍋。現在上海飯店酒樓的火鍋皆由鍋與爐兩部分組成，所謂鍋其實並不是鍋，而是一個不鏽鋼面盆放在媒氣爐上而已。

清末民初的火鍋，和現在飯店所用的火鍋不同，它是鍋與爐兩者相拼成。古代火鍋大者如面盆，小者如同電鍋。不過它下部小，中間肚大，而上部為煙囪。這種火鍋中間為圓筒狀即火爐，鍋卻焊在圓筒的四周，這樣圓筒爐中燃木炭，其熱量很快能將鍋中之水燒開。因這種鍋是焊在圓筒爐周邊的，故有「邊爐」之稱。

送邊爐者，即是飯店的夥計把邊爐送到旅館或商店中供食客享用。當年的邊爐由紫銅、黃銅和白銅三種不同的材料製成，隨火鍋還配有一副銅火筷，用以夾木炭從鍋頂圓爐口放入。古代工匠很聰明，他們設計了一種中間開一洞口的圓鍋蓋，可由中間套入煙囪口，而將周圍的火鍋蓋嚴，這樣放木炭時就不會污染到湯鍋。

老上海吃火鍋是由北京傳來的。二十世紀二〇年代，著名京戲老生、馬派唱腔創始人馬連良應邀從北京來上海演出。馬連良是回教徒，有天想吃涮羊肉，可是找遍上海灘也找不到涮羊肉的火鍋店，於是馬連良給了他叔叔馬二爸一筆錢，馬二爸於1914年在延安中路連雲路口買了一塊地，造起「洪長興羊肉館」。雖然兼賣羊肉麵點，但卻以經營涮羊肉為主。該店特聘著名師傅掌刀，能把一盆二兩半的羊肉切成十二薄片。他們用料也十分講究，大多選用湖州、嘉興產的胡羊，羊齡三、四歲，重三十斤左右，這種肉不但沒有膻味而且特別嫩。調味品也與眾不同，用辣油、芝麻醬、料酒、蝦油、醬油、醋、乳腐鹵、韭菜花、香菜等十多種調料配製而成，具有正宗的北京口味。

直到現在上海火鍋城、火鍋店大大小小足有數百家，但還是數洪長興的邊爐出名、正宗，一年四季皆顧客盈門。

筍長在山上與水無關，怎麼會切起水筍來了？這就要從筍乾說起。

浙江天目山有「江南筍庫」的美譽。此山橫跨臨安、安吉等縣，竹林密集一望無際。這裡竹的品種特別多，中國共有兩百五十多個竹的品種，僅天目山臨安境內就有四十多種。據《杭州府志》記載：「筍出天目者佳。」臨安特別有名的「黃鶯筍」，曹雪芹就曾經把它寫進《紅樓夢》中。

天目山的雜竹筍質量優良，營養豐富，將鮮筍製成筍乾，一直是主要的農產品副業。每年春季，經過幾場春雨，各種竹筍紛紛破土而出。山民為了因應竹筍淡季的需要，家家戶戶趁此春筍旺季迅速上山採鮮筍，製成筍乾以便貯藏、銷售上海等地。

天目筍乾製作歷史悠久。清代《杭州府志》就有「以鹽煮曬乾」的記載。其實早在宋代，天目山民已開始以鮮筍製成乾，以備青黃不接之需。

天目山製筍乾，山民經過採、剝、煮、焙、壓、整二十多道工序。臨安縣西鄉的筍乾，有焙熄、肥莛、直莛、禿莛、小莛等級別，其中焙熄為上品。

在老上海顧客從南貨店中買來筍乾後，一時還難以食用，必須先放在水中泡上數天。原來的筍乾硬梆梆，像一塊竹片，經水泡後就成為水筍。此筍乾雖由硬變軟，但用菜刀切是切不動的，故而街頭巷尾出現專切水筍的小販。

切水筍者肩扛一條長凳，凳上裝有一把鍘刀式的小刀，切起水筍如同鍘草，嚓嚓嚓！十分鐘就可切一面盆的水筍。

天目筍乾發出來的水筍，風味鮮美，最適於與豬肉紅燒，無論是紅燒或煮湯，營養豐富，鮮美開胃，極為滋補。故水筍為老上海春節中必備的佳餚。

　　洗衣服本是家庭生活的一部分，衣服穿髒了，以前多由家庭主婦來洗。現在髒衣服放進洗衣機，電鈕一撳幾分鐘就洗好了，又經過脫水，衣服晾起來也乾得快。

　　可是老上海洗衣服卻是一種負擔，尤其是單身漢，孤家寡人脫下來的髒衣服向床底下一塞，等一個星期後想起來要換衣服，才發現上次換下來的髒衣服還沒洗，於是唉聲歎氣萬般無奈才端盆倒水洗衣服。為此，老上海出現了專門為人洗衣服的洗衣婦，她與縫窮婦可以說是上海灘的窮婆子姐妹花。

　　老上海的洗衣婦多是蘇北、皖北鄉間來的農村婦女。她們不識字又不懂技術，年紀也偏大。若是二十歲出頭也可想法進工廠做工，三、四十歲了工廠不收，只好幹洗衣服的苦差事。

　　老上海的洗衣婦，不用手搓髒衣服，因為一天要洗幾十件。一則用手搓來不及洗完，再則用手搓手指破了會腫起來，再經肥皂水一泡疼痛萬分，無法再繼續洗下去。怎麼辦？於是洗衣婦有兩大法寶：一是棒槌，二是板刷。棒槌是古代洗衣的傳統工具，特別是在河邊洗衣服，婦女用棒槌在水橋頭青石板上反覆敲打，再放在河水中一漂，髒衣服也就算洗好了。

　　在老上海城市裡洗衣服無法用棒槌敲，洗衣婦即用板刷。一件髒衣服經裡裡外外一陣刷，然後再用水一沖，髒衣服也就變乾淨了。

　　晾衣服也是件難事。老上海寸土寸金，住房小且大多沒有天井。為此，洗衣婦只好在荒地上搭個草棚，架上幾根竹竿，再拉上幾條繩子來晾衣服。為此，洗衣婦要跑很多路給洗衣者送乾淨衣服和收髒衣服。洗衣婦收費有兩種：一是包月，二是論件算。

　　老上海曾有人寫了首〈竹枝詞〉來描寫洗衣婦的生活：

　　每日替人洗衣褲，得錢好把饑餓度。
　　又需擔水又提漿，貧婦自歎苦難訴。
　　看見娼妓渾衣香，不願學她享清福。
　　手指凍僵衣乾淨，窮人有志不怕苦。

倒馬桶

263

[服務行]

舊時租界內幾十萬華人的里弄內，清晨就會聽見「拎出來，倒馬桶嘍！」的吆喝聲。這時，一些家庭主婦或傭人忙從熱被窩中爬起來，睡眼惺忪地拎著沉重的馬桶把大糞倒入糞車中。這推糞車也是好生意，每個馬桶收費兩角錢，然後他們再把糞車推到蘇州河邊，將糞賣給停在糞碼頭邊的船主。那時，農村沒有化肥，一船糞賣到鄉下當肥料，船主也可賺不少錢。

當年影星周璇曾唱過一首流行歌曲，第一句就是「糞車是我們的報曉雞……」上海早晨倒馬桶、刷馬桶和推糞車的吆喝聲，是上海灘當年的一道風景。

「倒馬桶」在上海灘的爭奪也十分激烈。阿桂姐最早是十六鋪的暗娼，當年大流氓黃金榮初出茅廬在巡捕房當巡捕，即與阿桂姐姘居。隨著黃金榮破獲了一些案件得以晉升，這時黃另有新歡，決心與阿桂姐拆姘。阿桂姐拖住黃不放。而黃急於和新歡結婚，便答應讓阿桂姐當法租界糞碼頭的女把頭，以此來作為斬斷姘居關係的條件。阿桂姐見有利可圖，才答應和黃拆姘。

阿桂姐自當上糞把頭後，手下有四百輛糞車和千把個推糞車的工人。阿桂姐上任後，首先想出每車糞加水兩成，僅此欺騙農民一項就多賺了數千元。當時她僅付給清糞工每月每人八元，除交給法租界承包費八千元、送給巡捕房和衛生處六千元好處費外，她每月可淨賺一萬多元。

在上海人人都嫌糞臭，惟有阿桂姐說「大糞吃香，黃金萬兩」。她自從當上糞把頭兩三年後，即買了洋房，進出坐私家汽車，成了上海灘的馬桶女大王。有次，有位大亨的姨太太得罪了她，阿桂姐為了報復，第二天不派糞車，並氣勢洶洶地揚言道：「誰要和我阿桂過不去，我三天不出糞車，米田共（即糞）就要淹遍上海灘。再不向我賠禮，我就讓她家臭氣沖天。」

1930年阿桂姐一命嗚呼，她的兒子馬鴻根子繼母業，當上馬桶新大王。靠倒馬桶成了暴發戶，這在當時也成了上海灘一大新聞。

圖說360行

明代漢人都留長髮，習慣「攏髮包巾」，因漢族祖先留有「身體髮膚，受之父母，不敢毀傷。」的遺訓，因此也就沒有理髮這一行當。剃頭這一行是清兵進關以後才興起的。

清順治二年七月（1645年8月），清政府為加強大清王朝的統治，不顧漢族人民的強烈反抗，強令百姓一律按滿族風俗剃頭梳辮，並限令十天內全國百姓全部實行，違抗或逃避者殺無赦！北京是京城，帶頭執行此令。因為時間緊找不到這許多剃頭匠，於是攝政王多爾袞下令，派包衣三旗的剃頭匠在主要路口搭起席棚，內供清帝聖旨牌，凡過往行人有留髮者便強拉入棚內剃頭梳辮。違抗者當場斬首，並把人頭懸於棚外木杆上示眾。

為了實行聖旨剃頭梳辮的需要，必須擴大剃頭匠隊伍。朝廷於是抓來民伕向各衙門請領牌照，在各胡同建立剃頭棚向百姓做理髮生意。

清代的剃頭匠也派往上海。除了設棚外，還有剃頭擔子出街。但漢族人認為剃頭留辮有損民族氣節，所以江蘇江陰人民反對剃頭，針對滿清王朝宣佈的「留頭不留髮，留髮不留頭」的血腥命令，喊出「頭不斷，髮決不能剃」的悲壯口號。

辛亥革命後，上海掀起了剪辮風潮，於是剃頭匠又成了最忙最出風頭的人物。

人世間的事情就是怪。二百五十多年前當清朝下令留辮時，受到千千萬萬漢族人民的抵抗，為了留辮不知有多少人自殺和被殺。可是當革命軍動員剪辮，又有不少遺老遺少躲避剪辮，也有人保護辮子是為了效忠清皇。於是上海軍政府特頒發剪辮告示：「自漢起義，各省回應，凡我同胞，一律剪辮，除以胡尾，重振漢室。」而滬軍都督陳其美也發佈通令：「著各兵迅將髮辮即日剪除，如有違抗不遵者，即行追繳餉銀，革除軍籍，不稍寬貸。」如此三申五令，上海軍民紛紛剪辮，理髮匠忙得不亦樂乎。

當時理髮不僅為了美觀，而是一件革命的大事。理髮匠以「除此數寸之胡尾，還我大好之頭顱」而自豪！

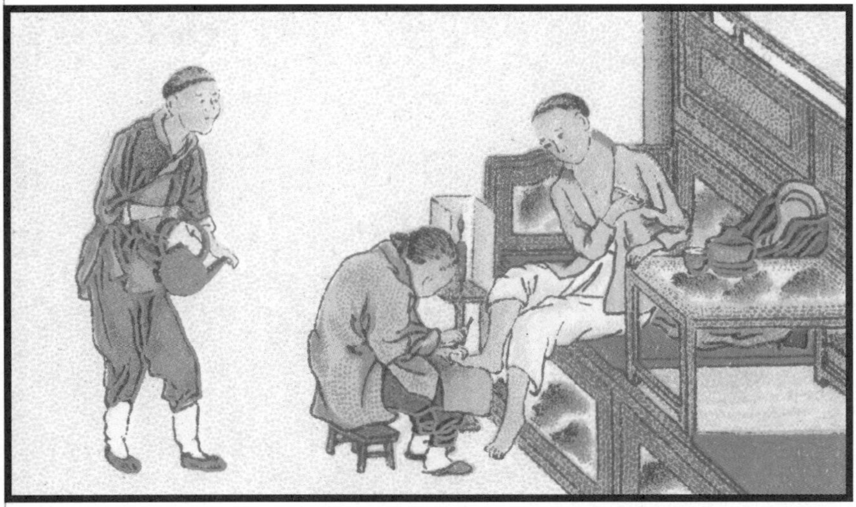

洗澡，上海人稱「浴浴」，也稱「打浴」。抛腳、捏腳的行當就是客人洗澡後，躺在澡堂的躺椅上，有一種專門的工役爲顧客進行抛腳、捏腳的服務。

上海幹這一行的常常被人看不起，這比剃頭匠還要低一等。剃頭是爲顧客在頭上服務，而抛腳、捏腳是抱著人家一雙臭腳翻來覆去，所以即使在舊社會也很少有人願幹這一行。不過爲了混飯吃，一些揚州、高郵、鹽城遭水旱災逃難到上海的不識字的青年，被介紹到澡堂來抛捏腳。

不管怎麼說，這抛捏腳也是一門手藝，特別是患腳病者，腳一著地就痛，只得來求抛腳匠。

相傳中日甲午戰爭後，清朝派李鴻章出洋談判。李鴻章當時住在上海蘇州河邊的天后宮等船出洋。不料李中堂一隻腳生了雞眼行走不便，於是急著在上海物色一個手藝高明的抛腳匠。說來也巧，就在河南路橋不遠處的澡堂中有位抛腳名師，找來一試果然名不虛傳，很快治好李中堂的雞眼。清代大官有派頭，高興就獎賞，當時就賞給這抛腳匠十兩銀子，隨後李鴻章還指定帶此抛腳匠出洋，每月薪金七十銀元，安家費二百兩銀子。此抛腳匠自幼貧窮，從沒有想到抛腳還能發財。他抱著這二百兩銀子不知如何是好，接連三夜無法安睡，結果因興奮過度而發瘋，這也只能怪抛腳匠沒福氣了。

著名京劇表演藝術家馬連良有個習慣，上臺演出前必上清華池洗澡。因爲洗澡能使人精神煥發，再者他有腳病，洗澡也是爲了修腳。

1964年的某一天，馬連良洗澡後修腳時突然停電，這可急壞了抛腳師于慶章。因爲馬連良的腳趾甲潛入肉中，他因光線太暗不敢下刀。馬連良趕著上戲又不能等，於是他順手給了于師傅兩張戲票就匆匆離去。于師傅夫妻二人看馬連良演出《杜鵑山》時，跑場子腳不靈活，他知道因爲潛入肉內的腳趾甲沒修乾淨，馬連良此時跑場一定很疼痛。第二天馬連良又趕來修腳，他說：「我們千萬不能小瞧修腳工，他們也是醫生。我在臺上演出，觀眾喊好，修腳師傅也有一半功勞。」

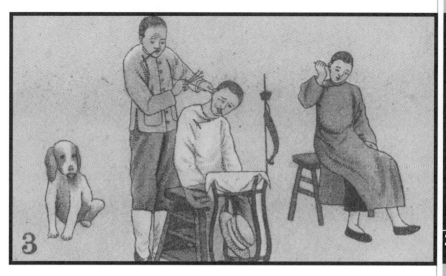

報上經常發表文章，說挖耳朵、剔牙齒不衛生，是種不良習慣。可是無論男女老少，千百年來還是照常挖耳朵，因為耳朵癢起來十分難受，只有挖兩下才舒服。

剃頭挑子在替顧客剃頭時，挖耳朵算是剃頭中的一個專項服務。那時剃好頭、修好面，就挖耳朵。他的工具很全，除耳勺外還有小刮刀、鑷子等。有的人耳屎黏在耳底挖不動，就用長長的刮刀在耳底沿邊刮一圈，然後再用鑷子把大塊耳屎夾出來。你可別小瞧這門手藝，經剃頭師傅挖過耳朵後，再給你剪剪鼻毛、捶捶背，可真舒服極了，渾身輕鬆。

清代一些官員、鄉紳、富豪多有吸鼻煙、挖耳朵的習慣，他們隨身帶著銀鏈穿掛的耳勺、牙籤、鑷子，北京稱為「三件兒」，現在已成為老古董。

說起挖耳勺，不能不提著名的古筷收藏家藍翔老先生。在他收藏的一千七百多雙古今中外的藏筷中，有一雙清代純銀暗鈕筷，從外形看並無奇特之處，可旋開此筷的暗鈕，一根筷中暗藏牙籤，另一根筷中即暗藏挖耳勺，很多外賓看了無不拍手叫絕。

挖耳勺的種類很多，有竹勺、牛角勺、象牙勺、獸牙勺、銀勺、金勺，金勺乃珍稀古董，現在難得一見。

俗話說，十里不同風，百里不同俗。百年前的老上海新婚禮儀和現在大不相同。現在結婚前新娘子多去美容，而百年前沒有什麼面油、面乳、護膚膏、唇膏之類的化妝品來打扮新娘子，可是絞面卻必不可少。

絞面，北京稱為「開臉」。清代有專門給老太太梳頭的行當，上海人稱為「梳頭娘姨」，她們是為新娘子絞面的合適人選。也有的不請梳頭娘姨，而由親阿姨、舅媽等來執行絞面任務。

說起絞面也非常簡單，即是以平時用的棉紗線在新娘子臉上絞來絞去。線又不是剪刀，如何絞面呢？我們童年時總玩過「挑繃繃」的遊戲吧！絞面時即把白棉紗線以左手兩個手指，右手兩個手指把線扯成挑繃繃狀，然後雙手一扯一拉，線即如同剪刀口似的一鬆一緊，這樣就可以把新娘子面腮上、額頭上幾乎難以發現的汗毛絞光。

絞時，新娘必須先洗臉，用熱毛巾擦乾後再撲一層粉。這樣好似男士刮鬍子，即不會感到痛，而線絞在粉臉扯來扯去也較滑潤。

為什麼新娘必須絞面呢？這是自古以來的習俗，絞了面，上花轎前蓋上紅蓋頭，等花轎抬到公婆家，拜了花堂後入了洞房，等新郎晚間揭下新娘的紅蓋頭。第二天新娘的身份變了，絞面就證明這位小姐已由處女變為新婦了。也可以說，絞面是結婚的象徵。

搬場社在上海叫搬場公司。有人說上海人愛搬場，所謂搬場就是搬家。上海人之所以常常搬家有許多種原因。

首先舊上海市區畸形發展，市中心寸土寸金，為造大樓和商店，原來的老房子必須拆遷，這就造成很多住戶要搬家；其次，1932年1月28日，日軍發動侵華淞滬戰爭，戰爭持續了三十三天，炮火逼迫大批市民搬場避難。不久，1937年日軍又佔領上海，無數難民又紛紛進入租界，同時外省市也受戰爭影響，而逃難進入上海；再者，也有受不住二房東的逼迫而搬家的。何謂「二房東」？就是將自家租來的所住房屋多餘的部分，轉手再另租他人者，上海人稱之為二房東。這是抗戰開始後興起的新行當。當時難民多，逃進上海租界雖然免遭炮火之苦但沒房住不行，於是高價租二房東的房子。二房東大多黑良心，有的房租三月一漲，有的你點一盞電燈要收你三盞燈的電費，用自來水也要收高價。總之使租房者無法負擔，最後只好又另找房子搬場。

由於以上種種原因，再加上其他因素，所以上海搬場公司就應運而生，一下子就出現幾十家。上海搬場公司一般僅有一部小卡車，兩個搬運工人。講好價錢，約好時間，可上門搬場。不過上海搬家有一定難度，最主要是住房的門小樓梯窄，特別是有些二房東為了多租幾家，小小廚房有七、八戶人家合用，煤爐放不下就放在樓梯邊。這樣一來大木箱、八仙桌等根本無法從樓梯搬上搬下。但搬場工也有絕招，想方設法把房間內兩扇玻璃窗拆下來，用繩子把大件傢俱從窗戶吊上來或吊下去。總之上海人住房難、搬家難，而搬場公司生意卻非常興隆。

老上海經常可見衣衫破爛的男女老少身背一隻空筐，手拿長長的鐵絲或竹片製成的夾子，在垃圾筒裡或沿著街路弄堂彎腰曲背撿廢紙、破布、碎玻璃、廢銅爛鐵等廢品，撿滿一筐後即去廢品回收攤賣給攤主，換回現金餬口。上海人稱為拾垃圾的，而北方人稱拾荒。

有些拾垃圾的順手牽羊「撿」走住戶曬在後門口的舊鞋、舊衣之類物品，偶爾被物主發現，也只有罵他們幾句，把東西奪下放他們而去。在黃浦江、蘇州河裡一些破小船上也有專撿垃圾為生的人，他們不在岸上撿廢物，而是跳到河灘上或鑽到碼頭底下去撿鐵皮、玻璃瓶等，以及輪船在裝卸時散落在河灘邊、碼頭下面的東西。其中有些游泳本領大的就潛入水底，尋找值錢的東西。他們把船搖過去，在自己身上縛根長繩，另一頭繫在船上把自己吊在船的邊沿，然後跳入深水中尋找水底物品，當尋到沉物後就用繩子捆牢，自己浮上水面，到小船上拉起沉物。

有天在上海提蘭橋匯山碼頭起卸貨物

時，不慎掉落幾箱酒，當晚一個水中拾垃圾者潛入江底，因忘記攜帶繩索，就用撐船竹篙插在江裡，他摸到酒瓶就沿著竹篙爬上來，然後再下去尋摸，這樣來回數次。當摸到一整箱酒時，他把箱子捐在肩上，順著竹篙往上爬。箱子重，加上多次往返體力消耗很大，因此爬到半竿處感到難以憋住氣，就想棄箱爬出水面，可又想箱子掉下去就會摔破，再去一瓶瓶尋摸實在麻煩，所以他就拼命屏住氣，後來總算爬出水面，撈上一整箱酒，可是人卻癱倒在船上，鼻孔流血，差點死掉。因此人不到走投無路是不會幹這行的。

拾垃圾者很喜歡廢紙，因廢紙經打漿又會成為造紙原料，所以廢紙、舊報紙、書刊都可換回現金。古人對紙張十分敬重，尤其對寫過字的紙懷有崇敬之情，認為隨意拋棄或撕毀紙張是褻瀆的行為。故上海舊日有人背簍拾廢紙並非為了賣錢，有些地方還設有「惜紙會」、「惜字會」專收廢紙。

舊上海是一個繁華的商業城市，而經商離不開廣告。有個奇怪的現象，某種商品，價廉物美，貨真價實，但顧客較少。而同樣的商品，質量較差，價錢也高，可是顧客卻很多，兩者為何有此不同效果呢？前者抱著「酒香不怕巷子深」的觀點沒有做廣告，而後者為了推銷次貨拼命大做廣告，故兩者效果反差極大。

老上海最早的商業廣告皆在《申報》、《新聞報》上刊登文字廣告為自己的商品做宣傳。後來日本廠商為推銷他們的藥品「仁丹」和調味品「味の素」，開始用五顏六色的油漆刷在上海街道的牆壁上。仁丹廣告是用油漆畫一個日本人特有的八字鬍老者頭像，並配有仁丹功效的中文。味の素的大幅油漆廣告更簡單，日本人在廣告中心突出地寫了「味の素」三個大字，這一頭一尾寫的是兩個漢字，而「の」字為日文，翻譯即中文「之」字，即「味之素」也。

千萬別小看這兩個牆頭油漆廣告，它使這兩種日本商品在上海灘家喻戶曉，婦孺皆知，故而日本「仁丹」和「味の素」成了老上海中國人家家戶戶必備常藥和調味品。這兩個油漆廣告使日本老闆發了中國的大財。直到1928年中國化學家吳蘊初發明了中國「味精」，也大做油漆廣告，這才從日本人手中奪回部分的商業利益。

說起油漆廣告，不能不說創辦「冠生園食品公司」的老闆冼冠生。他任總經理時提出了「食品救國」的口號，大做購買國貨、抵制洋貨的廣告。最突出的是他特地在吳淞口豎起一座大鐵塔，上書「冠生園陳皮梅」六個紅漆大字，使過往的中外海輪上的乘客都知道陳皮梅乃上海灘名牌食品。

還有德商「亨達利鐘錶店」，曾以十萬元鉅資，雇人在滬寧鐵路沿線，所有大大小小車站附近的牆壁上，以油漆大做廣告，企圖打敗競爭對手華商「亨得利鐘錶店」。

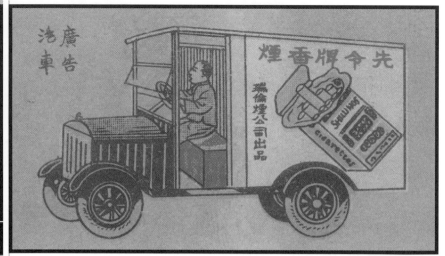

　　上海灘可以說是中國現代商業廣告的發祥地，為了商業競爭，上海灘各行各業的廠商老闆、經理、董事長及洋人巨賈，皆想盡各種辦法來大做廣告。創辦全國聞名「冠生園食品公司」的總經理洗冠生常對手下人說：「廣告宣傳是工商經營中的一項重要手段，裡面有不少做生意的學問，值得一學的。」

　　正因為洗冠生懂得廣告的重要性，有一年中秋節前，他請來股東之一的電影皇后蝴蝶，坐在鋪著的紅氈上，一隻手放在他精心設計的特大月餅上，以此姿勢拍成照片，照片上題寫了兩句廣告詞：「惟中國有此明星，惟冠生園有此月餅。」洗冠生迅速將此照片印成廣告宣傳畫四處張貼，連出租汽車上也貼滿這種廣告，致使冠生園月餅銷售量大增。

　　說起汽車廣告，不能不說說周祥生。他原是一個窮學徒，以分期付款購進二手汽車，然後逐漸發展成有二十多輛汽車的「祥生汽車出租公司」。後來他千方百計

申請到英商電話公司的40000電話號碼，於是他利用自己的計程車大做廣告。

　　他首先將祥生公司的計程車一律漆成與眾不同的墨綠色，又在車頭上釘了白底藍圈的圓形銅牌標誌，特別在車尾噴漆了40000的電話號碼，而司機則穿著統一的制服，衣帽上都印著「祥生40000」字樣。這樣一來很明顯地得到廣告效果。另外幾家出租汽車公司見街頭印有40000廣告的計程車穿流，也紛紛效仿，隨即印有30000和90000號碼的計程車也不斷出現，但無法與祥生競爭。因為當年中國人口正好是四萬萬，這樣祥生就以「四萬萬同胞請打40000電話」的廣告為號召，以此來提倡坐中國車、買國貨來抵制日貨。

　　此後，汽車廣告風靡上海灘，「虎牌萬金油」、「雙錢牌膠鞋」、「回力牌球鞋」、「亞普耳燈泡」、「白金龍」、「大聯珠」、「三炮臺」等香煙廣告皆上了大大小小的汽車，連女人肉感的大腿也畫上汽車滿街飛，那是某玻璃絲襪的廣告。

117

　　清道光二十五年（1845年）英租界在上海正式建立後，上海灘即成了冒險家的樂園，洋人紛紛到上海開辦洋行。當上海市民腦袋後還拖著長辮子、身穿清代長袍、腳穿布鞋或布靴時，洋人卻身著西裝、腳穿皮鞋從海外乘洋輪登陸上海灘。

　　當年老上海的街巷多鋪著青石板路，上海人穿布鞋走在石板路上毫無聲響，而洋人的皮鞋踩在石板路上，咯噔咯噔之聲不絕於耳，所以他們的皮鞋特別引起上海人的注意。

　　一個世紀前，上海只有洋行有皮鞋出售，因皮鞋在英國、法國製作，運到上海價格昂貴，一般中國人穿不起，只能由洋人獨自享受。

　　要說擦皮鞋，必須說皮鞋的來歷，皮鞋不普及，也就不可能產生擦皮鞋這一行。上海灘最早替人擦皮鞋者多為小癟三。上海話「癟三」，是指無職業或靠乞討為生的遊民，由於面黃肌瘦，肚子餓得癟癟的，故名癟三。「小癟三」就是整天流浪街頭混飯吃的失學兒童。

　　七、八十年前，有個叫花子幫頭，看到印度電影中有窮孩子替洋人擦皮鞋的鏡頭，受此啟發，乞丐頭便找了一些破木箱，在箱上釘上放腳的木架，並買了刷子和鞋油，又從垃圾箱中找些破布，就強迫他手下無家可歸的小癟三上街擦皮鞋，所賺之錢全歸乞丐頭所有，小癟三頂多喝兩頓稀飯而已。

　　當年擦皮鞋者最怕紅頭阿三（印度巡捕），遇見後如來不及逃走即吃警棍，吃外國洋火腿（腳踢），往往錢沒賺到還被打得鼻青臉腫。

　　牛和駱駝拉車行走皆無聲響，惟獨馬奔跑起來馬蹄答答聲音鏗鏘。有時馬行走在古老的青石板路上，不是「踏花歸來馬蹄香」，而是「馬蹄行走冒火光」，不接觸馬的人皆不知其中奧妙。

　　馬蹄響和馬蹄冒火花，皆因馬蹄釘了「馬掌」的緣故。馬十分堅強，拉車負重壓上千斤物品腰背也不會壓垮，可牠的馬蹄十分脆弱，不穿「鞋」不能走路。所謂穿鞋即釘馬掌，馬掌為鐵製。

　　上海灘洋馬車風行後，愛騎馬運動者也增多，大量馬匹進入上海，釘馬掌的行業也應運而生。煙畫上畫的釘馬掌是沒有木架捆馬而釘馬掌的，這很危險，因為要把一寸多長的鐵釘釘入馬蹄，馬會感到疼痛，掙扎時力氣特別大，非人力所能控制，弄不好會傷人。故釘馬掌要設備齊全，捆馬木架決不能少。

　　筆者幼年時，所住的同一條街上就有一釘馬掌處。這是一片空地，中間立有四根粗圓木柱，約兩公尺高，木柱成前後兩個ㄇ形，馬來釘馬掌時，先把馬拴在木柱上，然後再把馬的一隻前馬蹄捆在木柱上，而馬蹄抬起掌面朝後，並且再把馬尾巴也拴在後木柱上。

　　這時釘馬掌師傅，拉風箱將馬蹄鐵在爐火中燒紅，再用鐵錘將馬蹄鐵打成與馬掌大小合適，即安放在馬蹄上。看來怕人，火紅的馬蹄鐵放上去時，馬蹄四處冒濃煙，馬開始掙扎，但頭尾拴得很牢，一隻馬蹄又捆在柱上無法活動，也只有忍受痛苦。馬蹄鐵上有釘孔，馬掌要釘四、五枚鐵釘。釘好一隻鬆開再換一隻，如此四隻馬掌釘好後，馬即鬆綁恢復行動自由。等馬蹄鐵磨損無法行走時，再來換馬掌。

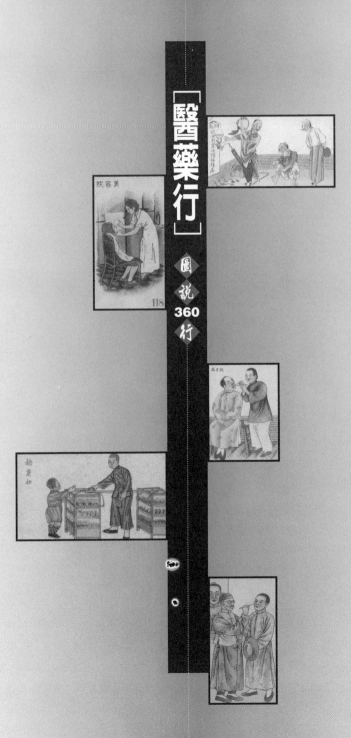

醫藥行

圖說
360
行

美容院

118

撥草根

孤拔說

古代稱醫生為郎中，但郎中前面添上「江湖」二字就大為不妙。此非正規醫生，上海人稱為「野路子醫生」。

有「活武松」之譽的京劇武生蓋叫天，一次在上海大舞臺演出《獅子樓》時跌斷了右腿，不料治療他的卻是江湖郎中，接骨錯位，接好的腿仍不能走路。蓋叫天知道上當，他拿出勇氣自己再次將腿折斷，請來名醫做第二次接骨。後來他恢復武功，重新登臺表演。

還有位小姐芳齡二十五還待字閨中。老上海有早婚習俗，二十歲就拜堂成親了，所以這位小姐心中很急，想早點嫁人。但她有暗疾，男人不敢與她接近。有天，有人介紹一位德國醫科大學畢業的醫生在一家旅社裡醫治，小姐來到旅社，見這位醫生約三十歲左右，西裝革履，儀表堂堂。醫生見了小姐就說：「你患的是狐臭病，我在德國帶回專治狐臭的針藥，一針見效，一抹就靈。手術費免收，針藥費一百元，你先回去洗個澡再帶一百元來，今天治明天狐臭即可消除。」

小姐信以為真，回家洗澡後把自己辛苦積蓄準備結婚的一百元拿到旅社，把錢交給醫生，醫生即給小姐打針，打針處在雙腋下，必須脫去上衣。小姐為了治好病顧不得羞恥，只好赤裸上身讓醫生打針。這位醫生彬彬有禮秋毫不犯。針打好後，醫生拿出一瓶印滿洋文的藥膏說：「這是天使牌滅狐特效藥膏，必須全身揉抹，你要感到不方便不抹也行，病治不好我不負責。」小姐為了治好病，又見剛才打針時醫生的「文明」行為，於是脫去內衣做此犧牲。不料醫生揉到一半，即扔掉藥膏猛撲上去，小姐萬沒想到花了一百元，還落入江湖郎中的魔掌。小姐為了自己的名譽，也只好啞吧吃黃連。

舊上海是個花花世界，妓女滿街，三等妓女上海人稱野雞，打野雞的男人大多染上花柳病。江湖郎中利用病人患髒病不便公開的心理大敲竹槓，結果很多人死在江湖郎中手裡。這種江湖郎中騙人手法花樣百出，簡直是罄竹難書。

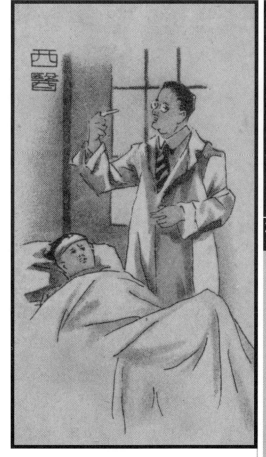

中國自古只有中醫，中醫以切脈、看舌苔、看面色等爲診斷手段。而治療方法以服中草藥和針灸及貼膏藥爲主。

西醫即西方醫學。西醫何時傳入中國呢？最早有位名叫黃寬的先生，他於清道光二十六年（1846年）畢業於香港的馬禮遜西學堂，翌年四月即與容閎等人跟隨該校教師布朗夫婦赴美國留學，入美國麻省孟松學校學習西方文化科學知識。後又考入英國愛丁堡大學醫科學習西方醫學醫術，1857年由該校畢業，隨即回國在廣州博濟醫院行醫。黃寬不但是中國第一位西醫，他還毫無保留地將自己的醫術傳給學生，培養中國第一代西醫醫生。在黃寬的學生中，有的學成後即到上海來創辦醫院行醫。

中國有三大著名學習西醫的人，但後來都沒有行醫。第一位是孫文，他於1892年在香港西醫書院畢業後行醫於澳門、廣州，後領導辛亥革命推翻清朝，就任非常大總統。西醫出身的孫文先生曾住上海多年，最後成爲偉大的革命先驅。

第二位是魯迅，他1902年赴日本學習西醫，後改變初衷放下聽筒、手術刀，拿起筆從事文學創作來喚起國民精神，最後成爲偉大的文學家。

第三位是郭沫若，他和魯迅一樣於1904年赴日本留學，開始也是學西醫的，後來卻改行成了傑出的作家、詩人、劇作家、考古學家。

老上海還有一位著名的西醫顏福慶，他1904年畢業於上海聖約翰大學醫學院，後赴美、英等國學醫。他是亞洲第一個獲得美國耶魯大學醫學博士學位的西醫學者，回國後先後創辦了上海醫學院、上海中山醫學院、上海澄衷肺病療養院等。抗日戰爭時期任上海市救護委員會委員，積極從事抗日救亡運動。

還有一件事值得一談。麻瘋病當年如同愛滋病一樣可怕，人人都談虎色變。也是由顏福慶倡議，後得到萬金油大王胡文虎等人資助捐款十萬元，於1935年籌建上海麻瘋病療養院，用西醫的方法收治麻瘋病人。

　　古來生兒育女乃家中的大事，無論貧富皆重視生育。中國以農立國，生了兒子人丁興旺，既可發家致富，也能提升家族在社會上的地位。

　　每當一戶人家娶了新娘子，總是盼望她早早懷孕。如清代末年老上海人家過春節，新娘子房中貼的年畫是《麒麟送子》，門上貼的春聯是「多福多壽多男子，日富日貴日康強」，橫批卻是「早生貴子」。

　　如果新娘子兩三年不懷孕，婆婆就要指桑罵槐道：「養個母雞還會下蛋呢！養這麼大的人卻只會吃飯。」若新娘子懷孕，全家大小個個喜笑顏開，特別是公婆認爲有人傳宗接代有希望。

　　懷孕是喜事，可生產卻往往使母子雙亡造成悲劇。百年前，上海婦女生產多爲接生婆接生，接生婆也稱「產婆」、「收生婆」，北方稱「老娘婆」。她們不僅從沒受過接生的專業訓練，甚至連字都不識。有的產婆的母親就是接生婆，這種職業也可稱家傳。也有的婦女自己生過三、五個小孩無師自通，見村鎮沒有產婆，自己就憑經驗收錢接生。

　　接生婆是一種危險的職業，她們既不懂科學常識，也沒有應付難產的醫療器械，甚至連手術刀也沒有，於是找來一些破瓷片割臍帶。而婦女生產也只能碰運氣，順產算是福星高照，難產、產門不開或產門堵塞等，接生婆束手無策，只有眼看著母子痛苦地死去。

　　老上海直到清光緒十年（1884年）才由美籍女醫師羅夫耐德在老西門的方斜路創辦「西門婦孺醫院」，設有專門接生嬰兒的婦產科。因該院有幢紅磚紅瓦的西式樓房，故老上海俗稱「紅房子醫院」。這雖是科學接生的良好開端，但限於條件，當年一般市民依然找接生婆接生。

　　上海灘四郊農村爲討吉利，當女兒懷孕時即送桂圓、喜蛋和十雙紅漆筷至女婿家，送時還要吹笙敲筷，取其「快（筷）生（笙）貴（桂圓）子（雞蛋）」的好口彩，以求母子平安，可是否能平安還要看接生婆的本領。故接生婆既是產婦的福星，也是產婦的災星。

中國的醫療史千百年來已形成自己的特色。例如針灸，早在西元七世紀時太醫署已設置了針灸系。據《日本醫學史》稱，吳人知聰於西元562年將中國古代醫方、本草和針灸書一百六十卷帶到日本，由於針灸療法簡便易行見效迅速，很快受到日本朝廷的重視，不斷派遣醫生隨使節來中國學習。

拔火罐也和針灸一樣，是中國一門特有的傳統醫療學科。拔火罐又稱「拔罐」、「拔管子」或「吸筒」。據《肘後備急方》載，拔火罐古稱「角」，它利用熱力排出罐中的空氣，形成負壓使罐緊吸在治療的部位，造成充血從而產生療效。

拔火罐多和針灸配合使用，主要用於對風濕痛、腰背肌肉勞損、頭痛、腹痛和哮喘患者的治療。

針灸和拔火罐，為中國醫學的重要工具。我們的祖先在遠古時代，偶然在用火的過程中發現了用燒熱的石塊等物品治療疼痛的方法，這就是原始的熱熨法，以後經歷代學者研究，拔火罐的醫療方法也就流傳至今。

老上海的一些患者，腰背疼痛多年跑了不少大醫院，花了大筆的醫藥費而病情並不見好轉，可是經老中醫拔了幾次火罐，疼痛卻逐漸減輕。這就叫「偏方能治大病，活活氣死名醫」。

說來好笑，一些婦女不愛拔火罐。拔火罐必須赤身露體，她們害羞不願在男醫生面前洩露春光，故拔火罐者男士較多。不過有些老年婦女為了治病，也就不管三七二十一，只要能治好病也只好犧牲了。

老上海街頭巷尾常可見到賣草藥的地攤，地上鋪著一塊白布，上面放些草根、樹皮、枯葉、細藤，有的切成片，有的剪成絲，還有的磨成粉壓成塊，並寫上「祖傳秘方，專治疑難雜症」，有的為招徠行人注意，搖動手中串鈴口唱各種治病名稱和功效。也可見到走江湖郎中挑著一副藥材擔子走街串巷，吆喝著賣藥，此種賣草藥者多為三腳貓，故只好到處遊蕩混口飯吃。而擺地攤賣草藥者，有些尚有藥材知識或者家傳的醫藥秘方，有些小病患者經他們治療後也確見功效。

清代末年，上海大藥店如蔡同德、童涵春、胡慶餘堂等開了一家又一家，坐堂名醫出了一位又一位，這草藥攤怎麼還會有生意呢？

說起來窮人最怕生病，窮人生病實在沒錢請醫生，名貴的藥更是買不起。當然窮人生了病也不能等死，只能光顧草藥攤。有錢大戶人家看不起草藥，認為那些草根樹皮爛葉沒有治病療效，而窮人卻把草藥當成救命仙草。

中國有句話叫「中草藥氣死名醫」。二十世紀八○年代，上海有家「群力草藥店」，每天從早到晚排著長長的隊買草藥。有的家中有癌症病人，大醫院已宣佈病入膏肓無藥可醫了，可是這些被宣判死刑的病人吃了這裡幾服草藥，病情有的很快減輕，也有的服了幾個月的草藥起死回生。著名的醫藥學家李時珍就是經過多年的苦心研究，上山採藥嘗百草，才寫出《本草綱目》。湖北蘄州是藥聖李時珍的故鄉，在他的墓地上掛有一副對聯：「春夏秋冬辛勞採得山中藥，東西南北勤懇為醫世上人。」聯語讚揚他採藥醫病的功蹟。

詩聖杜甫也賣過草藥。唐天寶六年（747年）杜甫赴長安投考，因奸相李林甫怕應考者揭露自己劣跡，玩弄手法使考生全部落選。杜甫投官落空，無以為生，只得到山中採草藥回來曬製，再到市場上去賣。如採到貴重藥材就酬謝周濟過他的親朋。「賣藥濟世，寄食朋友」，這就是貧困詩人的寫照。

賣傷藥，老上海有文賣、武賣之分。所謂文賣就是在街頭設攤，賣些雲南三七粉，一些奇形怪狀的獸骨和膏藥等。文賣者設攤後，有山東來的說山東話，四川來的說四川話，說了一大堆自己的特製藥丸對跌打損傷如何有神效等等，然後取出一包包傷藥，大的如同桂圓，小的好似綠豆，這種賣法就像是姜太公釣魚——願者上鉤。

說到武賣傷藥，有點像走江湖賣藝似的。這種賣傷藥要有較大的場子，後面地上鋪塊白布，上面放個木箱子，賣藥人站在前場，一副古代俠客的打扮。他開始耍了一套單刀、花槍之類的武功，看到圍觀者不少，即開始賣傷藥。這時只見賣藥者脫去上衣赤膊上陣，隨後從木箱中取出一塊三寸寬、二尺多長、半指厚的鐵板，右手拎起來連打三次自己左面的腰部。這時腰部立即紅腫，而鐵板也有些彎曲，賣傷藥者此時口吐鮮血，顯然已受傷。這時，

另一位賣藥搭檔者出場。此人先拿長板凳讓傷者坐下，口稱師傅有祖傳傷膏藥可救治徒弟性命，說著從木箱中取出膏藥並用紙煤吹火，烘開原本硬梆梆的膏藥，立即貼在受傷者腰部。幾分鐘後原來疼痛難忍的傷者此時雙眉舒展，漸漸可以站立行走。老藥師說，此膏藥乃七代家傳，藥到病除。這時受傷者也來幫腔現身說法，圍觀者大多相信此膏藥的神效，紛紛購買，一元錢一張，購者眾多。

中國有句俗語，稱吹牛皮者為「賣狗皮膏藥」也，這句俗語來源於此。

不過上海的確出了一位著名的傷科醫生。據《上海辭典》載，石筱山（1904—1964年）先隨父從醫，1924年開診所專治內外傷科等疑難雜症，尤以善治骨折傷痛而聞名江、浙等省。1958年公開其石氏傷科祖傳全部秘方。像這樣的傷科醫生，才真正是救死扶傷的好醫生。

拔牙

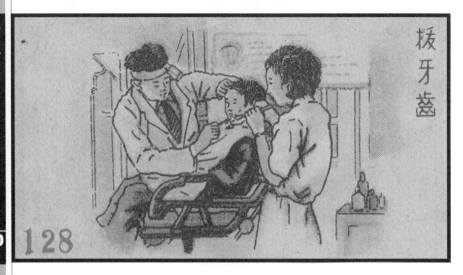

拔牙齒

[醫藥行]

　　舊上海有很多醫院，看起來醫學很發達，其實可以說是虛有其表。僅以牙科來說，有資料統計1949年前全上海公立、私立醫院數百家，僅有八所設有牙科，而且醫療設備十分簡陋，醫生的技術水平也不高明。

　　1946年，在現今北京東路河南路口的國華大樓成立了牙病防治所，七拼八湊從其他醫院抽調來五名牙科醫師和護士及工作人員二十四名，充當門面應付病人，但醫療費卻十分昂貴，一般牙痛市民因付不起醫藥費望門興歎，萬般無奈只得去找馬路邊的江湖牙醫。

　　說起江湖牙醫，上海灘曾有一個著名的獨角戲，劇名爲《大陽傘拔牙》。所謂獨角戲和現在戲劇小品差不多，因這種江湖牙醫在馬路邊設攤時，大多撐著一把特製的大油布傘而得名。

　　這齣戲的劇情很跨張，有位牙痛病人來求大陽傘拔牙時，江湖牙醫卻拿起一把眞老虎鉗來拔牙，直痛得病人哇哇亂叫，叫到最後總算把牙拔掉了，可病人用手一摸拔掉的卻是上邊的好牙，而下面的蛀牙卻絲毫沒動。看此戲，台下笑聲不絕於耳，幾十年《大陽傘拔牙》久演不衰。

　　俗語說：「牙痛不是病，痛起來要人命。」老上海一般市民因付不起高昂的醫療費進不了牙科醫院，只好找街頭的「大陽傘」拔牙。

　　街頭牙醫拔牙時會用一些粉敷在病牙上，說是可起麻醉防痛作用，其實用的是刷牙的牙粉，也有的用中藥冰片，雖有一絲涼意但毫無止痛作用，因此病人吃了不少苦頭，痛得死去活來。等牙拔掉了不管你病好不好，拔牙錢必須照付，而且分文不能少。

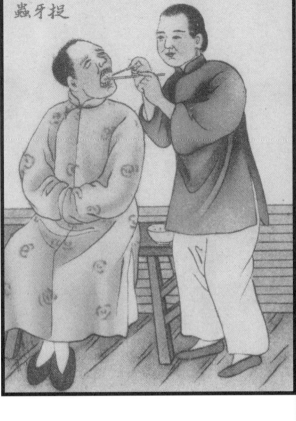

清末民初，上海僅有幾家教會醫院，百姓有病多看中醫。西醫一來價錢高，二來民眾對西醫缺乏信任。中醫對內科、婦科、外傷科等都有高明之處，但是牙科就絕對是弱項。

俗語說：「牙疼不是病，疼起來要人命。」的確如此，牙疼起來又酸又脹又痛實在難熬。人家形容牙痛病人就像熱鍋上的螞蟻走頭無路。

當時老百姓患了牙病無處可醫，正因如此一種專捉牙蟲的醫生應運而生。說這種人是「醫生」是為了行文方便，其實他們連庸醫都夠不上資格，實乃江湖騙子，俗稱「挑牙蟲的」。這種人多是蘇北婦女，三、四十歲，穿著當時流行的大襟洋布上裝，頭上梳著元寶頭，頂塊包頭布。那時婦女小腳為多，可她們都是大腳，卻穿著繡花鞋走街串巷，用揚州腔高喊：「挑牙蟲啊！」

遇上牙痛病人，擺明挑出牙蟲四角錢，講好價錢就動手。只見她解開隨身所帶藍花布包袱，取出兩三個小瓶和骨簪，讓病人坐在凳子上仰著頭，張開大嘴。她先用骨簪搗搗戳戳，找準你的病牙後即說：「挑牙蟲有點疼，你只要閉上眼睛，忍一會兒就好了！」說著用骨簪先後在有蓋的小瓷瓶中蘸一下，很快伸進病人口中。這時只聽這個揚州婦女說：「好！好！捉著了，捉著了！」隨後把骨簪從病人口中取出來，在事先準備好的清水小碗中弄一弄，真的有小細蟲浮在水面上游動。病人見此都信以為真，認為遇上神醫。這時挑牙蟲的又用骨簪沾點白粉抹在病牙上，病就算治好了，於是忙要討錢。

其實，所挑出來的活牙蟲是一種米蟲，事先養在瓶中，她用骨簪在一小瓶裡沾點黏液，再伸進另一瓶中黏上小米蟲，裝模作樣再將骨簪伸進病人口中。這一過程因挑牙蟲的關照，病人閉眼忍痛，所以病人難以發覺。這狡猾的江湖女子就是如此玩花樣騙鈔票。

　　這裡說的女看護，並非醫院中的女護士，而是私人看護。

　　雇用女看護者，大約有三種人。一種是大老闆、大家庭，雇用女看護照顧多病的父母吃藥打針。女看護不開處方，有病還要請醫生診治，只是照顧睡在床上的病人而已。但她們懂得打針、量體溫、量血壓，並按時給病人服藥等等。

　　第二種雇用女看護者，是有錢人家少奶奶。懷孕六、七月，為了保重少奶奶能平安生下小少爺，先生特雇婦產科的女護士。女護士起先照料產婦，等小寶寶出生後以美國牛奶餵養孩子。這種主人家學洋派不雇奶媽，鄉下奶媽不衛生，缺少醫學常識，所以請女看護便於母子健康成長。

　　第三種雇用女看護者，乃老闆、經理、行長、局長。這種人並沒有什麼病卻渾身不舒服，上醫院沒時間，再說身上沒病也不需要找醫生，只是聘請漂亮的女「看護」。

　　這種如花似玉的女看護的確有特殊的本領，她們不用醫生開處方，自己到藥房買瓶「艾羅補腦汁」。這種藥乃大世界遊樂場老闆黃楚九發明，因為據說有補腦功效，生意特別好。這時有個剛從英國來到上海的洋流氓名叫艾羅，說此藥是他發明的，並把黃楚九告上法庭。黃楚九明知此人敲竹槓，卻承認侵權敗訴賠錢。黃楚九為何如此呢？那時上海人迷信洋人，他利用艾羅給他做廣告，法庭敗訴為的是讓上海人相信這補腦汁真是英國人艾羅發明。如此一炒作，補腦汁生意特別好。

　　女看護摸準了花老闆的脾氣。每天早、中、晚倒三杯補腦汁，嗲聲嗲氣地送到花老闆嘴唇邊，量血壓的時候卻用自己纖細的玉指在花老闆的手臂上捏來捏去。到了晚上這位女看護敲開花老闆的房門，說要檢查身體。檢查得可真仔細，從頭髮、嘴巴、胸脯一直檢查到肚皮。這一檢查，本來不舒服的花老闆，渾身舒暢極了。從此以後花老闆每天必須要女看護檢查身體。半年後，女看護的肚皮一天天大起來，花老闆無奈，最後賠償十萬元醫藥費才算完事。

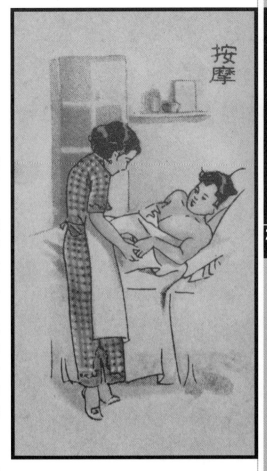

在古代，按摩是中國傳統的醫療技法，俗稱推拿。這是一種在病人身體的有關穴位，以推、拿、按、摩、打、捶、揉、滾等技法，治療關節痛、筋骨痛、四肢麻木、血脈不活等症的醫術。早在隋唐時代，皇宮侍奉皇帝就有專職的按摩太醫。沒有想到在二十世紀初按摩會被洋人利用，在上海灘發展為一種性服務行當。

充當按摩女的最早是白俄人。她們為逃避蘇聯紅軍的清算，大批淪落上海。這些白俄本是沙皇時代的貴族，其中有不少女性本是伯爵、王爺的玩弄工具，更多的是情場老手，所以她們創辦按摩院以此來賺錢謀生皆熟門熟路的了。

按摩院最早出現在公共租界蓬萊路、虹口鞭子路、法租界霞飛路等地。剛開辦時按摩院很神秘，入內者也以洋人、大亨為多。後來一些被白俄按摩院雇用的上海女性，在雇用期間學會了服務技巧，於是脫離白俄老闆娘自立門戶，如此一來中式按摩院也紛紛開張。

無論是中式或洋式，按摩院大多分為兩間，外間為按摩室，內間為洗澡間。按摩室內有鋼絲床、梳妝檯、沙發等，浴室有一切洗澡工具。

說起來按摩院有清濁之分。清者僅洗澡、按摩，濁者可雲雨銷魂。其實這只是表面文章，來到這種地方，如花似玉的按摩女在身邊侍奉，有幾個男人是老實人？其實幹按摩女這一行，並不要真正的傳統按摩醫療手法，要的是博得男顧客歡心的手段。

老上海充當按摩女者，大多是為生活所迫的女性。而按摩院可說是另類的妓院，同時也是性病傳播所。

痣原係天生，是從娘肚皮裡帶到人間來的禮物。

女孩子對痣大多很討厭。據醫書載：「痣有黑痣、青痣、紅痣、棕色痣之分。」痣的大小不一，有的米粒大、綠豆大，也有的芝麻大，還有的黃豆大。如高出皮膚者稱為「痣」，不突出皮膚的黑點則稱為「雀斑」。其實痣生在臉上不疼不癢，沒必要點痣，實在要點應去醫院，千萬不要在街頭點痣。

痣生在臉上的部位大有講究，這些

「講究」多為算命看相者編造出來，毫無科學根據，但在清末民初年間卻有不少人相信他們的鬼話，這些人往往為了一顆痣被弄得神魂顛倒，坐立不安。

有位大戶人家的小姐，有天跟著父母去城隍廟進香，不料被一位點痣的老江湖用摺扇一指，說道：「啊！貴小姐欠安呀！」於是父母忙請問那老江湖：「有何不安？」老頭胡言亂語一通說道：「小姐左眼下生痣不祥也，這應了『眼下生痣如淚哭，身穿孝服剋丈夫』之災。」一家三口聞此言大驚失色，老江湖又忙說：「只要點了痣，即無妨。」結果說妥點痣收費五元。

當年上海灘街頭點痣者很多，他們在牆上掛塊白布，布上畫了一男一女兩個頭像，頭像上有很多黑點並標明何處有痣不吉利等等，以此騙錢。這時只見老江湖從瓶中用銅耳勺挑了一點藥點在小姐的痣上，不料這是石炭製的假藥，石炭點在小姐細皮嫩肉的臉上，小姐回家就感到疼痛難忍，沒幾天面頰紅腫潰爛，母親急忙把小姐送進醫院治療。雖說那粒小小的青痣點掉了，但臉上也爛成了一個小疤破了相。原來漂亮的小姐變醜了，找門當戶對的公子就難了。從此小姐見了有痣者就勸人家千萬不要點痣，免得上當自討苦吃。

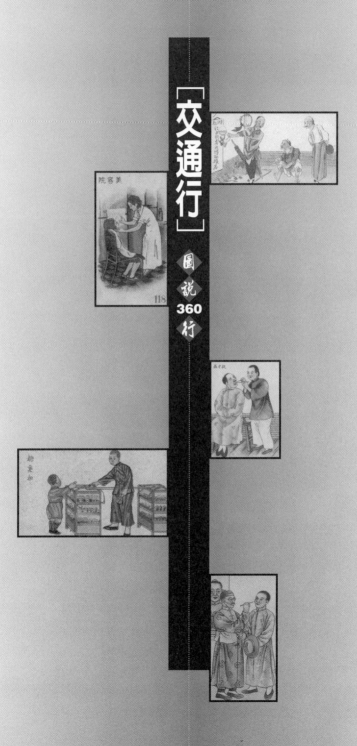

交通行

圖說360行

118

獨輪車

124　小車夫

　　獨輪車，上海稱作「羊角車」。凡是車子雙輪或四輪都很穩當，而三輪車走起來也不會翻倒。惟有獨輪車十分難駕駛，沒本事的一推就翻車。

　　獨輪車爲「凸」字形，獨輪就裝在突出的儿字下部中間。這木輪很大，外圓鑲著鐵皮，推起來嘰嘎嘰嘎響個不停。此車既可坐人也可裝貨。人坐在「凸」形木架的兩邊，坐車者必須是兩人，一邊坐一個，這樣獨輪車可保持平衡。如坐一個人，另一邊必須加放行李或貨物。如果一邊空著則輕重不一，推車人無法推車。

　　大約百年前，上海洋人開辦了不少工廠，其中紡織廠爲多，而紡織女工多纏小腳，要上早班走得慢趕不上開工，輕者要遭工頭訓斥，重者要挨打，甚至開除。如此一來，一些蘇北農民即推著獨輪車來上海謀生，小腳女工坐這種獨輪車上班，車錢僅一兩個銅板。因獨輪車江北人推的多，上海人俗稱「江北車」。他們早上送女工上班後，即接著推糧食或貨物。這種車收入極低，可是租界還要他們繳稅。

　　1897年3月份，上海租界工部局突然宣佈4月1日起，車捐每輛要從四百文增加到六百三十文，獨輪車工人爲抗議一次就加捐百分之五十以上，紛紛聚集在外灘示威遊行。租界派出紅頭阿三馬隊巡捕來鎮壓，車夫們只好冒著生命危險用石頭、木棍等對抗警棍、皮鞭。在車夫們反抗下，租界當局不得不收回成命，宣告維持每月四百文的捐稅。

　　1932年淞滬抗戰爆發，日軍非常猖狂，揚言四十小時即可佔領全上海。可是十九路軍浴血奮戰三十三天，日軍的侵略美夢也隨之破滅。十九路軍打勝仗也有獨輪車功勞，很多彈藥和慰問品都是由推獨輪車者冒著敵人炮火送上前線，也有獨輪車夫爲此而受傷或死亡。

車虎老　111

老虎車和榻車相比小得多。榻車如同大床，而老虎車如同嬰兒睡的小床。其長度約二公尺，車寬約七十公分，車輪比較小，直徑如同洗臉盆口似的。

這種車雖矮小但很堅固，車架以鐵鑄成四面無擋板，而車尾有向上翹的鐵皮後欄，拉車時因前高後低，有了這鐵皮後欄，拉車時可防車上貨物滑落到地上。在兩個車輪上方也釘有鐵擋板，這樣可防止貨物裝車後行走時，因車輪轉動而將物品磨破。正因為此車結實、牢固、堅硬、靈活，故上海人將此車稱為「老虎車」。

一百五十多年前，日本人和歐洲人開始在上海開辦了不少紡織廠、鐵工廠等。工廠裡既要搬運原料，又要搬運產品。但那時工廠設備很簡陋，既無電動大吊車，也無電瓶車和鏟車，在此情況下，老虎車應運而生。

老虎車一般是在工廠裡使用的，所以老上海市民不大接觸老虎車。為此，老虎車也很少見於文字記載。這次為撰寫此書，查找數百本書刊，也沒能找到參考資料，無奈只得去查訪七、八十歲的退休老工人。

據老人說，老虎車在紡織廠發揮著重要作用。一捆捆棉花由大卡車運至廠門口，卸車後即由老虎車運進粗紡車間倉庫，而棉紗出廠也由老虎車運到廠門口，然後裝上汽車送至織布廠。無論是棉花和棉紗，老虎車每車只裝一件，大小重量皆適於老虎車運載。

如今，這種老虎車只能在上海歷史博物館才能夠看到了。

榻車

[交通行]

老上海雖有遠東第一大都市之譽，但有先進的一面也有落後的一面。以交通運輸來說，有先進的汽車、電車等，也有更多的人力車。

所謂人力車，並非單指兩輪的黃包車，還有極為笨重的老虎車和大榻車。榻車因其形狀及大小都如同清代的紅木床榻，故名。

紅木床榻四隻腳，人睡在上面很舒適，而拉起兩輪榻車卻汗流浹背十分痛苦。這種榻車因為要承載兩千斤重量的貨物，所以車架的兩根長木梁很寬很厚，中間又鑲有七、八根橫檔，這車架本身就數百斤重，不要說是車上還要拉鋼材、棉紗、糧食、布匹等等。

說起榻車，不能不提陳氏兄弟。他倆在清末時原以推獨輪車為生，鑒於獨輪車載貨量小又容易傾倒，不適應老上海工商業迅速發展的需要，於是陳大川、陳二川兄弟根據自己長期從事運輸的經驗，創了雙輪大平板榻車。

最早的榻車為木輪，輪的週邊箍以厚鐵皮，這種車最少由三人來驅動。一人在車前扶車把，車把如H型，人站在車把中間，因為雙臂拉車是拉不動的，故在車把根部左右繫一根粗繩，中間穿一塊寬皮帶背在右肩上，拉車全靠此繩，而雙臂雙手用來操縱榻車方向，避免和行人、車輛等相撞。因木鐵輪實在笨重，一人在前面拉車，兩人在車後拼命推，走得還是很慢，而載重量也只有七、八百斤。

為了加快車速，提高載重量，上海灘榻車行的老闆發現有些大卡車換下了舊車胎作為廢物處理，而且價格便宜，即廢物利用購回改裝榻車。如此一來榻車拉起來要比木鐵輪快多了，載重量也提高到一噸左右。

拉榻車也是一門危險的工作，特別是下橋因為車重衝擊力大，此時後面推車者非但不推車，兩人反而拼命往後拉車，以減緩榻車下橋速度。但人力是有限的，有次拉車者太疲勞，下橋無法使榻車減速，腳一軟，車衝撞到電線桿上，倒楣的是，榻車行老闆非但不顧車夫死活，還要車夫賠償車把撞斷的修理費，由此可知舊上海拉榻車者的命運是多麼悲慘！

上海於清同治十三年（1874年），由法國人米拉從日本引進人力車三百輛。因為此車來自日本，故稱「東洋車」。

東洋車車身較高，木製雙輪外圈鑲鐵皮，那時路不平，行車時車輪隆隆作響，車身顛得厲害，這就苦了拉車人。上海幹拉洋車這一行的大多來自蘇北鹽城、高郵、泰州等地。因蘇北多鹽鹼地，種田往往顆粒無收，農民逃荒到上海又無以為生，只好幹又苦、又累、又要受污辱的拉洋車工作。

後來日通公司將東洋車加以改造，降低車身，用鋼絲圈代替木輪，外圈再箍以橡膠車胎。東洋車傳到天津後，天津人俗稱洋車，也叫「膠皮」，而上海人稱「黃包車」。因晚上行車路燈昏暗，原來的黑色車身不易發現，所以經常發生跑得飛快的兩車相撞，或撞倒行人的事故。為此，1913年租界工部局下令所有洋車漆上黃色，從此被稱為黃包車。

抗戰勝利後，美國兵隨部隊來到上海灘。美軍高高在上，常惹事生非。一天兩個美國兵喝醉酒，兩人分別抱起路邊的少女跳上黃包車，要兩輛車比賽，跑得快的獎勵美金五元，人力車夫不願在川流不息的大馬路上比賽，怕一不留神撞上汽車車毀人亡。誰知美國兵拔出手槍吆喝快跑，於是兩個車夫只得拉美國兵飛奔。這兩個酒鬼為催促車夫得勝，都用軍靴狂蹬人力車踏板。因此時車跑得太快和美國兵性騷擾車上兩位姑娘，姑娘們一面掙扎一面大喊救命。跑著跑著一個車夫過於勞累，無力讓車子平衡，一個跟斗栽倒在地。車翻後姑娘顧不得滿臉血跡爬起來就逃走了。另一輛車上的美國兵見同伴跌得頭破血流跳下車來搶救，另一位姑娘也趁機而逃。最可憐的是這位車夫，雖已跌得吐血但美國兵還不解恨，上去重重地踢他幾腳才揚長而去。倒楣的車夫因受傷生意做不成，還要看病賠車。

上海灘黃包車最多時有上萬輛，直到1956年才紛紛改行另謀新生，遺留下來的黃包車最後也被送進了博物館。

有關人力車夫的生活，作家老舍的《駱駝祥子》有生動的描述。

馬車

級的馬車爲皇帝所乘坐的「輅車」和「金根車」。高級官吏乘兩側皆有障蔽的「軒車」。一般官吏乘有傘蓋而四邊敞露的「軺車」。

清末在上海灘風行的敞篷馬車是從西方引進的，比中國古代馬車輕巧，式樣有轎車和敞篷兩種。這種洋馬車設備極爲考究，尤其是轎車式馬車掛有綠呢窗簾，車外趕馬車座的兩邊安裝了玻璃車燈，車內放有銅痰盂，掛有鏡子以便讓坐車的洋太太或姨太太整容。寒冬坐墊上還鋪有狐皮褥子，車內還有小手爐、銅腳爐供主人烤火烘腳。

上海灘的大亨和洋老闆，冬天多坐轎車爲防冷避風，而夏天多坐敞篷車。夏夜，官紳富豪、王孫公子摟著姨太太或妓女招搖過市，脂粉香伴浪蕩的笑聲，馬蹄聲灑滿繁華的街頭。

看來，擁有洋馬車的中國貴族出盡風頭，但也有心酸之處。當年租界有嚴格規定，洋人馬車在前，華人馬車不准超越只得尾隨其後，否則罰款。但華人馬車在前，洋人馬車可隨意超越。想不到有位華商老闆爲維護民族自尊心，見洋馬車就超，他說：「我寧願被罰款也不受洋人的窩囊氣。」爲此，路人見華人馬車超越洋馬車者就鼓掌。

中國古代的馬車，有小車、大車之分。以馬拉有車廂者叫「小車」，而牛拉大車廂者稱「大車」。小車除供貴族出行外還用於戰爭。

當初的小車，結構、性能良好，車輪以硬木製成，爲使其堅固還釘上一圈鐵釘。這種馬車裝飾豪華，有的車主還在車上安裝巒鈴，招搖過市，鈴聲鏗鏘。

從商代起，有不少貴族十分珍愛自己的馬車，死後即以生前所用之馬與車殉葬。2001年考古工作者在河南鄭韓故城發掘出春秋時車馬坑兩座，一號坑內發掘出豪華馬車二十二輛和許多馬骨。

到了漢代，馬車有了很大發展，單轅車逐漸減少，雙轅車逐漸增多。漢代最高

上海人現在很難看到騾子，去動物園看不到，因牠不屬展示動物，正如同動物園不見水牛蹤影一樣。騾子以前太普通了，不是奇珍異獸，所以動物園也選不中牠。去野生動物園也找不到騾子，牠不是野生動物而是家畜。但在百年前，無論北京或是上海，都可見到騾子在街上拉車。

但即使在百年前，上海人也會指騾為馬，太多城市人騾馬不分，因為騾子是一種很特殊的動物。

說牠特殊，因牠是公驢和母馬所生的雜交物，故俗稱「馬騾」。騾的體形偏似馬，叫聲卻如驢。初看騾頸上鬃毛、尾毛和耳朵介乎驢、馬之間，而蹄小於馬。騾子四肢筋腱強韌，背、肩及四肢中部常有暗色條紋。騾子富有耐性，食粗飼料，抗病力和適應性都強，拉車也有持久力。馬的壽命約三十年，驢的壽命比馬長，但騾子集中了馬與驢的優良基因，故騾的壽命比牠的父母更長。

騾子最不理想的地方是無生殖能力。如要再有新騾子，只能再讓驢與馬交配。

近幾年，清裝宮廷電視劇一部接一部地播放，對上海觀眾來說騾車並不陌生。清代老上海街頭所跑的騾車，也和電視劇中的騾車模樣差不多，但電視中的騾車是道具，我們看電視劇中的騾車可發現，跑起來車的擋板輕飄飄地抖動，那只是一層布。北京天氣寒冷，有時氣溫降至零下七、八度，冬天坐這種布車出宮非把皮細肉嫩的格格凍死不可。而真的騾車特別是皇家所用的騾車，都是由上等木料製成的，漆得油光錚亮。不但擋風擋雨，而且精雕細刻十分典雅。

而老上海的民用騾車也很美觀，那是電視劇仿造的道具車無法相比的。

在老上海趕騾車皆是技術高手，當年街道路窄，車多人更多，而陝西來的西口騾，氣力大脾氣也大，沒有高超的技術駕馭往往要出車禍。但這些趕車的平日愛惜騾子如同子女，所以騾子也孝順趕車老爸，他們配合默契，即使在摩肩接踵的街頭，也能平安穿插而過，令車上的乘客暗暗稱讚。

上海有條黃浦江，清末民初江上沒有橋，浦東浦西也沒有渡輪，過江都靠擺渡船。操此生計者，上海俗稱「搖舢舨」。所謂舢舨是一種無帆無篷小船，船長四、五公尺，寬一公尺，尾艄高高翹起。

上海擺渡船不僅渡人，它還有另一種生意，因為外國輪船進了吳淞口，黃浦江岸邊水淺，大輪船靠不上岸只得停在江心，船員要上岸或要把一些貨物帶上岸，得靠這些小舢舨。在上海幹擺渡這一行，會講幾句英語容易從外輪上接到生意，不懂外語者只能擺渡鄉間的瓜農菜販，賺小錢度日。

咸豐年間從浙江鎮海來到上海謀生的葉澄衷，雖不識字但人很聰明，他經人介紹在黃浦江搖舢舨，他搖的是外輪生意，因會講幾句洋話，生意還好。一天停在小東門的海輪上下來一位洋老闆，洋老闆跳上小舢舨即划向外灘，等洋老闆上岸走後，葉才發現洋老闆把一只公事包忘在舢舨上。葉開包一看，包內塞滿了股票、美金和外幣等。他驚呆了，他想今天可發大財了，今後不必再搖舢舨了；可又一想，

我發了不義之財，洋老闆一定會傾家蕩產。想到這裡葉原地拋錨停船坐等失主，直等到夕陽西下，洋老闆才滿頭大汗匆匆而來。此時，葉二話沒說即把緊緊抱在懷中的公事包還給失主。洋老闆簡直不敢相信，他接過皮包打開一看，裡頭分文不少。洋老闆驚奇地問：「小船伕，你很窮苦，為什麼不帶這個包回家去，難道你不認識美鈔、鑽戒嗎？」只聽見葉用英語說：「我是一個有良心的中國人。」說著就要撐船而去。

這時洋老闆一把將葉拉上岸就走。葉不知洋老闆要把他拉到哪裡去，再說他也捨不得那條伴隨他多年的小舢舨。可洋老闆卻說：「讓小舢舨隨風飄盪吧！我非常需要像你這樣誠實的中國人幫我做生意，跟我走。」

葉澄衷隨後在這位洋老闆手下當買辦，賺了錢後於1862年在上海虹口百老匯路（現在大名路）開起上海第一家華人五金店。這就是一個擺渡小工當上上海五金大王的真實故事。

老上海是商業城市也是工業城市。這裡所生產的洋布、香煙、藥品、衣服、鞋襪、五金、橡膠製品等等，每天都需要運往外省市；而煤炭、棉花、礦石等原料，及竹、木、糧食、海產品等，又都要運進上海解決民生問題。

現在運輸主要靠火車，可滬寧鐵路直到1908年才全線通車，在此以前運送貨物主要靠船。

老上海是江南水鄉，市內又有黃浦江、蘇州河、蘊藻濱等河流，同時上海也是海運良港，以船運輸很有條件，所以舊上海運貨船的生意十分興旺。

當年運貨船基本分三大類：一種是木帆船，這種船沒有機械設備，行船主要靠搖櫓、划槳、竹撐和風帆等原始辦法。還有一種為小火輪，小火輪雖小也裝不了多少貨，但有柴油機推動行駛，小火輪後面可拖動三、五條無機械的木船來裝貨，這樣也就解決了問題。第三種即真正的貨船，船上有大功率發動機，貨艙也很大。

貨輪裝貨主要走海路，由上海港可到寧波、溫州、廈門、廣州；朝北走可到青島、大連、煙臺、天津等地。小火輪主要走內河航運，如湖州、嘉興的蠶繭大多通過小火輪運抵上海灘繅絲廠。小火輪也可由長江把貨運到揚州、南京、安慶、九江等地。木帆船可運貨到蘇州、浙江太湖邊的縣市鄉鎮。

總之，老上海是國際大海港。明代三寶太監鄭和下西洋，即從上海瀏河口出發，鄭和船隊船上裝載有中國瓷器、絲綢等運往國外，同時將象牙、紅木、烏木等帶回瀏河等地，再以其他船隻運往南京、北京。

撐竹排

[交通行]

說起竹排，愛旅遊的上海人就會想起在福建五夷山或在桂林游灕江的美景。其實他們在灕江上所坐的不是竹排，這是一種特殊的船，雖然也是一根根長竹編排而成，可它與竹排的作用不同，稱爲「竹筏」。筏頭大多向上彎曲翹起，這樣既可減少水的阻力，又可防止水波沖進竹筏。

竹排要比竹筏長得多，也大得多。竹筏多以細竹製成，而竹排多爲粗毛竹編排。竹排不是用來載客，也不是用來運貨，它只是古人製造用來運送毛竹的。

因爲上海不產毛竹，而四川、湖南、湖北、福建等地產竹豐盛。明清時代沒有火車，因毛竹又粗又長也無法裝船，怎樣將大批毛竹運到上海呢？於是古人利用毛竹自身的浮力，用竹篾將百十根毛竹紮成竹排，沿長江順水而下。經過撐竹排的放排人多天與風浪搏鬥，最終將竹排撐入吳

淞口轉進黃浦江，再入蘇州河靠岸，然後把粗毛竹一根根拆下扛到岸上就算完成了任務。

撐竹排最怕散排，如果在江中竹排被風浪沖散，不但一根根毛竹隨江浪四處飄流無法撈起，財產損失不說，有時撐竹排的人在江上無立足之地，落入江中性命也難保。所以紮竹排是人命關天的大事，撐排人必把竹排紮得非常牢固才敢放排。

撐竹排是一種很危險的職業，故而他們有很多忌諱，上竹排不可說「翻」與「散」等字，主要怕「翻排」與「散排」。在排上吃完飯不能把筷子放在碗口上，他們認爲這樣會擱淺或觸礁。雖然明知這是迷信，但上了竹排就要入鄉隨俗，尊重撐排人的忌諱。

毛竹運到上海，大多爲造新樓房或修舊房搭鷹架，少數爲竹篾坊收購做竹器。

　沒見過駄馬者，皆不知駄馬為何物？見過的也就一目了然，即是以馬來運輸貨物。駄馬和馬車不一樣，馬車是把貨物放在車上，或人坐在車上由馬來拉車。而駄馬即由馬自己來背駄貨物。

　可能有人感到很奇怪，馬背光光的騎人尚可，駄貨豈不是要落下來？人是聰明的，要馬駄貨就要先做一個駄鞍裝在馬背上。駄鞍有皮帶可扣在馬腹，駄鞍下部較為柔軟，伏在馬背上不會磨破馬背，而駄鞍上面釘有木格。此駄鞍還不能裝貨，另外還要做一個木駄架，架的形狀為Ω字形，種種貨物可先放在駄架兩邊捆好，然後由兩人抬起穿過馬頭將駄架放在駄鞍上，即可牽馬而行。

　當年有很多沒有馬路而無法通車的村鎮，如路途較遠，半路需要休息，牽駄馬者會把駄架從馬背上抬下來，這樣也可讓馬休息一下，免得把馬壓壞。

　中國曾拍過一部《山間鈴響馬幫來》電影，影片說的是駄馬的故事，雲南的馬幫少則一幫十幾匹駄馬，多則數十匹駄馬。一個馬幫都有「頭馬」，馬頸上掛著鈴，紅綾裝飾轡頭，駄架上插著馬幫旗號，浩浩蕩蕩在邊境山間來回運送貨物。這就是影片的主要內容。

　最令人感動的駄馬，是筆者五十多年前參加抗美援朝的親身經歷。槍支彈藥和軍糧，大多由駄馬運送到戰火紛飛的前線，有不少駄馬不幸遭到美軍轟炸或炮擊死在朝鮮前線，這是筆者親眼所見，駄馬也曾立下過赫赫戰功。

騾子比驢子大得多，和馬相似。辛亥革命前上海有馬車，也有少量騾車。

清代的騾車和電視劇中不同，趕車的皆牽著騾子走，而坐車者皆和北方盤腿坐在炕上似的，都盤腿坐在車中。

上海牽騾子者，不是為趕車，而是為馱貨。清代運輸貨物多用船和馬車，但貨物不多，不必要用船裝車載時，簡便的辦法就是用騾子馱。馱架是一種雜木做的堅固的馬鞍形木架，但木架兩邊只裝撐架，看起來像個「北」字。運輸時先將這種「北」字木架馱在騾子背上，再把糧食、布疋、箱子之類捆在左右兩旁的木架上。如此，牽騾子上路者就稱為牽騾子。

騾子多來自陝西，騾子「緞子黑」、「野雞紅」、「菊花青」者皆為上品。「茄皮」、「栗色」為下品。選騾子要選頸長、胸寬、腰瘦、脛細者為上乘。牽騾子要牽善「走」之騾。「走」是指騾的一種步法。好的步法就是騾的前後腿同時向前邁進，後蹄著地處要超過前蹄許多為好。此種走法，馬不教即可行走，而騾子要學會此步法，需要牽騾者加以馴練。

騾子雖然馱力大，但脾氣也大。特別是走在上海這種人多車多路窄的馬路上，一切都要靠牽騾者掌握，駕馭不好很容易出事故。

現在我們有了汽車、飛機，但也不能忘了騾馬曾為上海運輸業做過勞苦功高的貢獻。

　　馬拉大車，原本是農用的畜拉車，後發展成爲一種運貨或載人的交通工具。從前的大車多是木輪鐵瓦，行走時顛簸很重，當年的路不好走且多爲爛泥地，大車來來往往，路面被軋出兩條深深的車轍。約在二十世紀四○年代初期，有人將鐵瓦木輪改換大卡車用舊的汽車輪胎，如此一改坐車者少受顛簸之苦，馬拉起來也輕巧多了。

　　馬拉大車自古有之，1959年在山東諸城出土了一輛戰國時期的軺車，車上有遮陽遮塵的傘蓋，車身塗有黑漆，並繪有幾何圖案，裝飾極爲精美。

　　煙畫上的馬拉大車，從農村進入上海主要是運貨爲主。上海是全國最大的商業城市，特別是老上海洋貨品種繁多，洋火、洋煙、洋蠟燭、洋布、洋油、洋釘……，而農村當時很少有這些東西。爲此，一些精明的商人，就用馬拉大車跑單幫。他們把上海這些新鮮的洋貨用馬拉大車拉到農村，在集市上賣掉後再從農村買進花生、赤豆等農產品運到上海出賣。如此跑個三年五載，馬拉大車就給他拉進滾滾財源。於是車主把馬車賣掉，自己就能開店當老闆，或者在鄉間購田地造房屋，開油坊酒廠等。

　　馬拉大車之所以在上海漸漸被淘汰，主要有兩個原因。第一，由於汽車和火車的發展，馬拉大車運輸顯得十分落後。再者，舊上海當局以馬拉大車沿街拉馬糞，造成城市嚴重污染，每天有掃不清的馬糞，故禁止馬拉大車在大街上行走。這樣，馬拉大車只好又重回農村，安心在農村小鎮擔任運輸任務。

　　馬拉大車最大的載重量爲一噸，可坐四至五人。

賣馬

[交通行]

賣馬者俗稱馬販子。

上海灘的洋人愛跑馬，至1924年上海由一家跑馬廳，繼而增加了江灣跑馬廳、引翔鄉跑馬廳，共三家之多。再加上大大小小的馬車行，故上海每年需要一千六百匹馬。

中國人原無資格進跑馬廳，跑的馬當然不用中國馬，而是從澳大利亞、英國引進。這種洋馬不但運費高、耐勞性也差，後來洋老闆發現中國蒙古馬不但強悍、體格好，而且價格也便宜得多，於是決定買蒙古馬。由此，馬販子們每年要從東北、內蒙等地販馬到上海。

販馬風險很大，馬販子要身體強壯還要武藝高強，因為千里迢迢販馬，經常會遇到土匪，不能對付的話，輕者破財，重則送命。如馬販子白老表，一次從內蒙多倫旗草原挑了三十四匹好馬，途經一個荒灘，他們四、五個人一連三天找不到一滴水喝，正當找到一條小河溝放馬喝水時，突然三個土匪來到面前，吼道：「要錢還是要命？」白老表於是「呵依」一聲呔喝，一鞭子抽了馬屁股。老白騎的是一匹

非常勇猛的白龍馬，白馬一領頭後面的馬群也跟著往前衝，如此一來土匪連連後退，白老表眼尖手快，一鞭子抽掉匪徒手中的手槍。後面跟上來的幾個馬販子也從馬上跳下來，對兩個土匪來個泰山壓頂，一瞬間三個匪徒狼狽逃竄。白老表這才帶著馬匹趕到張家口，將馬裝上火車運到天津，再乘船安抵上海楊樹浦華順碼頭。

說到販馬，得說說上海灘鼎鼎大名的馬販子馬永貞。馬永貞販馬為山東幫，他武藝高強，馬術高超，能單腳立於馬上任馬飛馳，故他成為上海馬販子中的一霸。馬永貞曾替河北幫馬販子顧忠溪的馬看病，顧欠他的錢，馬永貞就牽走顧的一匹馬抵債，由此兩人鬧起來，約好在一洞天茶樓吃講茶。顧氏知道鬥不過馬永貞就設下埋伏。馬永貞上了茶樓剛坐下，有人在他臉上潑了一碗茶水，繼而又在他臉上灑石灰，馬永貞頓時天昏地暗，結果被埋伏的人用斧頭砍死。顧被逮捕後判以絞刑。這就是兩幫馬販子當年爭鬥而驚動上海的最大血案。

　　沙船最早在上海灘出現是元代以前，到十九世紀後期沙船就逐漸被淘汰，故一般上海人都不知道沙船爲何。

　　中國長江以北海域的特點是海水淺、沙灘多，因此從上海出發北上的船隻必須要完全適宜淺海航運的船，而沙船就是專用於航行北洋水域。因爲沙船平底、多帆，完全適宜淺海航行，萬一被擱淺也不會翻船。爲此，沙船在那時曾大量發展。

　　那麼爲什麼把這種平底、多帆的船稱爲「沙船」呢？與沙是否有關係？

　　有兩種傳說，一說是沙船從上海出發，把上海的糧、布等貨物運送到北方後，若無貨可運回上海只能空船歸來，可是空船輕而容易翻船，所以就地取沙裝在船上壓艙，到達上海後再把沙卸掉，被人誤認爲這是運沙的船，故稱沙船。另一種說法，有人認爲上海附近有些島嶼和地方的名稱同「沙」有關，例川沙、橫沙、鴨窩沙、崇明沙、下沙等，而沙船生產地往往就在這些地方，崇明沙就是首先生產沙

船的地方，故人們就稱這種船爲沙船。

　　這種沙船從北方港口運回上海用沙壓艙的情況，直到道光初年才有所改變。這時，沙船不僅把上海大量貨物運送到北方，回上海時也把北方的食油、大豆、豆餅等貨物帶到上海，這樣沙船獲利就成倍增長。據統計，一年一條沙船可來往四趟，而所獲得的利潤可以造兩條新的沙船。沙船發展的頂峰時期，據統計約有一萬條沙船。由於沙船發展迅速，出現了沙船大王郁泰峰，他家產萬貫，當上海修建城牆時，他個人就捐助了十萬銀元，可見沙船的利潤豐厚程度。

　　到了十九世紀末期，上海出現了大量火輪船，火輪船不僅速度快貨運量大，而且運輸價格比沙船便宜很多，再加上又安全又保險，於是商人紛紛棄沙船而取火輪船。同時，李鴻章開辦了輪船招商局，多用火輪船運輸，下令把上海多數運輸業務歸招商局承擔，上海沙船從此被淘汰。

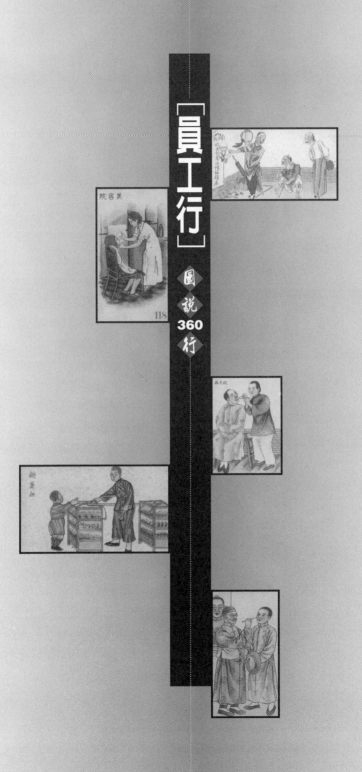

現在有了傳眞、手機等現代化資訊工具，郵電局中的電報業務一落千丈，幾乎無人問津。但在一百多年前，電報剛出現在上海灘，三百六十行又多了「送電報」這一行。

所謂送電報有些類似當年的郵差，但又不一樣。郵遞員是把信送到收信人家中，送電報是把電報送到收報人的手中，這是一樣的。郵遞員在白天工作，一天頂多送兩班信，但路線較長，幾百封信要跑幾條街。可送電報不分晝夜，因爲打電報都是急事，隨到隨送不分白天黑夜，可能

一班只送兩三份電報，但不管颱風下雨，不管深更半夜，不管路有多遠，送電報者必須以最快速度將電報送到客戶手中，所以說這是一份苦差事。在上海市區送電報還好，可以騎自行車，要是送到郊區偏僻鄉間，往往連路也沒有，那只好辛苦兩條老腿了。

清同治四年（1865年），上海利富洋行英國老闆雷諾，向上海清政府官員提議興建浦東陸家嘴到金塘燈塔的電報線遭拒絕。雷諾橫行霸道擅自開工，豎立木杆架設電線，說來也巧，住在電線杆不遠的一個鄉民突然暴病身亡，族長即通報村民，說是洋人豎電線杆破壞風水，致使村民亡故，於是民眾大爲憤怒。洋人擅自架線，同時也觸犯了上海道臺丁日昌的威嚴，就在丁道臺的支持下鄉民大批出動。1865年6月21日，一夜之間村民將架好的電線杆拔去二百二十七根。英國領事雖多次要求賠償，但遭上海道臺駁回，英商知眾怒難犯也就不了了之。

三年後，也就是1868年，美商旗昌洋行擅自在美租界至法租界金利源碼頭貨棧建成了一條電報線，全長兩英里半，這是上海灘建成的第一條電報線路。

1881年3月上海電報局成立，局址設在今延安東路四川路北。從此，送電報這一行在上海灘正式出現。

上海郵局於1898年成立，是全國最早的正式郵局。郵差的任務是收取和投遞各種郵件，是郵局中最主要的工作人員，他們有的靠兩條腿從早到晚到一家家投遞信件，也有的騎自行車投遞，遇到電報、快件就用摩托車。在郵局尚未普及時，有人在固定地方收取市民信件或物品，每月規定日期由該人送往目的地，從而收取一定手續費，這種人被稱為「信差」。

上海開埠後，英國於1861年在北京東路開辦了「大英郵政局」；兩年後法國在四川南路設立「法蘭西郵政局」；不久美國開設了「美國郵政公署」；1876年日本成立「日本郵便局」；德國也於1886年在福州路四川路上設立「德國郵政局」。

上海的中國海關造冊處於1878年8月24日發行了中國第一張郵票，票面以銀兩計算，分為一分、三分、五分，畫面由英國人馬士設計，圖案畫有龍，故俗稱「海關大龍票」，從此開創了中國郵政事業。現在這種大龍票已成為世界集郵稀有珍品，價格為數十萬元一枚。

1896年中國在上海成立「大清郵政局」，總局設在南京東路。至1924年四川路橋北塊的郵政大樓落成。1939年，上海郵局職工約三千三百多人，其中郵差一千多人。當年的郵差十分艱苦，每天送郵件風雨無阻、寒暑不息，有時還會受流氓地痞欺凌。

舊上海郵差由於經常受流氓欺壓，他們為求靠山保護自己，紛紛加入各種幫會。有的拜黃金榮、杜月笙等為老頭子。1931年，當杜月笙於他的家鄉高橋興建的杜氏祠堂落成時，從蔣介石到一些黨軍政要人都送禮祝賀。那些郵差們無能力拿出厚禮，就想出成立臨時郵局的辦法，刻了一枚慶祝杜氏祠堂落成典禮的紀念郵戳，專在該臨時郵局使用。在落成典禮開幕那天，郵差派代表把蓋有紀念郵戳的祝賀信送給杜月笙，同時對每位來賓都贈送一套印有「杜祠落成典禮紀念」的信封信紙，並加蓋紅色紀念郵戳，賓客各個感到新奇，杜月笙為此也頗為得意，認為這些郵差對他大大地捧了場。

這裡說的售票員，是指公共汽車或電車上的售票員，不是指電影院、戲院之類的售票員。

說起售票員，著名漫畫家在《舊上海》的一篇文章中寫道：「租界上乘電車，要懂得竅門，否則被弄得莫名其妙。賣票員要揩油，其方法是這樣，譬如你要乘五站路，上車時給賣票員五分錢，他收了錢暫時不給你票，等過了兩站才給你一張三分的票，還關照你道：『第三站上車的！』初次乘電車的人就莫名其妙，心想我明明是第一站上車的，你怎麼說我第三

站上車？原來他已經揩了兩分油。如果你向他理論，他就堂而皇之地說：『大家都是中國人，不要讓利權外溢呀！』」

所謂「利權外溢」，即上海電車公司一家是法國老闆、一家是英國老闆，他們賺的都是中國人的錢，且無論是華人司機和華人售票員工薪都很低，而物價飛漲，要養家餬口，只好賣票揩油貼補家用。另外也說明售票員心中有氣，明明看到洋老闆賺進幾十萬、幾百萬元，可華人員工卻吃不飽也餓不死，所以他說不要光讓洋老闆發財，大家都是中國人，也讓我們賺點外快。

洋老闆也不是傻瓜，華人售票員揩油，他有辦法對付。公司常派出查票員上車查票，查到售票員揩油，立即記錄售票員帽子上的號碼，回報公司扣罰工資。有一個外地人初到上海，乘五分錢的車子只給他一張三分錢票。正巧查票員上車查票，外地人老實講了哪一站上車哪站下車，結果被查票員抄了帽號，這一罰，揩油一百次也無法彌補罰款數。

所以售票員和查票員是冤家對頭，售票員背後稱查票員為「赤佬」，上海話「鬼」稱作「赤佬」。查票員的確很鬼，售票員雖然想盡各種辦法揩油，卻常常會被查票員查個水落石出。查票員有洋老闆撐腰，所以售票員吃盡了他們的苦頭。

接線生

8

　　說起接線員這個行當，不能不先說說電話機。據1930年上海傳經書店出版的《上海小志》載：「電話俗稱『德律風』，考其造端之始，實在光緒壬申之夏。時有英人名皮曉浦者設公共電話。自十六鋪達正富街，兩端各設一局，凡通話者，每次約三十六文，即可邀人對談，惟滬人士視為遊戲性質，不久遂廢。」

　　上海人愛熱鬧，愛新鮮，電話機首次在上海出現後，於是有人趕時髦，付了錢兩人分隔遠地交談，談的都是些無聊話，花三十六文只是尋開心，並不真正瞭解電話的作用。現在炒股大亨，一個電話可賺上幾十萬，而那時卻視電話為兒戲。

　　電話真正成為上海的通訊工具為清光緒七年（1881年）。那一年丹麥人開設了大北電報公司。第二年，即1882年2月21日，該公司在老上海外灘七號開設了第一個電話交換局，局裡安裝了一部人工交換機。當時申請安裝電話者僅二十五家。

　　這部交換機不但是老上海的第一部電話交換機，也是全國的第一個電話交換臺，而這台交換機的接線員當然是全中國的第一人。遺憾的是不知此人是先生還是小姐？是洋人還是中國人？

　　從煙畫上看，這位接線員小姐的服裝是二十世紀二〇年代的流行旗袍，當年女接線員也算是一種美差。不過接線員小姐也有說不出的苦衷，她們常常會聽到用戶不堪入耳的調戲之言。當年冒險家樂園的上海灘，無聊下流之徒真是不少，致使當年不少接線員小姐大受委屈，有口難言！

女招待

每個場子，都有幾個女招待迎上前來，問：「先生，泡杯茶好？」你如果不願泡，女招待特別殷勤，先是花言巧語，後是動手動腳，直說得你泡茶爲止。

那時泡茶皆是玻璃杯，女招待手中都有鐵絲圓圈夾子，遊客答應泡茶後，女招待就把這鐵絲夾插在前排的靠椅背上，然後用玻璃杯泡杯熱茶放在鐵絲夾的圓圈中，因玻璃杯上粗下細，所以可以放進鐵絲圈中，喝茶也很方便，喝好將玻璃杯再放入圈內即可。

這種女招待有個綽號叫「玻璃杯」。綽號來源有三：首先當然是她們用玻璃杯泡茶的緣故。再者她們穿的衣服較薄，有的幾乎半透明，曲線畢露，猶如玻璃杯從外可看到裡。還有女招待大多穿旗袍和裙子，遊客不泡茶，她就有意向你身上靠，老茶客趁機就撫摸伸過來的大腿，因穿著俗稱玻璃長筒絲襪，十分光滑猶如玻璃杯，故有此名。

女招待一般不賣身，只靠泡茶小賬收入。因爲這些人有十七、八歲的女學生，還有失業的女職員，也有老公生病或失業的年輕妻子。但賣身這一條防線並非死守到底的。說穿了爲了等錢用，有時也會瞞著公婆、丈夫、父母，和老茶客去開房間。再說爲了多得小費，也只好做出某些犧牲混口飯吃。

上海灘不知何時出現一種名爲女招待的職業，幹這一行也是啞吧吃黃連，有苦說不出。

舊上海當年開了永安、先施、新新和大新四大百貨公司，生意十分興旺。可是樓上都空著，於是有人想出開遊藝場和夜花園，爲招徠顧客還想出聘用女招待的新花招。

所謂女招待，也就是在娛樂場所和夜花園專爲顧客泡茶的時髦女郎。這些遊樂場每天從下午兩點開場，直至晚上十時散場，遊客買了門票後東遊西逛，看電影、觀京劇、越劇、欣賞音樂等各隨主便。但

女職員的範圍很廣，會計、抄寫員、出納員、店員、秘書、繪圖員等等都是女職員。僅從這個「職」字來分析，職業婦女皆可稱爲女職員。

我們從煙畫上來看，所畫者應爲女店員。在民國初年的上海灘商店中，除夫妻開店的老闆娘也應應門市外，其他商店一律無女性上櫃經商。老上海初次出現正式女店員爲1917年10月。當時南京路先施公司建成開張，該公司破除陋習，首次雇用了一批女店員。

在此前，1913年春俞殖權女士在上海四馬路（今福州路）東首，以提倡國貨興辦女子實業爲宗旨，創辦了上海女子興業公司。該公司完全由女子經營，專售國貨絲綢布匹以及一切家庭日用器物。該公司可以說開創了上海婦女走出家庭，踏上社會任職之先河。

說起婦女走出家庭成爲女職員，現在當然沒有任何阻力，可是在一個世紀以前，是經過無數次爭取，甚至流血犧牲才換來這種權利。千百年來父權思想在中國根深蒂固，女子無才便是德。當年妻子出來當女職員，丈夫總是不放心，說穿了既怕別人勾引自己的老婆，更怕老婆勾引別人。說到未婚女子走出家門工作，父母總是百般阻撓，非常不願意女兒拋頭露面，總希望她大門不出二門不邁，終身守在閨房中讀《女兒經》或做針線活。

那時老爹老娘所關心的是女兒終身大事，卻不關心她的前程。只要女兒找到婆家，仿佛就盡到責任。其實女子只有在經濟上獨立了，才不會屈服父權思想的統治，才有幸福生活可言。所以在百年前，女子能有勇氣踏上女職員之路是值得欽佩的事情。

打字員

[員工行]

在二十世紀三〇年代前後，打字員在老上海是一種時髦的職業。打字員大多在洋行上班，上海人統稱這種工作人員為「坐寫字間的」。

無論是洋行或是華資開辦的公司，寫字間（辦公事）多設在豪華的高樓大廈中。在舊上海一般市民的眼中，能坐寫字間是令人羨慕的職業。

當然，打字員在坐寫字間的人當中僅是個小職員而已，可是她們的工作別人無法代替，要想幹這個工作必須有一定的英文基礎，並要有熟練的打字的本領。

在洋行中任打字員者，多要通過考試。主考官不必多說，給你一份英文文件讓你照著打，有人握著馬錶看哪位小姐字打得快又不出錯，就錄取哪位。當然，人還要漂亮、有風度。說來也怪，不知誰訂的規矩，打字員都是小姐。還沒聽說過哪個公司專門雇用男打字員，其中道理也許女子心細、文雅，適合於此項工作，另外還有什麼原因一定要小姐任打字員，那也只有雇她的老闆心中有數了。

說起打字員，順便說說英文打字機。有些小姐打起字來纖纖手指好似在鍵盤上跳芭蕾舞，但卻說不出打字機的起源。據有關資料記載，英文打字機為英國人舒爾斯所發明。此人曾任郵政局長和報社編輯，他在和同事共同研製自動計算書籍頁數的機器過程中，萌發了創製「文字鋼琴」──敲擊鍵盤打字機的念頭。舒爾斯隨後經過數年的努力，1848年造出英文鍵盤打字機，並獲得專利。

中文打字機的製造較晚，直到1958年上海才建立上海電腦打字機廠。中文打字機因字盤排列方塊中文字上千枚，故比英文打字機顯得大而笨重，但比英文打字機好學，初中畢業程度即可當打字員。1979年該廠更名為「上海打字機廠」，年產中文打字機十五萬台。

老上海所謂的「女書記」不是黨政官員，其實是女秘書。

從煙畫看，西裝革履的男士當然是某公司、某洋行的經理或董事長、局長之流，而坐在他身旁的小姐也就是他手下的女秘書。

在舊上海女秘書這個位子不好坐。你不做出某種犧牲，坐個三、五天頂多十天半個月就要讓位。有人會問做出什麼犧牲？這無須多問，我們從煙畫上仔細看，誰都會看出名堂。你看畫中那位先生的左手放在什麼地方？你從畫面上看，能看出這是上級對下級在指導工作嗎？分明這是在調情，那男士含情脈脈之態哪像什麼上級，完全是一副情人的派頭。

女秘書必須聽局長、總經理的，他叫你幹什麼，你必須服從聽話，這女秘書的位子就坐得牢，銀元、鈔票、項鏈、時裝、手錶等也會滾滾而來。如果女秘書不聽他的，那就輸掉了位子、房子和票子。

在老上海的女秘書，說穿了就是花瓶、伴侶、情人、玩物。十里洋場上海灘的所謂總經理、局長、廳長、董事長之流沒有一個是吃素的，看起來他們道貌岸然，文質彬彬，其實都是餓狼，女秘書皆是他們首當其衝的獵物。

電車司機

[員工行]

當年老上海法商電車公司的第一條電車線，由十六鋪開往福開森路（今武康路），是1908年正式通車的。以後又開闢了2路至10路等共十條路線。另外還有英商、華商電車公司。

開電車並不難，站在電車頭內，一手握方向盤，另一手掌握速度和剎車，而腳則不停地擊鈴，噹噹噹地招搖過市。在當

年上海灘，各省市難民、災民和破產農民等紛紛到上海來求職謀生，能幹上電車司機這一行，也算是捧上鐵飯碗了。

七十多年前上海工人在共產黨的領導下舉行了第三次「武裝起義」。華商電氣公司的大隊長共產黨員袁化麟帶頭衝進淞滬員警廳，繳獲了全部員警的槍。隨後，他又駕駛滿載工人糾察隊員的大卡車，衝進江南造船廠和高昌廟兵工廠的大門，用國民黨的槍枝彈藥武裝工人糾察隊。後來袁化麟駕駛著自己經常載客的電車，車上架著機槍，在環城路上巡邏，為此他成了老上海著名的電車司機。

後來，袁化麟被捕入獄判處死刑。5月13日《申報》、《新聞報》均以醒目標題刊登新聞：「華商電氣公司電車司機，工人糾察隊大隊長袁化麟經法庭判決，昨已被槍決。」其實他並沒有死，經中共華電地下黨支部發動工人募集六百餘銀元買通法官，以獄中死囚來個「狸貓換太子」，假袁化麟死屍換下了真大隊長。以後死裡逃生的袁化麟改名楊袁麟躲到南京繼續從事地下工作。

汽車夫

舊上海是洋人的天下，洋人外出要坐汽車，於是1900年前後，洋人從美國弄來幾輛福特公司製造的小汽車。開始，小汽車由洋人自己駕駛，不久小汽車數量增多，洋人就雇用華人替他們開車。那時華人汽車司機地位很低，洋老闆稱之為「汽車夫」。當時，上海已出現靠汽車運輸為生的汽車運輸行。著名的有「恒泰」、「華盛義」、「盛福記」等汽車運輸行，他們也雇用了一批開車的司機。

舊上海公共汽車出現在二十世紀二〇年代，行主大多數是洋人。浙江人周祥生為了同洋人競爭，創辦了「祥生出租汽車公司」。他花了大量精力和財力，想盡一切辦法把祥生汽車公司電話號碼變成40000，意味中國四萬萬同胞覺醒，號召抵制洋貨不坐洋車，大力提倡中國人坐中國人的汽車。這一辦法果然靈光，此後祥生出租汽車公司生意興隆，尤其在抗日戰爭時期，祥生出租汽車公司成為上海灘上出租汽車公司的領導者。

1931年日軍佔領東北，北方許多難民進入上海，城市人口增加，交通極為困難。1934年租界工部局批准英商中國公共汽車公司申請，從英國史蒂文工廠引進四十輛雙層公車。開雙層公車比開一般公車難度大。這種車下層坐四十四人，上層坐三十八人。汽車由靜安寺經南京路、外灘過白渡橋，走北四川路至虹口公園。這一段路為上海灘最熱鬧的馬路，但道路窄而行人多，特別是馬路兩邊高大的廣告牌林立，司機一不留心就會出交通事故，不是碰到行人，就是因雙層車太高而撞到懸在半空的招牌或廣告牌，所以每天司機皆提心吊膽。直至1936年聽取了多方意見，雙層公車終於退出南京路，改為沿愛多亞路（今延安東路）行駛。

著名文學家、劇作家夏衍曾寫過一部《包身工》，其實這也是老上海女工的眞實生活寫照。當年江蘇、浙江、安徽等省兵荒馬亂、旱澇成災，他們紛紛到上海來找生路，正好上海洋人和華人資本家創辦了鐵工廠、造船廠、紡織廠、繰絲廠、香煙廠等，從鄉間來的男青年多進機械廠、鐵工廠當工人，而姑娘們大多進香煙廠、紡織廠、繰絲廠當女工。

當年工廠做工叫「六進六出」，而女工們用上海話說：「從雞叫做到鬼叫」，就是從早上六點進廠，直到傍晚六點鐘收工。遇上狠心的老闆，晚上還要加班開夜工，回到家已是深更半夜。

當年舊上海的紡織廠多爲東洋人開設，這些日本老闆從來不把女工當人看，他們雇用男女工頭，手拿皮鞭巡視工廠，見女工操作緩慢，輕則怒罵，重則揮鞭抽打或者扣發工錢。

對這些狠心的工頭，女工們稱之爲「拿摩溫」，這是老上海洋涇濱英語，意思是「廠裡第一」、「屬他最狠」、「一

切都要聽他的」。他們對女工想打即打，想罵即罵，所以拿摩溫是車間的閻羅王。

可憐的是女工懷孕，肚子一天天大起來，爲怕被日本拿摩溫發現而開除，只好用很長的白布把腹部緊緊裹起來。那時日本老闆怕工人偷東西，放工時拿摩溫要守在廠門口，每個女工都要被搜身。一天工頭摸到一個女工腰間纏著布，就說她偷廠裡的布，結果在廠門口命令女工脫衣服，這位女工爲表清白，只得當眾把衣褲脫個精光，拿摩溫見自己判斷錯誤，惱羞成怒就以懷孕爲由要開除她，這件事後來引起全廠罷工。日本老闆見事情鬧大，只得允許這個女工留廠，不開除。

有的女工用長布裹腹蒙混過關，足月還在上班，結果把孩子暗暗生在工廠裡。不幸的是嬰兒在腹中長期受到纏布壓迫而畸形生長，出生後即帶有殘疾。

女工當年在工廠遭打遭罵是小事，更可怕的是遭到老闆工頭的強姦。所以現在有些七、八十歲老婦，回憶當年工廠生活說：「眞如同做了一場噩夢。」

士兵也就是俗語所說「當兵的」。在軍閥時代，四川兵每人都有兩支槍，一支是眞槍，還有一支是鴉片槍。那時川軍士兵大多數醉生夢死，人人吸鴉片煙，他們爲抽鴉片，偷、搶、姦、盜、吃喝嫖賭，五毒俱全，無惡不作。

1937年盧溝橋日寇侵華戰爭爆發，有志熱血青年多報名參軍，爲的是收復失地，還我河山。所以當時參加抗日的士兵喊出了「寧願槍下死，不作亡國奴」的愛國口號。

等到了抗戰勝利後，全國人民都想過安居樂業的和平生活，可卻開始打內戰，那時沒人想當兵，誰也不願當炮灰，當時政府便想出了「抽壯丁」的辦法。

所謂抽壯丁，就是在農村中身強力壯的青年全部登記造冊，兄弟兩個抽一個，全村十個壯丁抽五個，你不去也要去。如此一來青壯年被迫當兵去了，農村中無人種田，田園荒蕪民不聊生。於是被抽去當兵的壯丁紛紛開小差又都逃回自己家鄉種田，或在外謀生養家餬口。不過開小差是十分危險的，一旦被抓回來會被打個半死，也有的被當眾槍斃以示殺雞儆猴。

當時政府要打內戰，急需擴大隊伍。抽壯丁已遠水救不了近火，於是一面抽壯丁一面抓壯丁。所謂抓壯丁，就是無論在鄉村城鎮，在家中、在路上，見了壯丁就用繩子捆起來，送到新兵營，讓你換上軍裝受訓三個月，訓畢即送往前線打仗。被抓的壯丁受訓期間不准離開營房，晚上睡覺寢室門也上了鎖，並日夜加崗，生怕壯丁開小差，所以看管壯丁如同囚犯一樣。

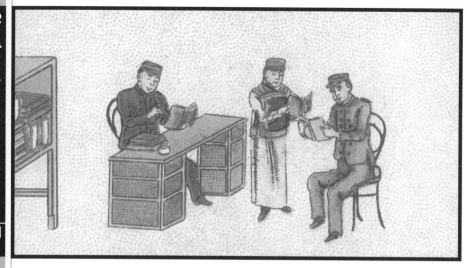

　　獄卒，就是看守犯人的人員，現在稱看守員或獄警。自古以來，獄卒是個美差，俗話說：「衙門朝南開，有理無錢莫進來。」犯人關進監牢，家屬要來探監，在舊上海理所當然要塞錢給獄卒，這是公開的秘密。

　　獄卒向犯人或家屬要錢，毫不客氣，毫不手軟。舊時有句名言：「靠山吃山，靠水吃水」，看守監獄當然要吃犯人囉！再說當官的審案子，接受賄賂少則五十兩一百兩紋銀，多則上千兩銀子，我這小小獄卒收個三、五兩銀子，與當官的一比，區區之數也就問心無愧哉！

　　老上海的監獄與其他省市不同，有「西獄」和「華獄」之分。上海近代監獄起源於租界，1845年英租界首先在上海出現，根據〈南京條約〉規定，在華洋人不受中國法律管束，於是1856年英租界在英領事署（今外灘中山東一路33號）內建造了第一座監牢，主要關押在華的英國犯人，那時的獄卒為洋人。

　　1868年「英皇在華高等法院」又在廈門路建造了法院監獄，老上海稱之為「西牢」。1903年公共租界在虹口熙華路建德造「公共租界工部局警務處監獄」，1905年此監獄建成後，因地處提籃橋，上海人俗稱「提籃橋監獄。」此監獄占地六十畝，約四萬平方米，獄內不但設有十多幢牢房大樓，還建有專門的絞刑室。日本有好幾個大戰犯都是在提籃橋監獄內，由中國獄警處以絞刑。

　　法租界於1862年宣佈成立，1907年在盧家灣建造總巡捕房，同時在附近馬思南路（今思南路）靶子場建造新式監獄，監獄可容納犯人上千名，專押外國人犯的稱「西牢」，關押中國犯人的稱「華牢」。

　　老上海無論是西牢還是華牢的牢卒、獄警，皆是心狠手辣的傢伙，他們對犯人想打即打、想罵即罵，甚至對女犯人強姦、輪姦。可是對那些有錢的強盜土匪賣國賊，因收了他們的賄賂而奉若上賓。在獄卒眼中，無好人壞人之分，無正義邪惡之別，一切以錢為標準，這就叫有奶便是娘，有錢便是爺。

清代末年，上海有不少街道沒有電燈，更沒有路燈，有的路上雖有路燈，但多為煤油燈，光線昏暗，夜間常常有不法份子利用夜幕偷盜搶劫。為了安全，地方當局大多雇用專人作夜間巡邏。這種人清末民初稱之為「更夫」。

更夫手中並無武器，兩人一組，一人手中拿鑼，一人手中拿梆，打更時兩人一搭一檔，邊走邊敲，「篤篤—咣咣」。打更人一夜要敲五次，每隔兩個時辰敲一次，等敲第五次時俗稱五更天，這時雞也叫了，天也快亮了。百年前除了租界洋人，家家戶戶很少有人有鐘錶，打更也有報時的作用。聽到打四更了，賣菜的、掃垃圾的、推糞車的，還有紗廠女工等，大家起床吃飯，準備趕著上早班出早工了。

其實，更夫巡夜員只能起一點威懾作用。鑼、梆一響等於警告小偷，打更的來哉！快別幹壞事。如果真有人幹壞事，等打更的走遠了，再下手也是常有的事。

鴉片戰爭後，上海出現所謂的租界。在洋人未設立巡捕房前，治安還是由清朝官吏掌管，出於對地方安全考慮，官府還是在晚間雇夫敲梆巡邏。不過幹這一行很不容易，有關人選先得由所在商號、洋行等主管人商定，按規定還要把更夫姓名呈送當地官員審核。而上工後如發生賭徒、乞丐、小偷、醉漢等在夜間鬧事，或當地發生傷害事件、搶劫案件等，相關更夫即會受到洋人領事和地方官吏所議定的條文懲處。

但隨著洋人侵略野心的增長，租界範圍不斷地擴張，英法廢除了清道光二十五年（1845年）訂立的〈上海租地章程〉第十二條中「雇用更夫」條款，於1854年由租界工部局在江西路和福州路口興建中央巡捕房，這樣，原有的更夫完成了歷史使命，夜間治安轉由巡捕負責了。

救火員

24

上海在咸豐二年（1852年），租界就組織了救火隊。分兩個分隊，每分隊一台洋龍人力抽水機。救火會設在虹口三角地和三馬路外國墳山。

同治三年（1864年）救火會劃歸工部局接辦，成立了火政處，下轄有上海機隊、虹口機隊、金利源廠機隊、鉤梯隊四個救火隊。

當時的救火隊都是義務隊員，現在的說法就是志願者。一旦發生火警馬上放下手中工作前去救火。直到光緒二十五年（1899年）救火會才雇請專職救火隊員。光緒三十三年（1907年）工部局所發救火經費計銀五千兩。後來愛多亞路（今延安東路）發生重大火災，因警覺性不高動作遲緩，致使火災損失慘重。1931年租界加強了火政處救火隊員的訓練，消防狀況才有所改善。

若中國地界發生火災，租界火政處是不管的，爲此上海華界也成立了救火聯合會，並在老城廂小南門建立火警瞭望台。

抗戰勝利後，上海一切救火隊均歸上海警察局管理，但警察局十分腐敗，成爲不救火的救火隊。1947年大年初一晚上，武定路622弄發生火災，救火隊接到火警報告後，一下子來了近十部消防車，一百多名救火隊員跳下車來紛紛衝進火場。可是這麼多消防隊員來救火，火勢非但不見減弱，相反越燒越旺。原來消防隊員不是來救火的，而是來趁火打劫。只見他們把居民家中的大衣櫃、保險箱用隨身所帶的斧頭劈開，找到珠寶首飾、金條現鈔就往身上藏。房主周企舫兩次進屋想搶救自己的財物，兩次被趕出來，他只得眼看著救火隊員搶自家的金銀財寶。

這時一個憲兵路過火場，好奇地問爲什麼不救火？只見一個消防隊員過來向他手中塞一條「小黃魚」（一兩黃金），憲兵收下金條，說聲「有數！」揚長而去。

據報載，災戶二百多兩黃金全部被盜，火災整整燒了十三個小時。消息見報後，全市一片譁然，紛紛抗議。上海市長吳國楨、警察局長宣鐵吾事後不得不假惺惺地調查此事。可是查來查去只判了幾個小隊員半年徒刑也就不了了之。

巡捕，就是上海灘租界的員警。1845年英租界欲設警察局，可是當時漢語中找不到「員警」一詞，「員警」是後來從日本引進的外來詞。但是清代北京設有負責治安保衛的巡捕營，於是英租界就設立了巡捕房。

1856年法國駐滬領事愛棠在法租界設立了巡捕房。1869年開始雇用華捕。主要為英、法僑民和洋行看大門，所以稱「管門巡捕」。

1900年爆發了義和團事件。租界當局害怕華捕受義和團影響也串通一氣攻擊洋人，他們從同樣為英、法殖民地的印度和安南雇來了大批巡捕及白俄巡捕。從印度招來的不稱印度巡捕，上海人稱之為「紅頭阿三」。

上海人為什麼給印度巡捕起這樣一個怪名字呢？

1922年出版的《滬諺》中說，印度巡捕頭纏紅布，臉如黑炭，故稱「紅頭黑炭」，「炭」與「三」上海話同音，故後來上海訛呼為「紅頭阿三」。印度巡捕在上海大多替洋行和洋人官員看門，他們雖然也是殖民地出身，但對華人十分兇狠。他們人高馬大，腰間掛一根警棍，胸袋中放一隻警笛，見了華人小販、苦力、乞丐，只要他認為不順眼，不管你是否違章犯法，輕者拳打腳踢，重者警棍敲頭。人力車夫最怕遇到紅頭阿三。他們最狠的手段是「撬照會」，人力車被沒收了照會就不准上街，這就斷了車夫的生意，要取回照會就得罰款。另一手「抄把子」，這也是紅頭阿三的拿手好戲。所謂抄把子就是搜身，對租界內的行人從頭摸到腳。當時中國人在租界裡等於亡國奴，見到紅頭阿三只好舉起雙手，不管男人女人只好全身讓他摸個遍。

上海人恨透紅頭阿三。一些少年見了印度巡捕常會高喊：「阿三——老鷹來了！」因紅頭阿三最怕英國人，見了英國警官像老鼠見了貓。孩子們一喊：「老鷹來了」，紅頭阿三當成是英國人來了，他們也懂幾句中文，因此很緊張，但看沒見英國人，就來打小孩，孩子們跑得快，他們一面追，一面吹警笛，大出洋相。故上海小朋友常常逗弄紅頭阿三滿街跑。

　　老上海當年市民養狗要申請牌照，沒牌照的狗即算野狗，凡野狗必捉，這就使上海出現了「捕犬員」這一新行當。

　　捕犬員上街捉野狗，三人一組，一人拉著狗籠車，此車與清代的囚犯車很像也是兩隻輪盤，但比囚車低矮，成長方形。囚車為木籠，狗車四周乃細鐵柵欄，門從車頂開。

　　另一人手握木柄大鐵鉗，鉗的頭部成C字形，一左一右鉗攏來如同O形。捕犬員見到野狗便悄悄繞到狗身後，張開鐵鉗猛夾狗的後腹部。被鉗住的狗，此時亂蹬、亂咬、亂叫。捕犬員必須兩臂有過人之力，狗在掙扎，搖頭擺尾，捕犬員若無臂力，手一軟鉗一鬆狗即逃跑。但捕犬員熟能生巧，只見他雙臂一舉，野狗即懸在半空，這時一旁的助手，迅速掀起狗車上的鐵門，捕犬員順勢將狗一揮，狗即跌入籠中，助手此時動作要快，猛然關緊鐵門，不然籠中之狗會逃出狗車。

　　捉著所謂野狗，最怕狗主人出現。你說牠是野狗只因沒上牌照而已，並非沒有主人。你捉了他的狗，狗主人當然不依。七、八十年前養的多數是草狗，並非現在所養的哈巴狗、獅子狗等寵物。養狗看家守門是中國自古以來的習俗，狗都放養在自家門口，狗明明有主人，當然就不能算作野狗，於是狗主人大吵大鬧，拉著捕犬員不放，要他歸還自己的家犬。

　　其實來硬的不行，有的狗主人悄悄塞幾塊錢給捕犬員，就跟著捕狗車走，走到人少的地段，捕犬員就把他的狗放了出來，此狗也算死裡逃生。因為真正肥壯的野狗，半路上就賣給人家牽回去殺了吃狗肉了。因為捕犬員在巡捕房地位最低，工資也極低，要養家餬口，不得不撈外快。這就叫靠山吃山，靠水吃水，靠狗吃狗。

從煙畫上看，高高坐在灑水車上者實在稱不上什麼員，叫他灑水工更合適。不過這個行當要比修馬路、扛大包輕鬆一些，稱「員」也可以。還有一層，這是一份固定的工作，屬舊上海租界正式員工，顯然比閒散苦力要高一等，故而以「員」稱之。

其實灑水員的工作並不輕鬆，除了駕駛馬車外還要提水倒入車後的水箱中。那時街上的自來水龍頭很少，而馬拉灑水車的水箱也無法和現在汽車灑水箱相比。當年水箱非常小，很快一箱水就灑完了，這樣就要不斷放水、提水，累就累在加水上。如果這個路段自來水龍頭較多，又有皮管可直接把水加進水箱中，這樣灑水員真的簡便輕鬆多了。

灑水員駕馬拉車灑水，可減少馬路灰塵，夏天又可為行人帶來一絲涼意，這本是一件好事情，可是卻會招來行人怒罵。主要因灑水車從後面駛來，有的行人沒發覺，避讓不及，灑水車上的水會灑到先生的皮鞋上，灑到女士的旗袍上，故而先生、女士們出言不遜。

舊上海人罵人也很有韻味，如灑水車的水濺濕了他的皮鞋，先生就開口罵道：「喂喂喂！儂曉得我這雙『將特曼』（紳士）皮鞋要賣幾錢一雙？告訴儂價錢儂也賠不起，窮癟三！」而那位被濺水的太太是蘇州人，她罵起來更好聽，像唱評彈道：「倷眼烏子瞎脫了，惡濁水沾到我旗袍上曉得吧？要吃老娘豆腐是?! 真是個殺千刀壞坯子！」

灑水員聽了他們罵聲並不惱怒，他一天不知要聽到多少次罵聲，聽多了也就習以為常。他篤悠悠地坐在馬拉水車上，笑嘻嘻地向怒罵他的人招手點頭致歉。灑水員不可能與罵他的人爭吵，要是天天和人爭吵，豈不要被租界當局停生意。再說真吵起來，人家要他賠皮鞋和衣服他也賠不起，故而忍辱偷生，得過且過了。

不過罵灑水員者畢竟是少數，大多數仍是稱讚他們的。清末學者葛元煦以詩贊曰：

飛沙漠漠日炎炎，白恰還防汙雨沾。
車過忽成清淨界，看他灑遍水簾纖。

收稅員

老上海幹收稅員這一行是個肥差。那時收稅員所到之處手一伸，對不起，拿錢來！當年沒有合理的稅務制度，管理混亂，付多付少全憑收稅員一句話，正因如此人們就把收稅員當成閻羅王。

舊時納稅人為了逃稅或者少交稅，等收稅員大駕光臨，便紛紛請他吃「糖衣炮彈」。

收稅員要到酒樓飯店收稅，時間都安排在中午。收稅員一登樓老闆就親自把他請進雅座，時逢中午，哪有不奉上美酒佳餚之理，隨之端上七個碟子八個碗，等收稅員吃飽喝足，然後關起門來再談收稅之事。你想，吃人家嘴軟，這又吃又喝後所收稅款能繳幾文？那只有天知道了。

收稅員去妓院收稅，決不在上班時間上門，而是在下班時間才去。當收稅員晚上進了妓院大門收稅，老鴇心中有數，馬上迎上前去道：「啊呀！收稅員先生，你真是太辛苦了，白天忙不過來，夜裡還要加班。阿美、阿麗呀！快快請收稅員先生到樓上房間喝杯茶、抽支煙，我去拿鈔票向稅務員先生繳稅。」

誰知這老闆娘一去不復返，阿美、阿麗兩位小姐把收稅員請進房間，到了半夜阿美、阿麗走了，又換上阿迷、阿人進房招待。等天亮了，收稅員還要趕去上班。這時老闆娘喜笑顏開地說：「收稅員先生，我讓美麗迷人四位小姐每人送上的稅款收到了嗎？」收稅員開始一愣，然後若有所悟地說：「收到了，收到了！」

舊上海收稅員黑幕無奇不有，不過這些都是小數目。1845年老上海的海關稅收還屬清政府掌控，隨後英領事巴富爾誘騙上海海關道臺宮慕久，在英租界外灘建海關衙門。1853年小刀會在上海起義，百姓為支持小刀會，於是衝進外灘海關搶奪武器，洋人見機會來了，即趁混亂之際驅逐了中國海關人員，調動英國海軍佔領海關。英領事竟貼出佈告：「上海海關已毀，為了幫助維持稅收，由我們協助代收上海關稅」云云。雖經清政府多方交涉，洋人卻拒不交還上海海關。

1854年7月12日，中國上海海關大權全部落入洋人之手。可悲可歎！

挑水夫

[苦力行]

老上海在一百一十年前還沒有自來水，有的喝江水，有的喝河水，也有的喝井水。

當年上海市民要買米上糧店，要買水只好找挑水夫。挑水夫幹的也是無本生意。黃浦江沒蓋蓋兒，無論誰要水都可以免費汲取。但住在離黃浦江較遠的市區居民要水，等挑水夫把水挑到你家門口，本來無價錢的水就產生了價值，挑水夫收的不是水費，而是運水費。

據成書於光緒二年（1876年）的葛元煦《滬遊雜記·挑水夫》載：「滬上不飲井水，潮至，擔水者絡繹於道，橫衝直撞，稍不避讓，即受欺辱，橫不可言。」一個小小的挑水夫，本是微不足道的苦力，何以敢「橫不可言」呢？他們為的是趕潮頭。漲潮時黃浦江水比較乾淨，退潮了江水混濁，挑水夫趁漲潮時多挑一擔清爽水，就多賺一擔水錢，故而他們很討厭擋道者，這樣會誤了他們爭挑潮水的時間。

1879年英商開始在楊樹浦路830號籌建自來水廠，光緒八年（1882年），又在今江西路成立自來水公司，並於1883年開始放水。因這是上海灘成立的第一家自來水公司，所以清朝兩江總督李鴻章親自參加了放水典禮。

當年腦後拖著長辮子的清朝百姓思想很保守，大多數人不敢喝自來水，因水中含漂白粉味，於是市民紛紛傳說自來水有毒。自來水公司為推廣自來水，即用水車免費將自來水贈送給茶館、老虎灶飲用，如此一來謠傳不攻自破。

一百多年前，老上海安裝自來水的人並不普及，市民要飲用自來水即請挑水夫到總龍頭去挑水，每擔自來水挑到家中倒入水缸，收錢十文。

當年有人寫〈竹枝詞〉唱挑水夫：

水夫挑水真可憐，下磨腳底上磨肩。
腳底起泡肩紅腫，只為餬口苦求錢。

　　轎子爲老上海早期的交通工具。窮苦人家的纏足婦女腳小行動不便，多坐獨輪車，而大戶人家的老爺、太太、小姐外出皆坐轎。

　　上海清代道臺坐官轎，綠呢金頂，由八個轎夫抬轎，俗稱「八抬大轎」。上海縣官坐的轎子爲四人抬的紅漆朱頂的藍呢轎。清代坐轎等級很嚴，不可亂坐。

　　最高級的是皇帝坐的龍輿，比龍輿更豪華的是太后慈禧所坐「特級龍輿」。轎架皆爲進口的上等紫檀木製作，金頂以高級杏黃色貢緞縫轎罩，罩上以蠶絲絨精工刺繡九條五爪雲龍，黃緞金龍坐墊，翡翠蓮花爲腳踏。爲慈禧抬轎者，是經過嚴格挑選的二十四名轎夫，皆是身強力壯二十來歲長相俊美的太監。而且還要有「三同」，即同年齡、同身長、同服飾。

　　雖說四人抬轎，各人處境可不同。前面兩人「十分神氣」但「不准放屁」。因爲前面轎夫臀部對準轎門，你一放屁坐在轎中的官老爺怎麼吃得消！後面兩個轎夫的日子更不好過，他們是「昏天黑地」和「不敢大意」。後面抬轎者被高出頭頂的轎身擋在眼前，看不見轎前東西，完全處於昏天黑地之中，所謂不敢大意是昏天黑地所至，如果注意力不集中，路面坑坑窪窪，自己跌一跤事小，要是摔痛官老爺，五十大板准打得皮開肉綻半死不活。

　　老上海轎夫稱「埠夫」，私人臨時雇轎夫之所叫「轎埠」。每個轎埠設竹筒一個，內放寫了轎夫姓名的竹籤，雇轎者以抽籤爲准，抽中出轎，依次輪換，所得酬金，轎埠抽一成，餘者均分。

　　妓院女子出堂差坐的卻是綠呢官轎，其等級比知縣還高，因縣官也常常招妓，所以睜隻眼閉隻眼不予追究。

　　清朝末年，租界當局開徵轎捐，名妓陸蘭芬提倡不坐轎而乘馬車或洋車，雛妓出堂差更妙，乾脆騎在妓院雜役的肩頭招搖過市。

　　民間紅白喜事皆坐轎。新娘子坐花轎、小寡婦出殯坐葬轎、抬神主牌位的是魂轎。而死囚上法場也坐轎，不過沒有轎頂，五花大綁招搖過市，實爲坐轎示眾。

老上海的挑夫就是靠一條扁擔來養家餬口，他們大多是不識字的文盲，因為農村鬧災荒或因欠下地主的債無法償還，被迫逃到上海灘來找活路。

那時上海灘找工作有兩大難關：一是要介紹費，有人有辦法可代找工作，可是介紹人要收介紹費。俗話說：「衙門朝南開，有理無錢莫進來。」找工作也一樣，有氣力無介紹費也就進不了工作場所之門。第二是找「鋪保」，即找保人。無論是工廠、商店或其他工作，老闆對手下人都不放心，一怕偷東西，二怕你搞運動，三怕你行為不端，破壞了他們廠、店的聲譽，所以要找保人，保證你品行端正不會出問題。可是剛從鄉間逃難到上海，人家對你不瞭解，誰願意為你作保？如無保人，當然也就找不到工作。幹挑夫這一行最好了，一不要介紹費，二不要找保人，三不要文化，你只要有根竹扁擔，有副擔繩，再加上有力氣，就不會餓肚皮。

吃挑夫這行飯的，大多是忠厚老實人。1937年抗日戰爭爆發後，炮火連天，千家萬戶都在逃難，根本叫不到車子。有些婦女慌忙中從老城廂逃向租界避難，她們雇了挑夫挑行李，自己則抱著兒女跟著挑夫走。婦女走得慢，抱著孩子更是走不動，挑夫卻走得很快，如果他有心把行李挑走，婦女即使發現也無法追趕。可是挑夫憑力氣吃飯，決不幹那傷天害理之事，大都老老實實把雇主送入租界，自己收了微不足道的錢，再趕回老城廂去接生意。

有一位挑夫受雇於一位婦女，因逃難人多，你推他擠把小孩推倒在地，這位挑夫奮力救出孩子，接著又為頭破血流的孩子包紮傷口。為此，這位太太深受感動，等他們母子在挑夫護送下進了租界時，這位婦女即從手上脫下金戒指和數十元錢送到挑夫手中，以此感謝挑夫救命之恩。這真是：

窮人發財機會到，善惡到頭終有報。
人有良心何求神，人間溫暖苦力笑。

　　脚夫和挑夫不同之處，在於挑夫是長途，而脚夫是短途。挑夫挑行李可走上十里、二十里，而脚夫大多是幫旅客拾行李，從車站外送到站內，或從船上扛到船下即可。

　　其實脚夫所幹的活並不比挑夫省力，如送旅客行李上船，不能挑只能背或扛在肩頭，因爲上下船人多，挑雖然省力，但扁擔會碰著人，所以只能背或拾或扛多件行李上船，還有輪船高還要爬陡梯，所以這口飯並不容易吃。

　　脚夫並不限於輪船碼頭，火車站也是他們謀生之處。上海灘當年主要有兩條火車線。一條是滬寧鐵路，火車從上海直開南京。那時南京沒有長江大橋，火車到了南京即從下關由輪渡把一節節車廂渡過長江到浦口，再經京浦路將火車開到北京。還有一條是滬杭路，即上海到杭州。當年火車乘客較多，所以脚夫混口飯吃也不難，可是後來鐵路自己組織了「紅帽子」，就取代了脚夫之名。

　　從煙畫上看，雖然寫著「脚夫」，可老上海習慣稱他們爲「紅帽子」。老上海最早出現紅帽子是1932年，那時上海北站（今天目路、河南路口），出現頭戴紅帽子的脚夫爲旅客搬運行李時，大家都感到很新奇。

　　相傳紅帽子是從日本學來的，因爲紅色目標明顯，在擁擠的車站人流中，紅帽子易於發現和召喚。最初車站的脚夫戴的不是紅帽子，而是藍帽子，在帽沿上還釘有銅牌，上面印有「上海站行李搬運夫」八個字。可是由於藍色太暗不易識別，後來改爲紅色。

　　過去上海站的紅帽子爲站內職工，規定每搬運一件行李，要上交鐵路七個銅板。紅帽子的帽上有編號，1至6號爲領班，7至100號爲站內正編行李搬運夫。後來，這一百人無法滿足旅客需要，即招收臨時工，他們雖然也戴紅帽子卻是編外人員，也就是老的脚夫而受上海站臨時雇用，帽上編號從101號開始，故而上海站領班看帽號即知內外人員。

馬夫

馬夫

322

[苦力行]

名的「四大金剛」。

「癩葆生」，因從小生癩痢，頭上光禿禿的都是疤，故得了這個綽號。因長期幹馬夫這一行，終成相馬行家，關外來的馬是好是壞全憑他一句話。因為他有伯樂的本事，後來被大亨聘為馬車夫，收入頗多。第二個綽號「火燒木頭」，因長得又高又瘦又黑才得了這個綽號，後入青幫，原來的一批馬夫都成了他的幫兇。第三個綽號「跑龍套」，他起先養馬的活樣樣幹，因馬養得好後為大老闆駕馬車走南闖北，最後成了馬車行的一霸。第四個綽號「老升和」，其實他一點也不老，是個年輕的小白臉，他養馬功夫不到家，拍馬屁功夫卻是一絕，一些姨太太和紅妓女樂於雇他的馬車去龍華看桃花和兜風，由此得到不少賞錢。

著名老作家、老記者曹聚仁，二十世紀二〇年代初到上海，應聘在鹽商富翁吳府任家庭教師。吳家有兩匹駿馬，一輛華麗的亨司美馬車，他家的馬車夫當然和漂亮的車馬配套也是很有派頭。吳家姨太太原是上海灘名妓，見馬夫健壯是個北方漢子，於是不改風流性情，不多久即跟馬夫私奔哈爾濱。

風流馬夫是極少數，大多數的馬夫多為苦力，不過相比之下他們的生活要比背枕木、扛大包好一些。

　　馬在老上海非常吃香，自1850年上海關為通商口岸，英國麟瑞洋行大班霍格等人即組成「跑馬總會」。當時從外灘到界路（今河南中路）一帶皆是農田，洋人常來來回回跑馬，馬蹄終於跑出一條路。後來上海將南京路稱大馬路，九江路稱二馬路，隨之又有三馬路、四馬路、五馬路。「馬路」之稱即由此而來。

　　由於洋人愛賽馬賭博，老上海大亨愛駕馬車兜風，隨之馬夫也成了一種專門的行當。

　　當年上海灘的馬夫中，還出了赫赫有

圖說 360 行

現在無論是上海或是其他城市，路燈不需要路燈夫照料。到了傍晚規定時間，只要有關部門撳撳電鈕，一條條馬路上的電燈就會亮了。可是在一百多年前，上海灘連個路燈也沒有，當然有關路燈夫的行當也就無從談起。

舊上海路燈的歷史，是從清同治四年（1865年）開始。當年10月18日夕陽西下，人們走在原本夜色蒼茫的南京路上，突然感到十分明亮，原來路燈夫在上海灘的馬路邊點亮了第一批煤氣路燈。

所謂煤氣燈，老上海在一個世紀前稱「自來火」，其實就是現在的煤氣。說來有趣，上海灘最早生產的煤氣，不是用來煮飯燒菜，而是供點燈所用。

當年路燈夫先鋪粗鐵管埋於地下，再豎小鐵管套於路邊的路燈架中，架上設四方玻璃燈。路燈夫每日傍晚，爬上燈杆旋轉開關，一盞盞點燃煤氣燈。然後在街頭巡視，如有燈出故障即排除，至天亮時再旋扭開關將一盞盞路燈關閉。

煤氣路燈因煤氣來自地下，俗稱「地火」。當年法租界設煤氣廠的小街，上海人稱「自來火街」（今永壽路），路燈管即由此通出。

路燈工的任務並非僅僅是開燈、關燈，還要經常擦玻璃燈罩檢查燈頭，以防灰塵將煤氣燈細孔堵塞致使燈的亮度減弱，所以路燈工多上夜班，並一年四季春夏秋冬風裡來雨裡去，十分辛苦。

1878年上海灘有些路上又裝上了以電池供電的路燈。有的報紙以「光亮奪目」對電池路燈進行讚揚。

光緒八年（1882年），先後有李德立和布奇比恩特兩位洋人，向租界工部局申請在租界內設路燈杆裝電燈照明，當年7月19日夜晚令人難忘，公共租界的百老匯路（今大名路）路燈大放光明。百老匯路成了上海灘第一條有電燈照明的道路。從此之後，路燈夫再也不需要爬上爬下地開關煤氣路燈了。

老上海爲遠東繁華大都市，原來人口就快速發展，加上各省市的人到上海灘旅遊、觀光、經商、購物、求生打工等，大有人滿爲患之勢。這樣就忙壞了街頭巷尾的清道夫。

百年前，上海沒有掃路車，街頭垃圾全靠人力清掃，更讓人討厭的是市民普遍缺少衛生觀念，逛馬路時不但隨手亂扔瓜皮果殼和香煙屁股，還隨地吐痰，甚至隨地小便。

舊上海的清道夫本來就少，如此一來負擔就更重了，從早到晚總也掃不乾淨。亂拋垃圾當然是壞習慣，可市政當局極少在街上設置垃圾箱，這也是造成環境髒亂的一大弊端。

現在走在上海街頭，感到很乾淨、很整潔、很舒服。可是舊上海就是不行，逛街總給人感覺亂七八糟。別的不說，老上海還有一種新行當——拾香煙屁股。拾者一手拾著一隻大油漆桶，一手拿著一根細竹棍，棍頭上用細線紮著兩根縫被子的長針。他們走在路上，雙眼盯著地上，見有煙頭即用針戳起來，半天可戳到幾千個煙屁股，可見沿街亂丟煙頭者可眞多。

拾煙頭的人，靠的是剝煙絲再捲成無名的雜牌香煙出售，這就幫了清道夫的大忙，無形中減輕了他們過重的負擔。

老上海清道夫多爲男工，女性極少。這倒不是因爲工作重，體力不支。而是當年上海灘的流氓多，有時小流氓會買包瓜子有意在女清道夫面前把瓜子殼吐個滿地，女工怕班頭發現受罰，無奈只得過來清掃，這時小流氓就會調戲女清道夫「吃豆腐」，用現在的話說就是性騷擾。即使被員警看見，他把小流氓趕走後取而代之，繼續調戲女清道夫，所以女子多不敢當女清道夫。

舊上海清道夫爲下等職業，不但被人看不起，還時常被污辱。

鴉片戰爭後，租界裡開了很多的洋行。洋行老闆為了發大財，不斷從國外運來洋煙、洋酒、洋釘、洋油、洋布、洋火、洋車等等。這些洋船大海輪進了吳淞口到了上海灘，船上的貨物就要找搬運工搬下船。

那時一沒有吊車，二沒有傳送帶，更沒有集裝箱，船艙裡的貨物全部靠搬運工來搬運。搬運的方法很原始，主要靠扛棒打頭陣。

所謂扛棒比扁擔粗而長，因搬運工抬的貨物多，扁擔承受不了重量，這才換上手臂一般粗的圓扛棒。

煙畫上畫的是兩個搬運工前後抬貨下船。這不算驚險，有的機器部件看起來面積不太大，可重量很重，有的一噸，有的一噸半，兩個人抬不動而必須四人抬，可是跳板很窄，兩人一前一後走勉強還可以，四人抬就須用雙跳板，這就更危險。四人步伐必須一致，從船上向下走跳板坡度很陡，這就要四人配合默契，身子不能有任何晃動，從船上踏上跳板須一口氣抬下船，中途不能停頓。

老上海的搬運工多為流氓把頭所掌握，一幫十人、二十人不等，有活幹就發錢，沒活幹只得餓肚皮。有個叫老江北的搬運工，頭天沒找到工作餓了一天，第二天把頭卻叫他抬機器走雙跳板。他自己心中有數，渾身沒力氣，幹不了這個活，但他不敢說，怕把頭看不起他從此沒活幹。於是咬咬牙，上海話叫「硬上一記」。結果老江北走到跳板中間，腳一軟身子搖了幾下，他徒弟原來跟在他身後護持，這時眼尖腳快忙用肩膀和雙手托起師傅的扛棒頭，這時老江北雙眼發黑，頭暈腳軟不由自主跌進黃浦江。

徒弟雖然救了機器，救了三個同伴，把機器安全抬上岸，可無法救師傅，老江北結果被黃浦江浪頭捲走。

老上海搬運工的生活是悲慘的。老江北的死令人心酸。

一百五十多年前，上海只是一個小漁村，人口只有幾十萬，到1843年開埠時，所有的路都是人們用腳走出來的自然路，而且大多是羊腸小徑的爛泥路。這種原始路颱風滿天灰，落雨泥漿深，無法使城市發展，所以市政當局首要是修路。

老上海除了清代所鋪的青石板路外，最早修的路為碎石路，據《滬游雜記‧馬路》載：「租界大街由東至西者統稱『馬路』，專司馬路工程者為馬路管，又稱街道廳。其法先將舊泥鋤鬆，滿鋪碎石或瓦礫七、八寸，使小工以鐵錘擊碎，再加細沙層，用千角力鐵擂，令數十人牽挽，從沙面滾過，其平如砥。有小缺陷，隨時修補。」

後又以石塊鑿成不規整的四方形，由修路工一塊塊砌成路，上海人俗稱「彈軋路」。修路工修這種路很辛苦，整天蹲在地上，手拿T形的修路工具。這是一頭為扁刀，一頭為錘的鐵製品，下端鑲木柄分量較重，又要用扁刀鑲石縫，又要用鐵錘將石塊敲平，一天忙下來腿酸背痛，手磨出血泡，工錢又極低，很難養家餬口。

上海灘最出名的一條馬路為鐵藜木鋪成。鐵藜木為硬度、重量皆如鐵般的高級硬木料，中國不出產此木。東起外灘西至西藏路的南京路，所用幾百萬塊的四方鐵藜木全部由外國進口。為鋪這條路，當年的猶太大亨哈同支付了六十萬兩白銀。哈同本來十分吝嗇，如今為何如此慷慨呢？因為哈同做的是房地產投機生意，他出錢修了鐵藜木的南京路，附近的房地產價格立時增漲數十倍，如此一來哈同大發其財，不久即成了上海灘頭號房地產大王。

哈同修這條路時雇了幾百名修路工，先將鐵藜木鋸成二寸立方的小塊，浸以瀝青，然後拼成平坦之路，再噴上一層薄薄的柏油，隨後把細縫填平，這樣一條光亮平整的硬木大馬路就誕生了。

當年有人計算過，每塊鐵藜木約六、七角錢，這等於可買三、四斗米，可修路工每天的工錢卻僅有一角錢左右。可想而知修這條世界聞名鐵藜木路的工人們是多麼的艱苦。

掮包子

掮包子，也稱扛大包。這也是舊上海苦力幹的活。

老上海工廠多，香煙廠、藥廠、橡膠廠、紡織廠、印染廠、麵粉廠等，原料和成品進進出出，都需要掮包子。我們從煙畫中可以看出，背景的一片樓房為倉庫，這種庫房在百老匯路（今大名路）沿黃浦江一帶較多。所掮的包子多為原包，如從輪船上卸下來的小麥、大米、海鹽、水泥等都是由掮包者原包扛進倉庫。如果小麥要從倉庫送進廠去磨麵粉，也是由掮包者從倉庫中扛出來裝上大卡車運進工廠。

掮包子的工作都是散工，船到了，包工頭找上十個八個苦力，事先不用說明，由工頭給幾個錢也就收幾個錢。工頭多是當地流氓，非常兇狠，跟他們無法討價還價。工頭派人守在碼頭邊，扛一個大包上船，即發一根竹籌，等貨都裝完了，手上有十根竹籌，就說明他扛了十個大包，憑竹籌領錢。讀者仔細看煙畫，就會發現扛包者左手握的就是一根計數竹籌。

掮大包者，頸上要圍著一塊藍披肩布。因為有的化工原料有毒，掮大包沾染了有毒的粉劑，頸部會得皮炎。如掮稻穀，稻芒會刺痛頸部，有了這塊披肩即可與刺激物隔離。

當年四川和廣東鴉片煙商常以水路運鴉片到上海十六鋪碼頭，那時常有青幫大亨黃金榮的徒子徒孫，假冒掮大包的再趁機偷竊鴉片，有時趁搬運鴉片時把小駁船弄翻，使十多箱鴉片沉入黃浦江，然後晚間再從江中撈起送到黃金榮手中。鴉片煙商受到嚴重損失後即請巡捕房查案，於是租界派巡捕看守，但碼頭上那些假扮掮大包的就將巡捕砍死扔進江中。為此法租界限令身為巡捕房督察長的黃金榮破案。於是黃金榮串通杜月笙將計就計，於1924年組織「三鑫公司」保護鴉片煙販運，但要交保險費。每年黃金榮、杜月笙、張嘯林三大亨皆可得到數千萬元的收入，而掮大包者每天只有幾角錢收入。

所謂枕木，即修鐵路鋪路基用的木料。

老上海最早的鐵路為淞滬鐵路。這條短途鐵路於清同治十三年（1874年）開工，起於上海市區河南路天后宮橋，終於吳淞炮臺灣。這條僅十五公里的窄軌鐵路修了兩年才完工。因為這條鐵路是英、美租界商人藉口黃浦江泥沙淤塞，運貨不便，在沒得到清政府的批准下，從英國悄悄運來器材修建的。

修鐵路是洋玩意兒，修淞滬鐵路不但在上海是第一次，在中國也是第一次。所雇用的華工沒有修鐵路的經驗，更沒有機械化設備，一切都是肩挑人扛。鋪枕木全由雇來的華人苦力，一根根用繩子背在身後運至鋪軌指定地點。一根枕木數十斤，幾天枕木背下來，腳破腿腫，雙肩也磨得鮮血淋漓，吃這口飯如同牛馬一般。就因工作效率不高，所以一小條鐵路修了兩年才完工。

淞滬鐵路於光緒二年（1876年）通車。車票很貴，上等票一元、中等票五角、下等票二百文（一元換一千二百文），如從吳淞到上海市區來回車票兩元，即可買一石大米了。票雖貴乘客卻很多，僅是來看火車者也人山人海。耕田的農民看見火車轟隆轟隆吼叫著像條巨龍飛馳而過，便看得驚心動魄，目瞪口呆。

淞滬鐵路為英商怡和洋行未經清政府許可而建，但官員找不到藉口阻止火車運行。不料一天因火車頭煙囪爆裂死傷一些人，於是保守者群起攻之。豈料禍不單行，不久又軋死一名士兵，清官員以此事故為藉口，出資二十八萬五千兩白銀贖回這條鐵路，隨之以破壞風水為由，於1877年拆毀鐵路。直到1898年又招來不少背枕木的苦力重建淞滬鐵路。

1922年，老上海修建了一條最早的民辦鐵路，此線由浦東黃浦江邊周家渡直達南匯縣周浦鎮，全長十三公里。另一條為清末舉人黃炎培任上川交通公司董事長時，所修的上川鐵路，此線由慶寧寺至川沙縣城。這兩條浦東最早的鐵路，對運送棉花、蔬菜等農產品至上海市區的貢獻很大。

美容院

118

所謂化緣，也就是與佛門結緣。佛教善男信女相信緣分。某男和某女經人介紹結爲夫婦，恩恩愛愛，佛門之徒稱此爲「千里姻緣一線牽」。某先生和某女士結婚三個月，即大吵大鬧要求離婚，佛家人則稱之「前生無緣」。

舊上海信佛的人多，化緣者也就以不同方法出現。一種是老僧找到某公館，先敲木魚，口念「阿彌陀佛」，此時看門的僕人會入內稟報，說是「化緣的來了。」老爺信佛，爲與佛門結緣，即以二十兩紋銀送到老僧手中。《西遊記》中，豬八戒等師徒四人向施主討飯吃，這稱之爲「化齋飯」。另一種是某官府老太太去龍華寺等燒香拜佛，這時老方丈會捧出化緣簿，老太太掏出五百元交給方丈，老和尚隨即在化緣本上寫下「某老太太五百元」，這也是化緣。簡言之，凡寺廟向施主討現金或是首飾，還是布匹等，皆稱化緣。

舊上海曾出現過一化緣奇聞。有一天，上海街頭來了一個尼姑、一個和尚，他們口稱是普陀山觀音道場前來上海化緣，一個說要修觀音庵，一個說修法雨寺。經過五天化緣，在第五天夜晚，員警在永福旅社查房間時發現他們是假和尚、假尼姑。此二人見化緣者大發其財，於是夫妻兩人全部剃了光頭，特做了和尚和尼姑僧袍，手捧化緣簿來上海發佛財。說發財一點不假，五天就化得金戒指、銀鎖片、金圓券等。

當年的上海灘無奇不有，化緣也成了三百六十行中的一個行當。

　　舊上海爲人說夢、解夢、以夢來預示夢者凶吉禍福，以此爲職業的一種行當，俗稱關夢。這種人多爲四、五十歲的婦女，也可稱之爲巫婆。

　　古人不懂科學，不知夢中何以會出現荒誕離奇之境，在無法理解夢的情況下，有人就相信夢是人的靈魂在作祟，認爲靈魂在夜間可離開人的肉體活動於人的夢中。既然有人迷信在人的世界之外還有鬼世界，那何不以關夢來騙錢呢？於是關夢的巫婆也就應運而生。

　　當年老上海有位理髮店的老闆娘，在老闆病故後常常夢到老闆，有時老闆向她要錢，有時又說要帶子女出國去。因此老闆娘十分驚慌，生怕兒子不吉利，於是特地找巫婆關夢。

　　巫婆見生意來了，忙點燃香燭，裝神弄鬼一番後對老闆娘說，她已去過陰間，見到了老闆，老闆被關在十八層地獄，說是閻王老爺要他交十萬元才能放他出地獄。老闆娘聽後驚慌失措，忙問巫婆如何交錢救老闆？巫婆說，陽間一百元，頂陰間十萬元，只要老闆娘把一百元壓在供桌的香爐下，她夜裡再到陰間走一趟，當面把一百元交給老闆，他即可放出地獄。老闆娘信以爲眞，忙把身上帶的錢全押在香爐下，以救死去的丈夫出地獄。

　　那時人非常迷信，裝神弄鬼騙人很容易。老闆娘死了老公，由於思念親人過於悲傷，所以大腦記憶活動很強烈，即使睡眠，這部分腦細胞還在活動，故老闆娘常常會出現「亡魂托夢」現象。這就是人們常說的「日有所思，夜有所夢」。

　　舊上海關夢巫婆所以能騙錢，就因爲利用人們不懂產生夢的原因，如今人們懂得夢的成因，消除過分悲傷和緊張心理，亡魂、鬼妖也就不會在夢中打擾你，關夢巫婆就騙不了你的錢。

舊上海人把巫婆稱作「看香頭」，北京俗稱這種人為「下大神的」。

《紅樓夢》第二十五回〈魘魔法叔嫂逢五鬼〉中有馬道婆。她收了趙姨娘五十兩銀子，就用紙剪了賈寶玉和王熙鳳的人像，又剪了五個青面鬼釘在一起，然後作法，結果寶玉和王熙鳳果然中魔發瘋。當然這只是寫小說而已。

舊上海的巫婆行騙術時，於廳堂中置一桌，上放香爐燭臺及敬祀物品，巫婆盤膝坐在桌邊凳上。焚香燒紙後，即請鬼神降臨，巫婆身體顫動，謂神靈已經附身。請神問鬼者，則可相對而談。病者如疑鬼怪作祟，巫婆將病人生肖以紙剪成肖物，與桃枝（或柳枝）和紙錢合包置於病者床下，然後依指定方向焚燒，謂能解厄消災。也有的巫婆胡說病人遇上黃鼠狼大仙，只要出錢買些供品、香燭作法即可。等巫婆收了錢，並不買香燭供品，而是買上三斤肉、二斤酒，自己拿回家享受一番，哪管病人的死活。

以前有個富家小姐生病，請來一個巫婆。她在病房中燃燭看了一會兒香頭，忽然打了幾個哈欠，即換一副腔調說：「我是西山蟒蛇精，今晚要和小姐成親。」巫婆一陣胡言亂語後，又打了幾個哈欠算是從陰間回到人間，即以巫婆的口氣說：「我見到了蟒蛇精，知道牠今晚要來和小姐結婚，你們不要怕，我今晚住在小姐房中，等蟒蛇精一到即把牠殺死，小姐的病明天就會好了。你們不要進來，免得遭蛇精毒害。」

這家人信以為真。等到第二天天亮，只見小姐的房門緊閉，敲門也不見回音。原來這巫婆是男人化裝的，他半夜強姦了病中的小姐，又偷去了小姐的金銀首飾，天不亮即跳窗逃之夭夭。

等這家迷信的主人清醒，一切都晚了。小姐遭到強暴受了驚嚇，真得了瘋病。由於家醜不可外揚，請巫婆請得人財兩失也不敢報警，只好吃個啞巴虧。

和尚和道士，說來算不上是一種行當。但也有人認為，和尚和道士出外為施主做佛事收費，既然是有償服務，就帶有商業性質，故也可算三百六十行中的一種行當。

古代佛門一靠眾僧開荒種田自力更生；再者化緣為生；第三以施主施捨為生。另一種如香港僧尼，他們廟門口公開掛出「某某佛寺公司」的招牌，入門要購門票，做佛事要付錢，這已成了商業機構，他們也有營業執照。寺廟以盈利為目的，那裡的僧尼當然更像是一種行當。

據《宗教詞典》記載，「道場」梵文乃「菩提曼拏羅」的音譯，為佛成道之所。如《大唐西域記》載，釋迦成道之處即稱為道場。道場也是修行佛法之所，也是供佛祭祀的地方。

小說《紅樓夢》中，多次出現舉辦道場的場面。第十三回，寧國府孫媳秦可卿病故，七七四十九日即請僧道「設消災洗業平安水陸道場」，也就是按佛教儀式誦經拜佛，施捨齋食，超度水陸眾鬼魂的大法會。第十五回秦可卿出殯安置靈柩，又請高僧、道士作法事，誦經拜懺做「安靈道場」。第六十四回，曹雪芹又寫了「百日道場」等。

從《紅樓夢》描寫來看，死人辦喪事頭七至七七、出殯、安靈等皆要請僧人作道場。老上海也是如此，不過凡是請僧人誦經做佛事、舉辦道場法會者，皆是官紳巨賈、大亨富商，一般百姓是無經濟條件辦道場的。老上海房地產大亨哈同1931年6月19日晚一命嗚呼，他的中國夫人羅迦陵在哈同死後的七七四十九天中，每天都請僧道分別作法事，一下就作了四十九個道場。其中道教的道場特請江西龍虎山張天師主持。另外還從北京雍和宮請來四十九位喇嘛到哈同花園誦經設道場。

古人云：「一息尚存千般用，兩眼朝天萬事休。」雖然如此說，可富豪人家死了長輩，即使擲萬金也在所不惜，他們請僧道大辦道場，當然是向長輩寄託哀思，同時也是一種花鉅款借僧道來提高家族地位的廣告。

服、頭縮峨冠、足登麻履、胸前飄著銀鬚的道長踏著八卦步登上扶乩台。道長請神敬仙後，只見他口中念念有詞，拉開武功架勢以「二指禪」輕推扶乩架，而旁托著乩架的小道士，也依勢隨著老道長的推力而動。

旁觀者此時鴉雀無聲，不一會兒只見沙盤出現了似字似符的淺紋。眾人看不懂，於是老道長下了乩台，揮筆寫下：「德威兼施，法不能守，英雄氣短，義無反顧，中流砥柱，蘇共後來，日落西山，美不勝收。」老道長說，此八字經每句頭一個字皆爲國名，而日落西山，即是日本的結果，中流砥柱即中國的結果，其他時間未到天機不可洩露。

第二次世界大戰結束，求乩的某老闆取出老道寫的八字經讀之，深感老道扶乩靈驗。德、法、英等八字皆是二戰參戰強國。所謂「義無反顧」之「義」，爲義大利，後想退出戰爭，但德國希特勒恩威兼施，義大利只好隨而戰之。墨索里尼最後被市民擊斃街頭。法國開始兵敗難守，英國也節節敗退，但前蘇聯後來居上，反敗爲勝，而美國戰後獲利最豐，故曰「美不勝收」。

這次扶乩靈驗，亦可能老道長滿腹經綸，對國際形勢有研究，不過是借扶乩做時事預測而已。

扶乩者，稱爲壇主，這種人雖爲江湖術士，但扶乩要在沙上寫字或畫符，肚內沒點文墨無法勝任。扶乩者多一派學者風度，故而裝模作樣鬼畫符，也能使人信以爲眞。

1937年日本侵華戰爭前夕，有一個大老闆擔心生意會受影響，於是他付高價找了某位有名的扶乩壇主，請他預測戰情。

開壇當天，富商和報界、文化界人士聞訊紛紛前來觀看。只見特製的大沙盤上方懸著一個木質的「丁」字架，左右各立一個小道士扶著乩架，架後立著一排手持法器的道士，隨著經樂奏鳴，一位身穿道

「打醮」是怎麼回事？沒見過打醮的人皆說不出個所以然。「醮」者，也就是道教中一種特殊的祭祀典禮。元道士清和眞人（尹志平）曾作〈江城子〉詞云：

重陽佳節醮西山，
暮天寒，葉斑斕，
和氣滿川，無個不開顏。
滯魂孤魂受度，功德備，出幽關。

所謂打醮，也就是道士設壇祈禱，藉以請求神靈賜福免災的一種儀式。《紅樓夢》第十三回，打的是「解冤洗業醮」。主要是爲解除平生冤仇、孽債，讓亡魂安入天國，爲超度亡魂的一種法事。

醮神之法起源較早，《竹書紀年》就有黃帝「遊於洛水之上，見大魚，殺五牲以醮之」的記載。

《紅樓夢》第二十八回，還有打「平安醮」的描寫。打醮一般都因生病或喪事而舉辦。如家中無病人無災難而打醮，主要爲防病防災，稱之爲打平安醮。

上海人的信仰五花八門，有信天主教、基督教者，也有信佛教，還有人信道教。上海雖然信道教的人不多，但南市白雲觀、城隍廟、浦東崇福道院、曹家渡的紫陽宮等皆爲上海灘著名道觀。其實打醮也和寺廟作法事一樣，不過佛教以十多個和尙設壇念經，而打醮以道士敲打法器、上供擺齋，上香讀「靑詞」，焚化「表章」和「金銀錁」，兩者大同小異。不論是作佛事，還是打醮，都要花上一筆大錢，當年平民百姓是請不起的。

測字算命

335

[巫術行]

「更不好，這個『有』拆開爲『ナ』和『月』，正是大字少了一撇，明字少了一日，這大明已失去半壁江山也。」這太監慌忙又改口說不是「有」而是指「酉」字，拆字先生面色發青手發抖說：「這更不利了，『酉』乃尊字斬頭去尾，大明至尊者恐有難。」這太監此時已咋舌無言，急忙趕回皇宮，不久闖王進京，崇禎皇帝吊死在煤山。

聽了這一段你千萬不要信以爲眞，這都是有閒文人編造的拆字故事，以顯示他們的文字才華。

一位張先生一次測字摸到個「發」字，拆字先生問算何事？張答：「炒股。」拆字先生說：「你逢『八』吃進準發。」張先生於八月八日收進一批股票，事後果然看漲。等他八月十八日又收進股票卻大跌，張先生怒氣沖沖又去拆字，伸手一摸又是「發」字。此時，拆字先生不等張某開口即說：「你又摸一『發』字，此『發』不是那『發』，你現在正在『發』火、『發』愁，炒股失敗，正要對我『發』脾氣、『發』牢騷，我勸你不要爲『發』而『發』，不然要『發』毛病、『發』神經……」

其實拆字全是假，勸你不要當眞，僅是文字遊戲而已。

舊上海有多種多樣的算命攤，耍的都是騙錢的把戲。不過測字算命乃是一種文字遊戲，前去測字者只要不迷信，玩玩也無傷大雅。

測字，也稱拆字。就是把一個字拆開來爲人算命，相傳在明朝就有測字攤。崇禎末年，李自成起義，崇禎帝身邊的大太監出宮探聽消息，正巧遇到一個測字攤。太監即順口報了一個「友」字，讓他測國家大事。拆字先生說：「大事不好，反字出頭了！」太監爲求吉利，忙改口說非「友」，而是「有」字，拆字者說：

圖說360行

　　舊上海瞎子算命有兩種，一種是設攤算命，其地點固定，稱之爲「某某算命館」。還有一種是流動的，瞎子算命先生一手扶在一小孩的肩頭，一隻手敲一種特製的圓形小銅片，有的半盲半明者，一手拿竹竿，一手敲小銅片，要算命的人，一聽見「噹噹噹」的銅片響聲，即請瞎子先生到家中去算命。

　　上海灘過去買東西可以討價還價，可是算命不興還價。如果你一還價，瞎子會說：「你也不用還價，我分文不收，送你一命。」「送命」是觸楣頭的罵人語，誰也不願聽。再說還了價瞎子不開心，亂說一氣，等於白花錢。所以算命者不僅不還價，而且聽了算命先生的胡言亂語，說你不久要交桃花運或是交上發財運，往往還會多給錢。

　　因爲有的人眼睛瞎了無法找工作，所以家長設法湊些錢，讓瞎眼兒子拜先生學算命。所謂算命就是按照算命者的出生年、月、日、時辰，運用金木水火土五行生剋理論推斷吉凶。這年、月、日、時的干支稱爲「四柱」，而這四柱共八字，算命先生以這八字運算，俗稱批八字。中國自古以來男女托媒提親，都要請算命先生批八字，算算兩人的八字是否相剋。

　　這瞎子算命說來也很容易，他們從師傅那裡學來幾句口訣，如屬豬的不可與屬猴的配夫妻，這叫做「豬猴不到頭」。屬雞的不能和屬狗的相配，叫「雞犬愛相鬥」。另外還有「白馬怕青牛」、「羊鼠一旦休」。屬羊的姑娘不能嫁給屬虎的郎君，叫「羔羊落虎口」。就因爲瞎子算命瞎說八道，以所謂「屬相不合」、「生肖相剋」的說法，不知拆散多少恩愛的鴛鴦，鬧出多少懸樑自殺的悲劇。

　　中國最早的《命書》是唐代李虛中所編，他把人的一生以出生年、月、日、時而定。到了宋代，徐平把人誕生時辰歸納爲年、月、日、時以干支計算，由此而定某人爲金命、木命、水命、火命、土命，再以生肖來算「相勝」。

銜牌算命

[巫術行]

情願地回到籠中。

小鳥所銜的牌不是撲克牌，而是算命先生事先寫好字的紙牌。

一天，算命攤前來了一位婦女，小鳥銜出一張牌，算命先生翻開一看是個「好」字，便問她所算何事？婦女答說：「我想問在外做生意的老公近來可好？」算命的毫不客氣地說：「不好！」婦女有點驚奇地說，小鳥明明銜的是個「好」字，怎麼說「不好」呢？算命先生說：「『好』字拆開來是『女』和『子』，這說明你先生在外有女子纏身，不寄錢回家，可對？」這婦女聽了並不答腔，卻在點頭。小鳥算命怎麼如此準呢？說穿了也很簡單，算命先生都善於「軋苗頭」（上海話，即察言觀色），他見此女來到攤前一直愁眉不展，又聽她詢問在外的丈夫如何？就猜準她與老公之間有問題。

算命先生也善於隨機應變。再舉「好」字為例，如果有一男一女同來，小鳥也銜出「好」字，男士說我想做生意，可有財運？算命先生會說，你可發大財，因你身旁有「女」和「子」，她有幫夫運，故可發財。如此這樣一說，那同來的女子特別高興，於是加倍付錢。因為算命先生見那女子緊緊挽著男士，過分親愛，故而靈機一動投其所好，這樣兩人皆大歡喜。總之算命先生就用這種噱頭，天天可騙到不少鈔票。

在老上海謀生，說難很難，說容易也容易，主要看你有沒有噱頭。上海話「噱頭」有兩種意思：一種是令人發笑，一種是巧妙的花招。幹銜牌算命的行當，就是一種噱頭的花招。

算命者多為瞎子，算命時一本正經嘰哩咕嚕一番，一點也沒噱頭。銜牌算命和瞎子算命大不相同，你來算命時算命先生把算命攤上的小竹籠門打開，一隻可愛的小鳥從籠中跳出來，小鳥出籠不逃走也不飛上天，而是停在鳥籠前的一排紙牌中，用小小的尖嘴銜出一張牌後，自己又心甘

　　舊上海的相面攤很多，大街小巷皆有，而城隍廟相面館更出名。相面者皆江湖術士，吃這行飯不容易，必須善於觀顏察色、隨機應變、口若懸河，不然就騙不了人家的錢財。

　　辛亥革命後，有位軍閥兵敗逃到上海，準備東山再起。他聽說城隍廟張鐵口相面靈驗，就叫副官先付十塊銀元，說某將軍第二天來相面，靈了有賞，不靈砸攤。這張鐵口作賊心虛，思考一夜想出種種辦法來應付。隔天某將軍一到，張鐵口想的妙招全用不上了。原來軍長帶來八個太太，一字排開，要張鐵口相出哪位是大太太，這時張鐵口心中發慌，心想今日真要出洋相了。但他到底是久經沙場的江湖術士，於是靈機一動計上心來。這時，只見他眉飛色舞地說道：「吉人自有天相，這大太太乃明媒正娶之婦，自有貴人之相，她的面相就與眾位姨太太不同……」張鐵口這一說，引起好幾位姨太太的醋意，有幾個已偷偷向大太太瞄上幾眼，而大太太此時也面露得意之色。就在八人面部發生不同變化的一瞬間，張鐵口已斷定何人是大太太了。為此，愚蠢將軍佩服得五體投地，給了重賞不說，張鐵口還成座上客，凡事都要張鐵口說了才行。

　　相面術士為招徠顧客，出攤時都要精心打扮一番，有的頭戴瓜皮小帽，身穿藍布長衫，腳蹬千層底布鞋，給人知書達禮、學問深奧、文人雅士的印象。

　　無論何種裝扮，他們出攤後，都會做一些怪動作來吸引行人注意。有的乾脆就吆喝起來道：「來來來，畫龍難畫爪，畫虎難畫骨。」看見有人來圍觀，他馬上說：「虎有虎形，人有人相，在下侯半仙善看人的流年，能預測你的吉凶禍福……」這時候半仙就憑他的三寸不爛之舌說得你自動上鉤，付錢看相。

　　如果設攤多時不見生意，就來個突擊。他看準目標，突然向一位行人高喊：「啊呀！先生，我看你印堂發亮，眼下可能有一筆大財等你去發！」如此一來，這個行人動了心坐下相面，於是又有一個傻瓜被騙上鉤。

清代末年，設攤卜卦者大多為落魄文人，他們學過《易經》和一些醫卜星相之書，因戰禍等原因破落後，即在街頭設攤卜卦。也有的家中有田有地，但抽鴉片煙，抽到後來家產揮霍一空。自己原是公子哥兒，遊手好閒大半生，什麼事也幹不了，就找來《奇門遁甲》、《十筮正宗》、《三元總錄》等卦書死背條文後，即出來卜卦。還有就是盲人，眼睛雖失明，但心靈嘴巧、能說會道，自小跟師傅學了卜卦術，即以陰陽八卦來推算凶吉禍福，以此混口飯吃。

老上海求籤占卜的攤位，以南市城隍廟和南京東路紅廟等門前較為集中。如紅廟卦攤小神仙有點小名氣，一天攤前來了兩位顧客，一是商人，一是小販。商人先問卦，從小木盒中摸出個「天」字。小神仙問他卜何事？商人說：「我想開店，不知可否？」只見小神仙掐指一算，即說：「生意可以做，開張大吉。」小神仙還要說下去，旁邊小販等不及，開口說道：「先生，我也報個『天』字，我想與人合

夥擺肉攤，不知會不會賺錢？」小神仙這時又掐指一算說：「你不適於合夥做生意，做了要蝕本。」這小販聽了不服氣說：「先生，你這卦是否算錯？怎麼人家的『天』字開張大吉，我同樣是『天』字就要蝕本呢？」這一句把小神仙給問住了，他愣了愣，忙隨機應變答道：「你看，這位老闆手中拿把摺扇，扇骨乃竹製，這天字頂上添竹為『笑』，笑口常開他的生意當然開張大吉。你手中拿的是米袋，袋口空空，這『天』字下面添個『口』是個『吞』，你合夥做生意，錢要被人吞掉，故而生意不宜做。」老闆聽了小神仙一番話，信以為真心中大喜，給了小神仙三倍的卦錢，而小販只付了一元錢，垂頭喪氣而去。

其實算卦者見有錢者都說好話，他們聽了高興會多給錢，而對那小販，算卦者不能把兩個「天」字說成同樣吉利，即以窮捧富。不過這種江湖術士儘管信口開河，胡謅亂編，但有板有眼，故而每天都能騙到不少錢！

118

乞騙·煙賭娼行

圖說360行

[乞騙‧煙賭娼行]

說起乞討，通俗說法也就是要飯花子。在舊社會一分錢逼死英雄漢，有很多現在的名人，小時候曾經討過飯，也有的跟著父母當小叫花子，還有的因為日本侵略，家破人亡，從淪陷區逃出來，沿路乞討到大後方去參加抗日。

畫家徐悲鴻初到上海時，就差一點淪落乞討行列。當他1915年離鄉背井來到上海，找工作無門，又因欠了房錢，所帶的包袱也被扣留。徐悲鴻餓了一天，走到黃浦江邊時雙腿一軟跌倒在地，一個十歲左右的小女孩以為他是要飯的，就扔給他兩個銅板。徐悲鴻就用這兩個銅板買兩個粢飯糰熬了兩天，隨後他將自己身上的長衫當了四十個銅板以解燃眉之急，並下決心開闢新的謀生之路，最終成了大畫家。

舊上海青幫大亨黃金榮一天正在浙江路的逍遙池洗澡，這時只見一個小徒弟跑來說：「老闆，有個人跪在門口向你討飯，賬臺上給他錢他也不走，口裡不斷喊：『黃老闆救命。』」黃金榮感到奇

怪，到門口一看，不由嚇了一跳。此人身材特別長，跪在地上也比自己高出一個頭。此人原來是一個巨人，身高兩米三十多，頭大如巴斗，手掌大如芭蕉扇。經詢問，此人姓張，因為家鄉發生旱災逃荒到上海。他一見黃金榮就喊：「黃老太爺，我餓死了，快救救我。」

原來這巨人長得實在高大，一頓飯要吃兩三斤，所以靠討飯實在吃不飽，經人指點來求黃金榮。這位大世界的老闆心想，不能白養活這個叫花子，就讓他到大世界遊樂場門口去收票。其實收票是假，讓他當活廣告是真。巨人第一天站到大世界門口，立即吸引數百人看熱鬧。黃金榮於是打著「亞洲第一巨人」的招牌，還替他做了特別的服裝，這樣大世界的生意更為興旺。

巨人雖然吃得多，但這個乞丐為大世界賺的錢更多。黃金榮從來不做蝕本生意，養活這個乞丐既獲得慈善家的名聲，又能賺錢，何樂不為。

背老小乞討

[乞騙・煙賭娼行]

所謂背老小乞討，顧名思義就是乞討者身背老人、懷抱小孩討飯。

背老人乞討，這是一種很好的方法。不但容易討到錢，而且能多討一些。上海灘曾有個因發水災受難的山東婦女，一場洪水弄得她家破人亡，她沿路討飯一直討到上海。但人家很少給她錢，都說她年紀輕輕好吃懶做，更可怕的是還有些小流氓調戲她。

說來無巧不成書。一天她正在討飯，突然一個窮老太婆跌倒在她腳邊，山東媳婦忙把她扶起來，老太婆說她兩天沒吃東西餓昏了。原來老太婆有個兒子吸白粉，原本是小康人家，後來所有財產全部讓兒子吸白粉敗光了。現在兒子把老娘趕出門，老太婆只好沿街乞討。

山東媳婦聽後連說有辦法了。老太太問有什麼辦法？「你裝生病，病得不能說話，討飯的事由我出面。」山東媳婦說完就背起老太太沿路行乞。只見她倆走到人多的地方，就謊稱受水災逃到上海，丈夫給軍隊拉壯丁上了前線，如今婆婆生重病無錢醫治，現在求老爺、太太施捨幾個錢，好救婆婆的老命。

這一招果然靈，有的說這媳婦有良心，也有的講媳婦勝似女兒有孝心，說著紛紛掏錢，不一會兒一隻破搪瓷碗裡塞滿了錢。從此兩人合夥行乞，生意興隆，互相照顧，天天都能混飽肚皮。

其實這種一搭一檔，或背老或抱小的行乞方法，很容易喚起人們的憐憫之心，不論是真是假都會得到同情，所以說搭檔討飯效果好。就像舞臺上演戲一樣，真真假假都能使人一灑同情之淚。

圖說360行

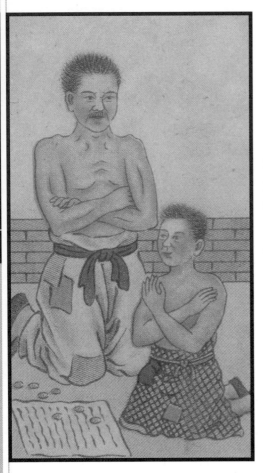

討飯的爲了討到錢，想出令人想不到的方法來博得路人的同情。這賣凍乞討就有些出乎人們的意料。

所謂賣凍，就是大冷天，甚至大雪天，一老一小跪在結冰的馬路邊討錢。出乎人們意料之處，就是老人穿件單布衫，而小孩卻赤膊上陣。這一招實在令人不忍心，特別是七、八歲的孩子，此時凍得渾身顫抖，嘴唇發紫，連流出來的鼻涕都成半結冰的狀態。

看見這樣令人慘不忍睹的情景，一些做母親的婦女有的給錢，有的一邊罵老

要飯的不顧孩子死活，一面急忙脫下自己的絨線外套給渾身起雞皮疙瘩赤膊的孩子披在身上。孩子連忙磕頭作揖謝恩，而老叫花子卻挺直穿著單布衫發抖的身子，喊道：「快救救孩子吧！發發善心了，要凍死了。」這一喊又有人摘下自己帽子，也有的解下自己圍巾扔給老頭，給錢的人更多了。

隨之，老叫花子收攤了，忙回到自己的草棚中給孩子穿上破棉衣，再給他喝碗熱稀飯，接著鎖上門，就把帽子、絨線衫等拿去賣給收舊貨的，換來錢自己喝上二兩白酒，吃一碗排骨麵，這才回到草棚中。接著又把孩子身上衣服扒光，再去街頭上演第二場「賣凍」。

這大雪天赤膊賣凍的孩子，大都是老叫花子拐騙來的，非自己親生，所以殘忍地讓他賣凍，讓半死不活的孩子成爲他賺錢的工具。孩子不敢逃，逃了被抓回來便會挨打挨罵。有時將小孩的手腳捆起來，一天不給飯吃。如果孩子被折磨死了，他會再去拐騙兒童，上演賣凍的把戲。

其實賣凍乞討也是騙術之一。由於他們吃了微量的砒霜，肚內作熱，是不怕凍的。所以，老叫花子雖也只穿一件單布衫或是赤著膊，卻不怕受凍。

舊社會上海灘的種種黑暗，讓人罄竹難書。

別看不起討飯的叫花子，他們有的會耍把戲，有的還會唱戲文。

在上海灘的酒樓、茶館常會看到一個瞎子老頭在拉胡琴，一個小姑娘在唱小曲：

月兒彎彎照九州，幾家歡樂幾家愁。
幾家夫妻團圓聚，幾家流落在街頭。

姑娘所唱曲調淒涼，老人琴弦令人傷感。一些賣苦力的茶客，雖然吃盡千辛萬苦弄到幾個錢，但往往寧願自己少吃，也會塞幾個銅板送到瞎老頭手中。

從北京來到上海討飯的，他們所唱的不是小調，而是數來寶。這種人雙手拿著一副竹板，走到哪裡唱到哪裡，而且能見什麼唱什麼。雖是順口編，但編得生動，叫你聽了不得不給錢。如他們走到理髮店門前，就唱道：「打竹板，邁大步，眼前來到剃頭鋪。理髮師傅不簡單，又剪又燙手藝全。這飛機頭真好看，就是不會扔炸彈。」

眾人聽到這最後一句，情不自禁笑了起來。此時，不但老闆給錢，連剃頭的客人也給錢，感到他唱得十分風趣有味道。

此時，討飯的又來到棺材店門口。這棺材很難唱，唱不好讓人家感到觸楣頭，錢不但討不到，還要吃「生活」（上海話，意為挨打）。但這種人有辦法，只聽他唱道：「打竹板，走上前，轉眼來到棺材店。你家棺材做得好，一頭大來一頭小，死人裝進跑不了！」此時，又是一陣哄笑。老闆感到他唱得很幽默，伸手就賞給他一塊銀元。

可是當他唱了一段，你要不給錢他就罵人了：「竹板一打震天響，我唱了三段沒錢賞。原來老闆發脾氣，事情要怪老闆娘。搽脂抹粉搓麻將，半夜還偷老和尚！」

這種賣唱乞討的人，見多識廣，是老江湖了。數來寶討來的錢就買酒喝，如果誰不給他錢，他罵起來是很毒辣的。

有的乞丐往往惹不起，因為乞丐也有組織，稱為丐幫。丐幫在舊社會是民間秘密組織，不但有丐幫，還有丐頭，有些乞丐討飯的本領是有師傅傳授的。

舊上海有弄蛇的乞討。他之所以不怕蛇、會玩蛇，種種手法都是向師傅學來的。這種乞丐，雙手盤弄著一條大花蛇。當他來到商店門口，老闆會馬上給錢，你不給錢他不走，這樣生意也做不成了。因顧客看見叫花子的蛇，不斷張口吐出長長紅紅的蛇信，情不自禁毛骨悚然，誰還敢走進店門購物？

還有種耍蛇乞丐，手中的蛇很細小，不像玩大蛇的乞丐那樣令人可怕。但這種玩蛇者更令人討厭，他讓小蛇從自己的一隻鼻孔鑽進，又從另一隻鼻孔鑽出，看了讓人噁心。這種乞討法實在無賴至極。

1940年上海法租界曾出現過一個神秘的蛇乞丐。此人手中也有條小蛇，上門討錢輕聲慢語，你給他錢他說聲謝謝，不給錢他轉身就走。一天他討飯到一家醫院門口，正好從醫院抬出一個病人，後面還跟著一個啼哭的婦女，這蛇花子見圍著一群人也擠進去看熱鬧，原來是一個被毒蛇咬傷的病人。聽醫生講此人中毒太深，無法搶救，只得抬回家等死。

此時，只見蛇花子叫病人家屬不要哭，說是自己能救活病人。病人家屬不信，怕蛇花子騙人敲竹槓。誰知蛇花子說：「病包看好，但分文不收。」說著，他從布袋裡取出一瓶藥酒，灌進病人口中，再用小刀在病人腫脹的腳背上劃開一個口子，再用雙手擠出毒血。這時，病人嘔吐，蛇花子隨之搗爛隨身所帶的草藥抹在蛇咬的傷口上。三天後，垂死的病人果然能下床行走，等家屬要來重謝蛇花子時，他早已無影無蹤。

原來此人是有名的蛇醫。當年，日軍在緬甸、馬來西亞打仗常被毒蛇咬死，日本兵曾逼迫這位蛇醫將祖傳的蛇藥秘方交給日軍，可蛇醫不願出賣良藥當漢奸，連夜逃出日軍魔掌。蛇醫說：「我寧願餓死，也不願發洋財，出賣祖宗，當漢奸。」這耍蛇乞丐，真是位愛國志士。

舊上海五花八門的行當皆有。乞討在上海也算是三百六十行中的一行。乞討也是一門學問，要先懂得心理學。你要採取什麼手段，才能讓人同情你。只有當過路人對你產生了同情心，人家才會願意對你施捨。

告地狀以上海為最多。在無奇不有的乞討方法中，告地狀乞討比較文雅也比較體面。不像有些乞丐「老爺、太太行行好吧！」亂喊，也有的手裡拿塊破磚頭，你不給他錢，他就用磚頭向自己頭上敲，真是可怕。告地狀者，在舊上海愛多亞路、西藏路一帶行人多的馬路邊常常會看到。有自稱為落難文人的，用白粉筆寫許多乞憐的話以求路人佈施。其字跡端正，文理通順，甚至有用英文書寫的。也有預先用白紙一張寫好落難經過和不得已求乞等句的。也有婦女帶著孩子跪在地上，孩子滿面愁容，而婦女則淚流滿臉。

上海人愛看熱鬧，見一堆人圍著一個跪在地上哭泣的婦女和孩子，不知發生了什麼事，必定擠進去瞧一瞧。這時你會發現，婦女和孩子面前有一張白紙或白布，上面寫著娘倆因家鄉遭水災，丈夫被淹死，孤兒寡母走投無路趕到上海投親，而親戚已遷居他處，現在母子二人身無分文已餓了兩天，萬般無奈只能上街乞討，萬望仁人君子、叔叔阿姨慷慨施捨，以免餓死在異地他鄉等等。

告地狀乞討，有真有假，有的確實是災民，雖然地狀中有些言過其實的成分，但也的確是生活無著。但也有不少並非難民、災民，僅以告地狀為職業而已，其中也有受黑社會操縱的乞丐。

但不論是真是假，至少這種乞討的方法不讓人討厭。特別是有點文化的人見了地狀寫得言詞懇切，語句動人，字體端正，往往會扔些零錢以表同情。

煎鴉片

鴉片戰爭後，英國怡和洋行壟斷上海鴉片貿易長達三十年，共計在上海和長江兩岸地區銷售約一百萬箱。民國初年，每兩鴉片售價高達三至四銀元，僅以此一百萬箱計算，洋老闆賺了中國人多少錢？

怡和洋行賣的是印度來的印土。而日本人從波斯灣運來的鴉片用紅紙包的稱紅土。法國人不甘落後，從國外運來鴉片在香港、澳門、上海傾銷。這些帝國主義者不僅以鴉片毒害中國人民，而且攫取了中國無數的巨額錢財。

所謂煎鴉片，即罌粟結的果實中有一種白色乳汁，焙乾後，經煎熬即成為煙土。生土煎成熟土才能上煙槍吸。這個「煎」字也包括用煙簽挑一小點鴉片煙膏，在煙燈上用小火把它燒成煙泡，再裝在煙槍上湊著煙燈，呼呼呼地把煙泡通過煙槍吸進口中。在豪富、政客、鉅賈等家中，老爺、太太吸鴉片，大都有人替他們煎煙泡。如果老爺吸鴉片，燒煙泡的任務多由躺在他對面的姨太太來完成，或由得

寵的丫頭來燒。老爺往往利用這個機會和丫鬟親熱或調情，這種丫鬟一般來說已進入候補姨太太的地位。

煎煙泡這個行當不好幹，幹上三兩個月因為和吸鴉片者面對面地側身對著煙燈，吸者有意無意會把鴉片煙的氣體噴到她的臉上。這樣一來受不了吸鴉片者的誘惑，情不自禁也成了吸鴉片的俘虜。就算你意志堅強，因為鴉片煙氣體吸多了，聞不到這種氣體就會難受，實際上已是吸鴉片上癮了。

六、七十年前的上海，吸鴉片煙的人大多沒有好結果。有家顏料公司的小開吸鴉片上癮，天天到店裡吵著要錢吸鴉片，不久老爸被活活氣死。兒子是先把顏料店賣掉吸鴉片，後來又賣房子，賣到後來沒有東西再可賣掉，就把風韻猶存的親娘賣到「鹹肉莊」當野雞。當娘知道被兒子賣到妓院後，當晚就跳黃浦江自殺身亡。由此可知吸鴉片煙有多麼可怕！

當年，無論是清政府、國民政府，還是汪偽政府都打著禁煙的旗號，但買賣鴉片仍公開進行。

吸鴉片煙不像吸香煙，吸鴉片很麻煩，必須具備一定的條件。首先要有煙榻，說通俗點就是煙床，立著坐著都沒法抽大煙，一定要側躺著抽才舒服。第二，吸鴉片必須有全套的工具，就是煙槍、煙燈、煙簽、煙盤，還要有輔助工具，像茶壺、煙挖子等。

說起賣煙具，二十世紀二〇年代的舊上海，流氓大亨黃金榮的徒弟范開泰在十六鋪碼頭專收從廣東、福建用船運來的烏木，後來發了財，就在城隍廟開了一家烏木店，店中主要出售由烏木精製的煙榻、煙盤、煙槍。烏木產於印尼、馬來亞半島，廣東也有烏木，但產量極少。烏木身價甚至超過紅木，其材質重、不彎不變形，製作煙盤光潤細膩，再加上精工雕花顯得秀美高雅。

烏木也是做煙槍的上等材料，做出來的煙桿潤滑光亮，再配上象牙煙嘴黑白分明，顯得高貴典雅。青幫大亨杜月笙的煙槍更考究，象牙煙桿配翡翠煙嘴，煙頭為紫砂鑲金精工製成，古色古香，無比珍貴。還有那鴉片煙燈，有的用白銅雕刻紋飾，高級的為銀燈。煙簽為極細鋼所製的，這是燒煙泡時必不可少的重要工具。煙簽挑一點煙膏放在燈火上燒熱，在食指上滾幾下再燒再滾，直至煙泡滾成像花生米似的，再用煙簽裝在煙槍頭上，然後再湊著煙燈一口口吞雲吐霧。

裝煙膏的盒子也很考究，形狀有方有圓，材質多為象牙或玉，鑲金嵌銀做成。還有煙盤中的那把出自名師之手的古董紫砂小茶壺也非常重要。煙癮大的吸了鴉片入口後忙端起小茶壺，對著壺嘴喝口上等龍井泡的釅茶，以便把鴉片煙同茶一併吞進肚內，不讓煙噴出嘴，這樣才過癮。

賣煙具者上、中、下皆有，一等價錢一等貨，任君選購。不過有老闆、暴發戶吃到後來無錢可吸，把鴉片煙具全賣光，改吸白粉。吸白粉最方便，只要一張小小的錫箔紙就夠了。

上海灘有五花八門的行當，收煙灰者就是鴉片煙在老上海廣泛流行後，新冒出來的一種意想不到的謀生職業。

鴉片俗稱大煙，是從一種罌粟的未成熟果實中提取的物質。罌粟最早產於埃及，在西元前五世紀，希臘人從罌粟花取汁入藥，用於「安神止痛，多眠忘憂」的治療。西元六世紀初，阿拉伯人從希臘人處學到提取罌粟製藥的方法。希臘人稱罌粟汁為「阿扁」，阿拉伯人稱之為「阿芙蓉」。「阿扁」後傳到波斯，他們則叫做「阿片」。後來罌粟傳到中國，翻譯成中文即成了「鴉片」。

古籍記載：「中國得取汁之法」，隨之「毒物蔓延，遂及天下」。最早鴉片傳入中國的時間為明朝成化年間（1465－1487年）。

所謂「收煙灰」，即是把煙槍中的煙灰進行回收。吸鴉片煙必須把煙膏燒熟安放在煙槍上，對著煙燈一口口吸。抽鴉片也跟泡茶一樣，多次泡茶後紫砂茶壺中會結一層茶鏽。這吸鴉片次數多了，煙槍的煙斗中也會結一層煙渣。

收煙灰也就是收煙渣。從煙斗中挖出廢渣後，自有人上門來收購，稱分量付錢，價錢當然很低。收煙灰者收了煙渣，再將其磨粉加入煙膏熬製。有錢的大亨當然不屑一顧這種劣質鴉片，他們抽的是高級雲土（即雲南名煙），不抽雲土是不過癮的。

以煙灰加工的劣質煙土，主要賣給癟三煙鬼抽。他們原來也是老闆和富戶，抽到後來家產當盡賣光，無錢再買好煙，只好買煙灰鴉片來過癮了。

顧名思義，骨牌就是用獸骨製成的牌，牌面爲骨製，上刻各種圓點，背面爲竹子鑲成。考究的骨牌牌面與竹背用燕尾榫鑲在一起，兩面並塗以骨膠，所以焊接很好，賭牌時任如何敲打決不會脫落。

骨牌也稱「牌九」，共計三十二張，在賭博時可分主牌、長牌、短牌、雜牌四類。主牌最大的爲「猴」，上海人稱「至尊寶」，北京稱「皇上」，即一對爲一張三點、另一張六點，其次爲天牌、地牌、人牌、和牌等，一級壓一級。

押骨牌在舊上海灘是一般小流氓所做的生意，專門欺騙下等社會的朋友。舊社會推牌九是很普遍的，在著名歌劇《白毛女》中，地主黃世仁賭錢喝醉酒唱道：「天牌呀！地牌呀！天牌、地牌我都不愛，單把那個人牌摟在懷……」實際上這是一首淫蕩的小曲，兇狠的地主不過是借牌九發洩他要姦淫喜兒的心態。

賭牌九，兩人至七、八人皆可，一般爲四人，其中由一人爲莊家，當莊家擲骰後按點數發牌。牌以「九」爲最大，「十」是最壞的牌點，即上海人叫「斃十」。

在小說《紅樓夢》中所玩的骨牌較文雅，叫做「骨牌副兒」。第四十回〈金鴛鴦三宣牙牌令〉中，是以骨牌行酒令。當然，骨牌也可以一人玩「過五關」，三人玩「接龍」等遊戲，藉以解悶。

舊上海賣苦力的大都在春節中賭牌九，賭資有大有小，白天拉了人力車，晚上無處可去，即在草棚中三、五個同鄉賭牌九，這也是苦中作樂。

　　上海灘最出名的有「五毒」，乃煙、騙、幫、娼、賭。上海的賭無奇不有，種類繁多。不說小項，大類就有麻將、牌九、花會、押寶、鬥蟋蟀、跑馬、跑狗、回力球場、輪盤賭、沙蟹、老虎角子等。

　　當年舊上海賭場都是流氓大亨所開，賭錢要有人下注老闆才能發財。如打花會，有皇帝、狀元、乞丐、和尚、尼姑、樵夫等三十六門。花會堂屋有小閣樓，樓中掛著彩筒，上了鎖、貼了封條，你只要打中彩筒內的彩，就可得二十八倍的賭錢。押花錢數不定，一元不嫌少，一百元不嫌多。當年去賭場的多是男子，而打花會者多是家庭婦女、傭人、妓女、姨太太之流。

　　為了誘使她們打花會，老闆就串通寺廟中的和尚和尼姑，當這些婦女求籤時，僧尼就謊稱菩薩顯靈，你只要打花會就能贏錢發大財。一些不識字只信佛的婦女打花會上了癮，往往輸得傾家蕩產。

　　還有一些暗娼，假冒良家婦女，在家中設賭台抽頭聚賭。有次勾引上一個大老闆，三個暗娼和大老闆湊成一桌麻將，三個暗娼串通一氣向老闆進攻，這俗稱為「三娘教子」。在搓麻將過程中，三個妖豔的女人打情罵俏，動手動腳，弄得老闆心猿意馬，結果一夜可輸上幾百大洋。為了引誘老闆明天再來賭，就由其中裝成某太太的暗娼跟他上床。老闆被迷住了，第二天又帶了現金來賭，而另一位所謂少奶奶又跟他上床。老闆還以為是賭場失意情場上得意。誰知道就這樣幾天內一爿店全部輸光。結果「三娘」就把這個窮光蛋一腳踢出門外，另外尋找豪賭對象。而這三娘把贏來的錢買洋房、汽車、金銀首飾、珠寶，真的過上闊太太的生活。

　　進入大賭場不論何人，只要買了兩百元籌碼，就免費供應抽鴉片煙和吃飯，有的還發車錢。他們以此為號召，誘使人入賭。等進了賭場總是讓賭客先贏錢，這是最好的誘賭辦法。贏了錢就想賭第二次、第三次，總之希望天天贏大錢，結果卻一輸再輸。

說起抽籤賭，在上海灘真不值得一談。抽籤賭是舊上海無奇不有賭博中最簡單的遊戲。半截毛竹筒，三十二根竹籤伸手抽一根或兩根，是輸是贏一目了然。抽籤賭沒有技巧，沒有花招。這種賭徒皆不感興趣的玩意兒，只能讓小販在學校門口騙騙小朋友而已。

提起賭博，人們都認爲賭徒皆是流氓黑幫，所以一些政客、富商參賭都有一定的隱蔽性，如門外掛的是「招商局董事俱樂部」，實際上是葡萄牙人辦的輪盤賭場。又如1905年上海商會總會長朱葆三開設的「長春總會」，還有另一位上海商會會長虞洽卿在六馬路開設的「寧商總會」，這些實際上皆爲達官貴人所開設的高級賭場。這種賭場管理嚴密，出入都用暗號聯絡，主要爲維護這些名人官紳的身份名譽，免得因參與豪賭而被人非議。

老上海的賭場豪華而且賭資大。如181號賭場因開設在福煦路181號，故名。此賭場爲青幫黃金榮、杜月笙、張嘯林所開，對外掛的是「三鑫公司成員俱樂部」招牌，1931年底正式開賭。該賭場門禁森嚴，每天有二十多名小流氓輪流把守。凡上海灘名士、大老闆等光臨必須先驗明身份，再付二百元換取賭博籌碼方許入內。當年二百元可買一百石米，由此可知場內賭資之大。換二百元籌碼者多爲小角色，出手三五百元、上千元押注者，在這裡也是家常便飯。

來這裡豪賭者，老闆除了付來賭場的汽車費，抽三五牌香煙及鴉片煙、吃西餐大菜、喝威士忌洋酒等，一切全部免費，同時還有花枝招展的女郎端茶敬酒，服務十分周到。賭博方式有輪盤賭、廣東大牌九、四門攤、沙蟹、麻將、大小台、開寶等，應有盡有。

老上海的賭場很多，除了181賭場，還有老西門大賭場、虹口賭窟、「綠寶」、「永安」、「大生」、「華民」等大大小小賭場數百家。每天成千上萬的賭徒賭得天昏地暗、傾家蕩產，更可怕是賭場打起架來血肉橫飛，死的當然是普通賭徒，可發財的卻是賭場的大老闆。

打詩謎

索，仔細推敲，故稱「敲詩」。

開賭前，賭家以一張四、五寸長的紙條，摘錄七言或五言詩句在句中藏起一字，把這個字注在紙尾並用封套套起來，再書寫與詩句大意相通的四個字，加上已套起來的原字貼在詩旁，令賭客猜射。如「白波□道流雲山」，詩句旁注「三、八、五、九、七」五個字，謎底爲第四字。開賭時，謎攤的桌上放有一張彩色紙板，上有五個大方格，格內分別寫了三、八、五、九、七，敲詩賭者即把錢押有自認爲可贏的方格內。莊家最後把封套拆開，凡射中「九」字者，一文賠三文、十文賠三十文，押其他數位則輸。

這種賭博參賭者很容易上當，一是大多數人以流傳原詩句爲準；二是以上下通順的字爲準，而拆封之字既不是原詩句，也不是通順字，謎底往往卻是最不通順之字，賭客上當也無奈。

1923至1925年，敲詩賭在上海灘特別盛行。在大世界、小世界、天韻樓和先施公司等遊樂場，多設有五花八門的詩謎攤，顧客買票入場，即可盡興玩敲詩謎。

在所有的千奇百怪的賭博中，打詩寶是一種賭資不大而又顯得文雅的遊戲。當年投機商人黃楚九創辦大世界遊樂場後不久，爲招徠顧客，即將猜詩謎引進大世界，最多時竟有四、五十個攤位。

舊上海的賭，當時在全國是出了名的。別的賭不說，僅以猜射類博戲，就有骰寶、攤錢、押寶、花會、圍姓、白鴿票、山票、鋪票、字寶等等，眞是五花八門，賭不勝賭。打詩謎賭也是猜射類博戲中的一種。

猜詩謎，又名「打詩寶」，由「射覆」演變而來，盛行於清末民初的上海灘。其賭法是隱去詩句中某一字，讓賭客去猜，如經過苦思冥想，選中其字嵌入詩句，最後以原詩對照，如對準即算贏，對不準當然算輸。因爲這種詩謎要費神思

賽香跑

跑香檳馬

　　跑馬本來是一種體育運動，1861年英國跑馬會在泥城濱以西，以每畝二十五兩銀子圈地數百畝建成跑馬廳，卻成了賭博之所。

　　馬場老闆依靠賽馬大發其財。據統計，賽馬會僅門票收入，每年竟達十萬銀元以上。而跑馬票和香檳賭馬票收入更多。自1920至1939年的二十年中，其收入總數達一億四千多萬銀元。

　　所謂香檳票每張售十元。設頭彩、二彩、三彩。因為最初並無彩金，勝者僅得香檳酒一瓶故名，後來頭彩定為十五萬元，以此吸引更多的人買馬票。

　　馬勒，原是一名洋癟三。1919年兄弟倆全部家產只有一隻破皮箱，可他們加入賽馬會後，憑著一匹馬，不到三年賺了錢，買了五十多匹馬。隨之搖身一變成了跑馬總會董事，最後將跑馬賺的錢買了輪船，不久即成了輪船公司大老闆。

　　那時的跑馬廳，中國人是沒資格入門的，只能擠在短柵外看熱鬧。當時上海五金大王葉澄衷的四兒子葉子衡，看了洋人跑馬賭博賺了很多錢，十分眼紅，於是集資五十萬兩紋銀，在江灣圈地七百畝建成江灣跑馬場，1911年正式開賽。

　　上海還有引翔鄉跑馬廳，地點在今雙陽路長陽路一帶。上海青幫幫會的流氓無孔不入，見跑馬賭博能賺大錢，也合夥辦起跑馬會，該會1924年成立。青幫大亨杜月笙為第二任董事長。

　　這裡還要說一說馬勒，他們兄弟在陝西南路二號，建造了一幢挪威式的高貴典雅的洋房，主人特別在花園中精心建造了一座狗墳馬塚，每天由專人認真清掃墳地，不准兒童在墳地周圍嬉戲。馬勒為何對馬與狗如此崇敬、勝過祖先呢？因為這個洋癟三兄弟是靠賣馬票狗票發家的，狗和馬都是他們發財致富的恩公，故而特以鉅資在馬塚上豎立青銅奔馬塑像，以示他們發財不忘跑馬跑狗之恩也。

在中國，上海是最早出現以伴舞為職業的城市。洋人在租界內設立舞廳，但不許中國人入內。二十世紀初，有人見舞廳有利可圖，即開設一批中國舞廳。那時風靡跳舞的多為單身男士，缺少女舞伴，於是舞女應運而生。

出來當舞女者，大多是為生活所迫而走上這條路，有失學女大學生、失業女職員、丈夫患病要養家餬口的良家婦女等。她們當年有個刺耳而時髦的代名詞——腰貨女郎。因伴舞被男客緊緊摟腰得名。

一個舞廳的舞女，少的十多人，多的二、三十人，全部歸舞女大班管理和調度，她們除受舞場老闆和大班盤剝外，還不斷受到豪客闊少的侮辱。

1934年，當時行政院長宋子文之弟宋子良，仗著有財有勢，常到維也納舞廳鬼混，不久即與美貌秀麗的紅舞星勾搭，致使該舞女懷孕。她向宋子良提出兩個要求，一是結婚，二不結婚就付三萬元打胎費。宋子良是玩弄女子的老手，他絕不會和舞女結婚，又十分吝嗇，不想付一分錢給懷孕的舞女，可是又怕舞女公開他的性醜聞，敗壞他的名譽。有人勸他去找青幫大亨杜月笙。杜月笙一聲令下，舞女來到杜的寫字間，杜就給舞女一隻一萬元的小皮箱，說是看在我杜某的面上了卻此事。舞女得錢很高興，打胎費總算有了著落，隨後坐杜之專車回家。

不料汽車直抵吳淞口，早有兩個彪形大漢等在江邊，即把舞女拖下車來，胸前胸後各綁一塊鐵板，舞女見狀忙哀求說，把鈔票全部還給杜老闆，只求饒她一命。可是還沒等她把話講完，兩個大漢即把她拋入江中一命嗚呼。上海流氓把這種殺人的方法美其名曰「插荷花」，這一插就插了一大一小兩條人命。而那一箱萬元鈔票又原封不動回到杜的手中。

高級妓院在清代末年稱爲「書寓」，這裡姑娘以彈唱陪客，開始可以只賣唱不賣身，可到後來還是要走上賣身之路。煙畫中畫著小娘子緊緊拉著男人不鬆手，這種妓女叫「野雞」。野雞拉客靠本事和運氣，有的一夜能拉三、五個，如果一夜拉不到一個，那麼就要被老鴇用鞭子抽。

妓女大多是窮苦人家的女孩子被賣到妓院來，也有的是被騙到妓院。舊上海延安東路東新橋寶裕里等妓院，常常收買十五、六歲的女孩，有的女孩不願接客，老鴇非常毒辣，他們把事先捉來的貓放進女孩的褲襠中，把褲腿褲腰紮緊，這時貓拼命想逃出褲襠，於是亂抓亂咬，弄得小女孩下身血淋如注，難受得滿地打滾，最後只得討饒答應接客。當年從北京回到上海的名妓賽金花曾包下兩個姑娘，她自己化名「趙夢蘭」，三人掛牌接客，後來因生意不佳，賽金花大發雌威，鞭打一妓女，竟將她打死，賽金花因此引來大麻煩。

上海有些無聊文人還辦報吹捧妓女。《遊戲報》竟然在報上將「林黛玉」、「陸蘭芬」、「張書玉」、「金小寶」四個紅妓女封爲「四大金剛」。1917年《新世界報》總編奚燕子又拿肉麻當有趣，投票選舉名妓冠芳爲「花國大總統」，菊第爲「副總統」，蓮英爲「花國總理」。

其實妓女總是妓女，無時無刻不在受蹂躪。王蓮英乃1917年第一屆「花國總理」，紅極一時，收入可觀。她出客赴宴，大小鑽戒、金手錶、珍珠項鏈，全身珠光寶氣勝似豪富之家少奶奶。當時有位震旦大學生閻瑞生，風流倜儻，和王蓮英打得火熱。1920年6月9日閻瑞生帶著王蓮英乘汽車兜風至郊外，即與同夥用繩索將王蓮英勒死，搶走了她全身的珠寶首飾和皮夾中的現金。三天後有人在田野發現王的屍體，於是閻瑞生和同夥被捕判處死刑。閻雖被判極刑，但比閻瑞生更殘酷迫害妓女的龜頭、老鴇、地痞流氓依然逍遙法外。直到1949年一批罪大惡極妓院老闆和老闆娘被鎮壓後，所有的上海妓院才被封閉。

二十世紀三〇年代前後，上海有法租界、英租界，還有以美國人為主的公共租界，而日本人獨佔虹口地區稱霸，再加上政府腐敗，所以上海灘煙、賭、娼、小偷、流氓十分猖獗，而扒手更是無孔不入，無論是在大街上行走，或是在商店買東西，或是乘電車、公共汽車，錢包都會隨時被扒手扒去。扒手，上海人稱「衝手」、「三隻手」。扒手大多有師傅、有幫派。學扒技時先練從炒得滾燙的沙中或燒沸的開水中用手指鉗東西，故他們有「八級鉗工」的雅號。

上海租界設有巡捕房，在華界設有警察局，為什麼扒手就捉不光呢？因為扒手有後臺，大老闆就是青幫大亨黃金榮。1900年，年輕的黃金榮先在姐夫的裱畫店中學生意，後又到上海縣衙門當捕頭，總感到沒有洋人吃香，於是他投考法租界巡捕房，初為三等華捕，但他善吹牛拍馬討好上級，不久被提升為便衣偵探，上海話叫「包打聽」。

黃為了向上爬，他用了很多流氓手段。一次他捉住一個扒手，發現此扒手扒竊的本領很高明，黃不但不把他送進巡捕房，反而收他為徒弟。這個大扒手知恩必報，每次扒到錢包後都會送錢給黃。其實送錢給黃金榮是想得到這位法國巡捕房「包打聽」的暗中保護，然後再放心大膽地繼續當扒手。

黃金榮為了向上爬，有天想出一個妙計。一位剛從法國到上海的某行董事長，從十六鋪碼頭剛下輪船，一隻鑲有三十六粒紅寶石、藍寶石的金錶被人扒去。一個星期無法破案，使法租界總巡捕房頭頭很尷尬，他立即召集所有「包打聽」限三天破案。三天限期最後一刻，只見黃金榮手捧金錶走進頭頭的辦公室，為此黃金榮受到嘉獎，被提為偵探長。其實這並非黃金榮本事大，扒金錶的就是他指使徒弟所為，等別人破不了案時，他才從徒弟手中取回金錶去報功領賞。

上海話一般人聽不大懂，上海話「娘舅」，也就是普通話舅舅的意思。那麼「背娘舅」是不是舅舅年紀大了或是生病需要人背呢？非也！實際上這是上海的流氓切口。

據《嘉定縣續志》載：「俗呼夜劫行人財物曰『背娘舅』。蓋盜自行人背後以索套其頸項，負之而行，厥狀似負酒鬼，俗有謂酒為娘舅故云。」

說通俗點，舊上海無論是租界或是華界流氓橫行，盜匪成群。他們其中一種謀財害命的手段就是在夜間路人稀少處，見行人身穿皮袍，手指上戴著金戒指，即悄悄跟在此人背後，趁其不備即以一根電線或繩索，套在他的頸項上背起就走。此時，受害人因頸項被繩索勒緊，既無法喊叫也說不出話來，如此走上十來步受害人如同上吊一樣窒息而死。此時，強盜將死人背進小弄堂，將死者身上金戒指、皮夾子、手錶等值錢之物搶竊一空，隨即逃之夭夭。

上海還有一種搶劫方法叫「剝仔玀」。也是在半夜，強盜見行人走過，即在黑暗處亮出匕首、短刀，令你自己脫下皮大衣、西裝、裘皮帽子，並交出皮夾子、金錶等，然後放你逃生。「仔玀」上海話為豬，剝仔玀即剝肥豬。相比之下，背娘舅比剝仔玀手段更殘忍、毒辣，一旦遇上性命難逃。

特別是到了新年、春節，背娘舅和剝仔玀發生更是頻繁，令市民晚間大多不敢出門。

據傳，背娘舅亦稱「背洋頭」，其名稱來自清代。小刀會起義失敗後，小刀會成員繼續秘密結集，即趁夜色降臨時用腰帶等物，將單個的洋鬼子脖子套住，背對背勒死，故稱「背洋頭」。後被流氓所用並訛音為「背娘舅」。

所謂套皮包，這種行為乃是偷、騙、搶三者結合的手法。事件多發生在輪船碼頭或火車站。如一位外地來的婦女，一手抱著吃奶的孩子，一手拎著一隻小皮箱正走出火車站，突然一人朝小孩頭上拍一巴掌，小孩又驚又痛放聲大哭，母親當然不依，立即放下箱子拉著打人者理論。此人忙連連賠禮，說是自己不當心碰了孩子，隨著掏出五元錢說是給孩子買糖吃，婦女當然不要他賠錢，可此人把錢塞在小寶寶手中即揚長而去。女士低頭一看自己的小皮箱卻不翼而飛，原處卻放著一隻咖啡色的大皮箱。女士正要查看此皮箱時，一位西裝革履的先生說這箱子是他的，說是他看女士爭吵才放在這兒的。這時，又過來一個穿鐵路制服的青年對女士說：「你的皮箱我看見有個小癟三拎走了，我幫你去追！」

等女士跟假冒的鐵路人員去追趕小癟三時，西裝先生趁機拎起大皮箱，這只是一個空套子，他把女士的小皮箱套進空箱內，以此來詐騙真正箱子的主人。這樣三個流氓合夥幹了一筆大生意，女士的箱中除衣服用品不算，還有兩個金戒指、五百元現鈔，以五元給小孩買糖為誘餌，一下連偷帶搶弄到五百元和兩個金戒指及衣服用品，這真是一本萬利的買賣。

幹這種套皮包勾當的全是流氓，當地警察局和火車站都是他們的後臺。流氓，乃上海方言。徐珂《清稗類鈔・方言類・上海方言》載：「流氓，無業之人，專以浮浪之事，即日本所謂浪人者是也。此類隨地皆有，京師謂之混混，杭州謂之光棍、揚州謂之青皮，名雖各異，其實一也。」

舊上海灘流氓多如牛毛，橫行不法，魚肉鄉里，偷搶奸掠，無惡不作，直到現在仍有小流氓出現。

賣假鐲子

359

[乞騙‧煙賭娼行]

　　舊上海的騙術，全國赫赫有名，當年外省市青年初來上海，家長總會告誡他們，到上海處處要提高警惕，上海灘騙子多，手法奇妙，當心上當受騙。

　　騙子的確詭計多端，如賣假鐲子就是騙子所設圈套。有位鄉下財主初到上海，身穿綢緞長袍，頭戴瓜皮小帽逛街，當他走到四馬路、浙江路口時，只見一個挑擔收舊貨的老頭和一個十多歲的小學生在談生意，財主好奇，就停下來看熱鬧。聽了幾句才知道，小學生要把金手鐲子賣給收舊貨者，兩人正鬼鬼祟祟地談生意。

　　這時只見收舊貨老頭轉過身來對財主悄悄地說：「這個小學生嘴巴饞，偷了一隻金手鐲要賣鈔票買糖吃，我識貨，這只金手鐲市場價起碼要六十元，現在他只要三十元，你給我十元介紹費，即可半價撈到便宜貨。」說著叫小學生把金手鐲遞到財主手中。財主見鐲子金光閃閃，上面還刻有展翅欲飛的鳳凰紋飾，知道這是一對龍鳳金鐲，准是陪嫁首飾，如今被偷出一隻賣錢，確實是便宜貨，錯過機會後悔莫及，於是很爽快地掏出三十元給收舊貨的老頭，忙回到家中高興得通宵失眠。

　　其實這是一個鍍金手鐲，連五元錢也不值，鄉下財主本來想貪便宜，萬沒想到一下子被人騙去三十元。真是偷雞不著蝕把米。

　　他們的騙局說穿了也很簡單，賣鐲子的小學生本來就是收舊貨老頭的兒子，父子倆個搭檔演一齣戲騙人而已，正巧遇上貪財之人，被騙的人也只好自認倒楣了。

圖說360行

從煙畫上看，刀刺手腕者，身穿道袍，頭結道巾，腳蹬道履，身背道君神牌，全然一副道士的打扮，是否真是道士？光看服裝無法準確判斷。

道教是中國本土的宗教。真正的道徒一貫奉行苦修得道之法，主張做到：「辱罵不去」、「見金不取」、「見虎不懼」、「美色不動心」、「存心濟物」、「捨命從師」、「償絹不齊」、「被誣不辯」等道義。

可是刀刺手腕者，並非在施展道術，而是為討錢，這與以磚頭把自己的頭砸破討錢其手法完全一樣。不過道士刀刺手腕討錢，口稱是建造道觀，重塑天師神像，而不是為填飽肚皮。

不管他怎麼說，刀刺手腕討錢，總是與道規相違背的。道教清規，凡入道教，必須先要斷除喜、怒、憂、懼、愛、惡、欲等七情。以刀刺穿手腕，犯了「惡」的忌諱，即是建道觀募化，完全可以向施主說明，何必非要刺穿手腕，弄得鮮血淋淋呢？所以可以說，這只是一種騙術，其目的在於騙錢。

假道士手刺手腕與乞丐不同，討飯花子來到門口，給三、五個銅板他就離開了。而假道士手臂流著鮮血來到你的店門前，不是幾個銅板就可以打發的，不給五元十元他決不離開，所以一天下來收入很可觀。

其實他們並非真正道士，皆是無賴流氓裝扮的。因道教淵源於古代巫術，而武俠小說中的道士皆通神仙，刀槍不入，武藝高強，捉鬼伏妖，無所不能。故流氓也以道士面目出現，刀刺手腕又好似施展巫術，如此一來還真能騙到不少錢財。這也可說是舊上海又一迷惑人的騙錢花招。

國家圖書館出版品預行編目資料

圖說360行 / 藍翔，馮懿有著 --初版. --
台北市：三言社出版：家庭傳媒城邦分公司發行，
2005〔民94〕432面； 17×23公分

ISBN 986-7581-17-2（平裝）

1. 行業 - 中國
490.92   94006494

圖說360行

作　　　者	藍翔，馮懿有	
美 術 設 計	曹秀蓉	
版 面 構 成	偉恩工作坊	
總 編 輯	劉麗眞	
主　　　編	何維民	

發 行 人　涂玉雲

出　　版　三言社
台北市信義路二段213號11樓
電話：(02) 2356-0933　傳眞：(02) 2356-0914

發　　行　英屬蓋曼群島商家庭傳媒股份有限公司城邦分公司
台北市民生東路二段141號2樓
讀者服務專線：0800-020-299（週一至週五 9:30-12:00；13:30-17:30）
電話：(02) 2500-0888　傳眞：(02) 2500-1938
郵撥帳號：19833503
郵撥戶名：英屬蓋曼群島商家庭傳媒股份有限公司城邦分公司
城邦網址：http://www.cite.com.tw
E-mail：cs@cite.com.tw

香 港 發 行 所　城邦（香港）出版集團
香港灣仔軒尼詩道235號3樓
電話：852-25086231　852-25086217　傳眞：852-25789337

馬 新 發 行 所　城邦（馬新）出版集團Cite（M）Sdn.Bhd.（458372U）
11, Jalan 30D/146, Desa Tasik, Sungai Besi, 57000 Kuala Lumpur, Malaysia
電話：603-90563833　傳眞：603-90562833

初 版 一 刷　2005年5月17日

ISBN 986-7581-17-2

定價：**320**元

《圖說360行》繁體中文版，由百花文藝出版社正式授權三言社出版